中小型水库工程
除险加固技术研究与应用

ZHONGXIAOXING SHUIKU GONGCHENG
CHUXIAN JIAGU JISHU YANJIU YU YINGYONG

于继禄　韩福涛◎编著

河海大学出版社
HOHAI UNIVERSITY PRESS
·南京·

图书在版编目(CIP)数据

中小型水库工程除险加固技术研究与应用 / 于继禄，韩福涛编著. -- 南京 : 河海大学出版社，2023.12

ISBN 978-7-5630-8554-5

Ⅰ. ①中… Ⅱ. ①于… ②韩… Ⅲ. ①中型水库一加固一研究②小型水库一加固一研究 Ⅳ. ①TV698.2

中国国家版本馆 CIP 数据核字(2023)第 237312 号

书　　名 中小型水库工程除险加固技术研究与应用
书　　号 ISBN 978-7-5630-8554-5
责任编辑 齐　岩
文字编辑 汤思语　李蕴瑾
特约校对 李国群
封面设计 徐娟娟
出版发行 河海大学出版社
地　　址 南京市西康路 1 号(邮编:210098)
网　　址 http://www.hhup.cm
电　　话 (025)83737852(总编室)
(025)83722833(营销部)
经　　销 江苏省新华发行集团有限公司
排　　版 南京布克文化发展有限公司
印　　刷 广东虎彩云印刷有限公司
开　　本 787 毫米×1092 毫米　1/16
印　　张 18.5
字　　数 381 千字
版　　次 2023 年 12 月第 1 版
印　　次 2023 年 12 月第 1 次印刷
定　　价 89.00 元

前言

水库是重要的支撑性基础设施工程，事关经济社会发展和民生保障，水库具有防洪、供水、发电、航运、养殖、生态等综合功能。水库的安全问题事关人民群众生命财产安全，事关公共安全，所以这个问题也备受社会各界关注。党中央、国务院高度重视水库安全问题。习近平总书记多次作出重要指示、批示，强调我国现有水库数量多、高坝多、病险库多，要坚持安全第一，加强隐患排查预警和消除，确保现有水库安然无恙。党的十九届五中全会通过的制定国民经济和社会发展第十四个五年规划和二〇三五年远景目标的建议明确提出，统筹发展和安全，建设更高水平的平安中国，要把保护人民群众生命安全放在首位，加快病险水库除险加固，维护现有水利重大基础设施的安全。2020 年 11 月 18 日，李克强总理主持召开国务院常务会议，安排部署病险水库除险加固工作，要求到 2025 年年底，现有病险水库全面完成除险加固，对于新增的病险水库要及时除险加固。2021 年 3 月 24 日，国务院办公厅印发了《关于切实加强水库除险加固和运行管护工作的通知》。2021 年 9 月 22 日，国务院常务会议进一步部署加快中小型水库除险加固工作。

水库工程是水旱灾害防御体系的重要组成部分，对水旱灾害防御、供水保障和农业灌溉等至关重要。我国现有水库 9.8 万多座，80%修建于 20 世纪 50 至 70 年代，其中大中型水库 4 700 多座，小型水库 9.4 万多座、约占 95%。近年来，水利部统一部署，陆续对 2 800 多座大中型和 6.9 万多座小型病险水库进行了除险加固，切实保障了水库安全，有效发挥了水库防洪、供水、灌溉等综合效益。但随着岁月推移，许多水库接近或达到设计使用年限，或因超标洪水、地震等原因，工程老化毁损，部分水库陆续进入病险行列。按照党中央、国务院决策部署，“十四五”期间水库除险加固和运行管护的总体要求是：坚持建管并重，加快推进水库除险加固，消除存量隐患，建立健全常态化管理机制，提升运行管护能力和水平，实现水库安全良性运行。水库安全事关人民群众生产生活和生命财产安全，“十四五”期间，我国病险水库除险加固工作的主要目标和任务分以下几方面：一是消除存量病险。2020 年前已经完成安全鉴定的水库，到 2025 年底前全部完成除险加固任务。涉及大型病险水库 50 座，中型 206 座，小型 1.3 万座。区分轻重缓急，优先安排病险程度高、防洪任务重的水库，抓紧实施除险加固。二是完成新增任务。到

2025年底前，对于2020年前到安全鉴定期鉴定出来的新增病险水库，也要全部完成除险加固任务。涉及大型水库约30座，中型水库约270座，小型水库约6 100座，总量约6 400座。三是建立长效机制。对于每年达到安全鉴定期的水库，要及时进行安全鉴定。对于鉴定出的病险水库，要及时安排除险加固，建立长效机制。除了三项除险加固任务之外，还要完善小型水库雨水情测报设施和大坝安全监测设施；要建立运行管护长效机制，加强运行管护工作。对于分散管理的水库，要因地制宜，实施专业化管护。水库大坝安全运行要坚持生命健康整体理念，贯彻系统思维，形象地说，就是平时要按时体检，检查出来问题，要及时治病，没病的要做好康养；安全鉴定类似于体检，病险水库除险加固类似于及时治病，加强运行管护相当于康养。坚持问题导向，采用先进的探测技术和诊断方法，及时发现水库大坝工程的危险源和病险隐患，坚持精准施策，通过比选确定安全可行的除险加固技术方案，从根本上解决水库大坝的病险隐患问题，确保水库大坝安全。

定期对各类水库进行安全评价鉴定，全面分析评价水库工程安全性状，查找发现工程安全隐患，精准施策，及时采取相应的除险加固措施，是确保水库大坝工程安全的关键环节。做好水库大坝安全评价和除险加固设计研究工作是保障水库大坝安全的重要技术支撑。当前，各类水库病险隐患各有差异，安全评价方式方法因地域和情况各不相同，有时存在安全评价结论与加固措施不协调、安全鉴定隐性动因难以与显性隐患对应、分析论证与现场病险不协调、核查期间发现安全鉴定结论可靠性差等问题。

本书重点开展燃灯寺（Ⅲ等中型）、樵子涧（Ⅲ等中型）及九里坑（Ⅳ等小型）三座水库工程的安全分析评价研究及除险加固措施技术研究及运用。在安全鉴定方面，阐明水库大坝安全鉴定程序及技术分析方法和成果，重点包括水库大坝各组成建筑物现场隐患及病险等危险源排查、防洪标准复核、渗流稳定分析、抗滑稳定分析、抗震分析及工程监测资料分析等内容。在除险加固设计研究方面，根据核查意见和大坝存在的病险隐患，提出经比选的有针对性的除险加固方案，主要包括水库大坝概况、水文、工程地质、任务及规模、加固措施方案论证等内容，重点比选确定大坝抗滑稳定安全措施，比选确定溢洪道治理措施，提升改善非常溢洪道工程措施，增强应对超标准洪水的能力。通过燃灯寺、樵子涧及九里坑三座水库工程除险加固技术研究与应用案例，本着问题导向有的放矢的原则，系统阐述水库大坝安全鉴定流程、关键点和重点，确保安全分析评价结论可靠、准确、有针对性，避免安全评价工作套路化、形式化甚至以偏概全，导致理论分析与现实病险隐患脱节，达不到指导工程设计及管理的目的。通过全面评价和精准施策，针对水库大坝、溢洪道、放水洞及库岸等各部分可能存在的安全隐患和病险状况，采取针对性强、精准施策的除险加固技术措施方案，根除水库大坝安全隐患，确保水库大坝安全运行，为经济社会发展和人民财产安全保驾护航。该书的突出特点就是突出了安全鉴定结论与除险加固措施之间的呼应性，全面系统介绍各类水库大坝安全评价与除险加固措施的协调性和一致性，为相似工程的前期工作提供有益的参考。

本选题通过典型水库的除险加固工程技术研究与应用的实践，全面系统针对水库大坝进行多角度安全评价，准确发现工程安全隐患及病险，因地制宜，精准施策，坚持目标引领和问题导向，从水利工程概念设计理念切入，采取切实可行安全可靠的除险加固工程措施，精准解决水库大坝存在的安全隐患及病险，确保水库大坝工程全面安全，为水库大坝安全运行、管理、设计及建设提供可靠的技术支撑。本书主要从水库工程安全评价及鉴定、安全隐患排查复核、工程地质、工程布置及建筑物等方面进行研究分析，在安全鉴定核查的病险隐患基础上，针对性地确定适宜的除险加固措施，并进行相应的专业设计和专题设计，为水库大坝的安全运行提供坚实的技术支撑。

本书由于继禄、韩福涛主持编写，欧勇、汪晴娜、杨琼、年立强共同编写。全书由赵永刚统稿审定。本书在编写过程中，引用了中水淮河规划设计研究有限公司承担的有关水库大坝安全鉴定及除险加固勘测设计成果，并参考引用了相关的工程报告、论文、书籍等，本书的出版得到了中水淮河规划设计研究有限公司的大力支持与资助，在此一并表示衷心的感谢。限于编者的水平和经验有限，书中难免出现不足或错误之处，恳请各位读者批评指正！

目录

第一部分

燃灯寺水库除险加固技术研究及应用

1 现场安全检查及工程质量分析评价

1.1 现场安全检查及主要问题分析

根据《水库大坝安全鉴定办法》(水建管〔2003〕271 号)和《水库大坝安全评价导则》(SL 258—2017),于 2017 年 4 月组织了燃灯寺水库大坝安全鉴定现场安全检查工作。

结合燃灯寺水库大坝的实际情况,制定了《燃灯寺水库现场安全检查提纲》。按照检查提纲及检查表所列内容,对燃灯寺水库工程管理、水库调度、安全监测、大坝、溢洪道、放水涵、防汛道路及白蚁活动等情况进行全面系统检查。

检查中采取了现场检查与补充讨论相结合的方式进行,每检查一项,认真进行讨论总结,记录结果。

检查中要求大坝运行管理单位提前做好如下准备:

(1) 做好电力安排,为检查工作所需动力做准备;

(2) 安装临时设施,便于检查人员的进出;

(3) 准备交通工具和专门车辆;

(4) 同水库大坝运行管理单位就检查工作进行讨论,查清运行工作基本情况和要深入调查的问题。

一、工程管理分析

主要检查大坝运行管理机构设置和管理制度是否健全,管理人员是否落实。

燃灯寺水库管理处成立于 1962 年,现隶属凤阳县水务局,水库现有在岗在编人员 38 名,主要从事防汛、抗旱、农业供水、生活供水、水位观测及日常维修和管理等工作。根据检查和现场调查可知:目前非常溢洪道无泄水通道、防汛公路较窄,同时,大坝无安全监测设施,大坝发现白蚁,虽然进行了防治但蚁害没有根除。

二、防洪调度分析

主要检查水库调度机构,规程或规定是否健全,管理人员是否落实。

水库每年都按安徽省防汛抗旱指挥部批准的控制运行计划结合凤阳县实际情况进

行防洪调度。水库运行时，严格按上级防汛指挥部门的要求调度蓄滞洪峰，保证了水库及下游人民生命财产的安全。水库在正常蓄水位 42.50 m 高程运行。

水库的水位观测现采用人工和自动两种观测方法，除测压管外无大坝安全监测设施，不能满足防洪调度的需要。

防汛公路较窄且路况较差，防汛物资不能快速运输。

三、大坝

主要检查坝体沉陷、渗漏、裂缝、滑坡、塌坑、动物危害现象、排水设施情况等。主要检查项目如下：

(1) 坝体是否有裂缝、滑坡、塌坑、隆起、渗漏、冲沟；

(2) 护坡、排水设施、观测设施是否有破坏现象；

(3) 坝体与两岸接触部位、下游坝坡、坝脚一带是否有异常渗漏现象；

(4) 坝体及其附近是否有白蚁或其他动物的危害迹象；

(5) 其他异常现象。

水库大坝经过多次加固，现为上部为黏土井柱、下部为高喷防渗墙坝，迎水侧现干砌块石护坡局部起翘、破损，有杂草；混凝土防浪墙局部存在开裂现象；背水侧采用草皮护坡，杂草丛生，影响安全运行；坝顶道路开裂、破损严重。

四、放水涵

输水设施检查，着重检查泄流能力和运行情况，对进口渠、控制段、闸门及控制设备、过水部位和下游消能设施等组成部分分项进行检查。主要检查项目如下：

(1) 建筑物

① 控制段、陡坡：裂缝、变形、剥蚀、冲刷、汽蚀。

② 进水口：障碍物、变形、裂缝。

③ 出口段：变形、裂缝。

④ 消能设施：消力池、下游基础淘刷。

⑤ 其他异常现象。

(2) 闸门及启闭设备

① 闸门：变形、裂缝、锈蚀；止水拉杆锈蚀、磨损、断裂。

② 启闭设备：变形，裂纹，螺(铆)钉松动，焊缝开裂；锈蚀；润滑磨损；操作运行情况。

③ 其他异常现象。

东放水涵主体为浆砌石结构，控制闸栈桥柱、板混凝土表面老化严重，局部存在钢筋锈胀；出口段护坡多处开裂，水位变化区域尤为严重。放水涵检修闸门和工作闸门均漏水。

五、泄洪闸及非常溢洪道

溢洪道检查，着重检查泄流能力和运行情况，对进口渠、控制段、闸门及控制设备、过水部位和下游消能设施等组成部分分项进行检查。主要检查项目如下：

(1) 建筑物

① 控制段、陡坡：裂缝、变形、剥蚀、冲刷、汽蚀。

② 进水口：障碍物、变形、裂缝。

③ 出口段：变形、裂缝。

④ 消能设施：消力池、下游基础淘刷。

⑤ 其他异常现象。

(2) 闸门及启闭设备

① 闸门：变形、裂缝、锈蚀；止水拉杆锈蚀、磨损、断裂。

② 启闭设备：变形、裂纹、螺(铆)钉松动、焊缝开裂；锈蚀；润滑磨损；操作运行情况。

③ 其他异常现象。

泄洪闸为钢筋混凝土与浆砌石的混合结构，闸门止水老化失效、多处漏水，闸门区格梁老化、钢筋锈胀，局部混凝土脱落。排架柱局部箍筋锈胀、露筋。交通桥老化严重，护坡多处开裂，交通桥桥墩挡墙老化、开裂，拱圈桁架弦杆多处锈胀，拱圈钢筋局部锈胀，交通桥板局部开裂。泄洪闸现地控制柜电气元件接触不灵敏，开关动作时有时无，动力线路存在老化开裂、闸刀保险连接不规范等现象，电气设备元件有老化锈蚀、严重烧灼痕迹。

非常溢洪道破损严重，严重影响防洪安全。

六、防汛道路

防汛公路系指坝区防汛和事故处理所必需的主要交通干道，主要检查项目如下：

(1) 路面；

(2) 路基；

(3) 公路上方边坡稳定性；

(4) 排水沟。

入库防汛道路较窄，路况较差，严重影响防汛抢险。

七、白蚁危害

白蚁危害检查主要针对大坝坝体上下游坝坡及坝肩等关键部位进行纤细踏勘，技术发现白蚁聚集方向及蚁穴分布位置，同时应兼顾鼠洞及其他生物地穴，发现对坝体有安全隐患的蚁穴等有害洞穴，应及时标记并聘请专业队伍进行分析确认。

现场查勘期间，经征询现场管理人员，目前没有发现白蚁危害。

八、安全监测

主要检查水库及大坝安全监测设施、机构是否健全，安全监测人员和工作是否落实。

安全监测设置水位观测尺、测压管及巡视检查，无其他任何观测设施。

巡视检查范围包括水库所有水工建筑物、闸门及其机械设备。巡视检查类型分为日常巡视检查、年度巡视检查和特殊情况下的巡视检查三种。日常巡视检查每日不少于一次，汛期增加次数，水库水位暴涨暴落相应增加巡视检查次数。年度巡视检查每年进行2～3次，在每年汛前、汛后及高水位时按规定的检查项目，对大坝进行全面的巡视检查。每次检查出的问题及时汇报处理，并对所有机械设备按规定进行日常维护保养。

九、其他

其他主要为水库库区和库岸检查，主要检查库区渗漏、塌方、库岸冲刷、断层活动以及冲击引起的水面波动等现象。主要检查项目如下：

(1) 水库：渗漏、地下水位波动值、库水流失、新的泉水。

(2) 近坝库岸：附近地区渗水坑、地槽、四周山地植被生长情况；公路及建筑物的沉陷与大坝在同一地质构造上其他建筑物的反应；原地面剥蚀、淤积。

(3) 塌方与滑坡：库区是否产生滑坡及其规模、位置及对水库的影响和发展情况。

(4) 其他异常情况。

该场地属7度烈度设防区，现场检查时针对断层活动对该库区岸坡稳定性、冲击引起水面波动的影响进行评估。

近坝岸坡未发现滑坡迹象，库区内山坡较平缓，植被较好，溢洪道尾水远离坝脚。

十、现场安全检查及主要问题分析梳理

燃灯寺水库安全鉴定现场安全检查组通过与水库工程管理人员的座谈、讨论及现场检查认为，水库存在问题严重，主要有两个方面：一是工程存在各种隐患；二是工程未完善配套。具体如下：

(1) 上游干砌石护坡分缝处局部起翘、开裂、破损，有杂草；混凝土防浪墙局部存在开裂现象；背水侧采用草皮护坡，杂草丛生，浆砌石格梗老化严重；浆砌石排水沟破损严重。

(2) 泄洪闸为钢筋混凝土与浆砌石的混合结构，闸门止水老化失效、多处漏水，闸门区格梁老化、钢筋锈胀，局部混凝土脱落。排架柱局部箍筋锈胀、露筋。交通桥老化严重，护坡多处开裂，交通桥桥墩挡墙老化、开裂，拱圈桁架弦杆多处锈胀，拱圈钢筋局部锈胀，交通桥板局部开裂。泄洪闸现地控制柜电气元件接触不灵敏，开关动作时有时无，动

力线路存在老化开裂、闸刀保险连接不规范等现象，电气设备元件有老化锈蚀、严重烧灼痕迹。

(3) 东放水涵进水闸控制闸栈桥柱、板混凝土表面老化严重，局部存在钢筋锈胀；出口段护坡多处开裂，水位变化区域尤为严重。放水涵及进水闸检修闸门和工作闸门均漏水。

(4) 非常溢洪道破损严重，严重影响防洪安全。

(5) 大坝处除设置测压管外无其他安全监测设施；入库防汛道路较窄，严重影响防汛抢险。

1.2 大坝运行管理分析评价

一、水库管理机构及规章制度

燃灯寺水库管理处成立于 1962 年，现隶属凤阳县水务局，水库现有在岗在编人员 38 名，主要从事水利工程日常维修和管理。

燃灯寺水库属中型水库，按中型水库制定规章制度进行管理。水库工程管理的主要任务是确保工程安全，充分发挥工程的经济效益。协调和处理各部门的不同用水要求，根据水库工程的自然条件和在国民经济中的作用以及承担的任务，作出最合适的控制运用方案。水库管理处在燃灯寺水利局的指导下，根据《中华人民共和国水法》《水库大坝安全管理条例》《水库工程管理通则》等管理法规，结合本水库具体实际情况，制定了《燃灯寺水库工程运行管理制度》和其他规章制度，各项规章制度贯彻执行较好。

水库管理的重点对象包括：大坝、泄洪闸、防水涵洞、各类防汛设施和设备、坝区防汛道路等。

工程运行管理的主要工作内容包括：

(1) 按照水利各项方针、政策、法律、法规和上级主管部门的指示，严格执行上级下达的各项任务。根据水库工程所承担的任务，对不同情况和各个不同时期，作出最适合的控制运用方案，并经上级主管部门批准后，作为水库调度运用的依据。

(2) 按照规范进行检查观测，维修养护，随时掌握工程运行动态，及时消除工程一般性和特殊性缺陷。

(3) 掌握并熟悉本工程的规划、设计、施工和管理运用等资料，以及上下游和灌区生产与水库运用有关的情况。

(4) 做好水文预报、掌握雨情、水情、旱情，了解气象情报，做好工程的调度运用和工程防汛工作。每天测量水位、雨量上报水管单位。

(5) 配合村规划制定库区的绿化、水土保持和发展生产的规划，做好工程保卫工作。

(6) 进行日常的巡视检查,发现问题及时处理并向上级汇报。

(7) 建立健全各项档案,编写大事记,积累资料,分析整编,总结经验,不断改进工作。

二、水库调度与运行

水库每年都按安徽省防汛抗旱指挥部批准的控制运行计划进行防洪调度。水库运行时,严格按上级防汛指挥部门的要求调度蓄滞洪峰,保证了水库及下游人民生命财产的安全。在每场较大洪水之后,水库及时分析雨情、水情、调度方案等,总结经验,找出不足,不断提高调度水平。在运行中,对水库历年发生的较大事件进行记载,出现异常情况及时反映,出现问题分析原因,提出加固措施,水库的管理水平逐步得到提高。防汛公路较窄且路况较差,防汛物资不能快速运输。

水库调度运用方案:当水库水位高于最高蓄水位 42.50 m 高程时,溢洪道开闸敞泄,遇 300 年一遇洪水时,启用非常溢洪道。

水库调度运用:燃灯寺水库按《综合利用水库调度通则》的要求并结合水库的具体情况,编制水库防洪和兴利调度运用规程,并经上级主管部门审定后执行,在历次防洪调度中发挥了重要作用。水库的调度运行过程中做好以下相关工作:

(1) 熟练掌握设计标准、校核标准、防洪要求及非常措施等资料,根据防洪标准确保工程安全,同时保证好上、下游防洪安全;

(2) 正确执行上级确定的汛期限制水位,执行上级制定的错峰、泄洪等方案,兴利与防洪矛盾时要服从防洪需要;

(3) 掌握好上下游最高、最低水位,灌溉、防洪等相关水位,以及控制区内的降水、蒸发、气温、风向、风力情况和水体流态,受冲刷或淤积变化情况,为调度方案的制定提供参考;

(4) 在确保工程安全的前提下,按照整体照顾局部,防洪兼顾兴利的原则进行调度;

(5) 提出遭到可能最大洪水时的非常措施,提交上级主管部门审批后严格执行;

(6) 根据农业生产及各部门不同时期的用水要求,参照典型年,提出各个时期兴利水位和引水水量制定方案,提交上级主管部门审批后严格执行;

(7) 水库调度中的各项记录,原始数据、技术资料、调度方案等在年终要分别整理归档,由专人负责保管,为进一步优化调度方案提供参考依据。

三、水库养护修理

由于历史原因,建库时施工方法简单,施工工具简陋,未经机械碾压,坝体填筑质量差,再加之后来人为和自然对坝体的损坏,使坝体未达原设计质量标准,防洪能力不足。

燃灯寺水库是在“大跃进”年代上马,经过三年困难时期和十年动乱岁月,基本没有按照基本建设程序进行，设计文件凌乱不全，施工断断续续。工程 1958 年动工，经 1967 年、1976 年和 1986 年三次续建加固，于 1989 年建成现状规模。

土坝于 1958 年 10 月正式开工，1989 年建成现状规模，按时间顺序分为六期施工。

第一期施工从 1958 年 2 月开始，采用分层夯实，河道段从河底最底处 22.00 m 填筑到 16.00 m～28.00 m 高程，台地段由原地面 33.00 m 填筑到 34.50 m 左右，施工质量较好。

第二期施工从 1959 年 2 月开始，在坝体施工水中采用填土法筑坝，河槽段和台地段在已夯实的坝体上进行施工。施工初期尚能符合要求，排水系统也正常，质量基本能保证，后期施工没有按规定上土、灌水，排水系统也因管理不善而逐步失效，加上筑坝材料黏性较大，土料渗透系数小，造成坝体含水量过大，达到饱和状态，产生裂缝。1959 年 5 月坝体发生两次滑坡。

第三期施工从 1960 年春开始，河槽段坝体 39.00 m～41.00 m 高程所加坝身全部为虚土，台地段 39.00 m～40.00 m 也是虚土。1962 年对大坝进行整修加固，对虚土部分进行翻修。

第四期施工为 1966 年加固，迎水坡培厚，设干砌石护坡，加设防浪墙。此次施工采用拖拉机分层碾压，但每层土不均匀，碾压效果差。

第五期施工为 1976 年大水后，对大坝又一次进行加高培厚，坝顶高程 46.80 m，坝顶宽 8 m，填筑材料为开挖非常溢洪道的弃渣，以风化红砂岩为主。

第六期施工为 1986 年对大坝进行加固，坝顶加高至 47.70 m 高程，在河槽段 0＋950～1＋050 设防渗反滤体。

2004—2007 年加固，主要建设内容为：①大坝防渗加固工程：坝基防渗采用高压定喷墙，高喷范围 0＋350～1＋000；坝身防渗用黏土井柱，防渗范围 0＋000～1＋285。②大坝土方加固工程：大坝背水坡原坡面清理，大坝背水坡土方填筑，草皮护坡。③大坝附属工程：上游干砌块石护坡翻修及高喷返浆灌缝；下游坝坡混凝土纵横排水沟及坝脚浆砌块石排水沟；浆砌块石坝肩；坝顶混凝土路面；防浪墙压顶混凝土。④溢洪道加固工程：闸室拆除重建；钢筋混凝土溢流段护面；下游基础石方开挖及冲坑弃渣回填推土机压实；冲坑上部浆砌块石护砌、冲坑下部钢筋混凝土护面；陡坡浆砌块石挡土墙；上游交通桥；钢筋混凝土主闸门制作安装、卷扬式启闭机购买安装及检修空箱式钢闸门及附件制作安装。⑤放水涵洞加固工程：北放水涵洞洞身高喷截渗墙、钢筋混凝土箱涵接长、钢筋混凝土检修闸门、铸铁主闸门及启闭机制造安装。⑥管护设施：改造进库道路、新建防汛调度、职工住宅、防汛器材仓库等。

近年来燃灯寺水库主要完成的维修加固项目有：

(1) 东放水涵洞原 2 台 10 t 螺杆式启闭机更换为 2 台 20 t 手电两用螺杆式启闭机；

(2) 坝顶 10 kV 高压线路迁移改造至坝下；

(3) 坝顶防汛照明设施 26 盏路灯；

(4) 东进库道路混凝土硬化 1.5 km。

四、大坝安全监测

大坝安全监测设施包括水位尺、测压管，无其他安全观测设施。大坝安全监测内容主要有巡视检查、水位测量及坝体渗流监测等。

巡视检查由水库管理人员经常到坝上察看，通过对坝坡的完好情况、是否有白蚁活动迹象、背水坡坡面是否潮湿、岸坡周围有无漏水等巡查，溢洪道边坡、护底是否完整、正常，启闭系统是否完好、下游河道是否通畅等以及涵洞从上到下、启闭设备是否完好、拉绳受力是否均匀、洞身是否有破损等观测来掌握水库安全运行状况。

巡视检查分为日常巡视检查、年度巡视检查和特殊情况下的巡视检查三种。日常巡视检查每日不少于一次，汛期增加次数，水库水位暴涨暴落相应增加巡视检查次数。年度巡视检查每年进行 2～3 次，在每年汛前、汛后及高水位时按规定的检查项目，对大坝进行全面的巡视检查。每次检查出的问题及时汇报处理，并对所有机电设备按规定进行日常维护保养。

(1) 巡视检查要求

1) 大坝巡视检查从左到右，从上至下，先坝顶次内坡后外坡，最后检查坝基排水体，具体内容为：有无裂缝、滑坡、隆起、坍塌、兽害、蚁害、雨水冲刷等；

2) 溢洪道的检查主要为检查边坡、护底是否完整、正常、有无裂缝，下游河道是否通畅；

3) 监视水情、流态、工作状态变化及工作情况，掌握水情、工程变化规律，及时为工程管理运行提供科学依据；

4) 发现异常要及时分析原因，采取措施防止事故发生，保护工程安全。

(2) 水位测量

1) 非汛期每日 8 时观测一次，即以 8 时观测值作为当日平均水位；

2) 汛期每日 8 时、20 时各观测一次，以两次观测的平均值作为当日的日平均水位；

3) 水位变化较大，即每小时达 1 cm～5 cm 时，每日 2 时、5 时、8 时、11 时、14 时、17 时、20 时、23 时各观测一次，用面积包围法或加权平均法算出日平均水位；

4) 溢洪道泄洪时，视需要增加测次，一般情况每 1 至 2 小时观测一次，以测得各次峰谷和完整的水位变化过程。

(3) 渗流监测

工程原设计设置土坝测压管共 35 根，由于环境、工程、自然及人为破坏等原因，现有完好测压管 18 根，测压管监测 1 次/7 天，遇库水位骤升骤降或超汛限水位等特殊情况时 1 次/天。测压管监测采用测深钟观测，两次读数差不得大于 2 cm。

五、工程运行管理分析评价

根据检查和现场调查:大坝管理机构和人员配备完善,在运行管理上,能按照调度规程合理调度,制定的各项运行管理规章制度基本齐全,运行管理中能按各项管理制度和规范办事,能定期组织进行工程维修养护,保证大坝的安全运行。但大坝除设置水位尺及测压管外,无其他渗流、浸润线等自动化监测设施。

综合以上并参照《水库大坝安全评价导则》(SL 258—2017)的规定,大坝运行管理评价为较规范。

1.3 工程质量分析评价

(1) 大坝防渗加固工程施工质量评价

根据滁州市燃灯寺水库除险加固工程竣工验收资料,大坝防渗加固工程内容主要为:

1) 坝基防渗:采用高压定喷墙,顶高程 34.0 m,底部高程 21.74 m～23.4 m 不等,高喷范围 0＋350～1＋000,孔距 2.4 m,人字形连接,连接角度 140 度。

2) 坝身防渗:采用黏土井柱,井柱顶高程到坝顶,底部高程 33.0 m,坝基接触部位深入坝基 0.5 m,防渗范围 0＋000～1＋285,井柱直径 1.5 m,间距 1.07 m。

3) 大坝土方加固工程:下游坝坡、坝顶表层清理、下游坝坡填筑、草皮护坡等。

a. 黏土井柱施工

工程于 2004 年 3 月 18 日开工,在桩号 0＋361.66 处进行黏土井柱试验,初步确定黏土井柱施工受水库水位的影响程度并确定了黏土井柱成孔工艺、填土厚度、土料含水量、重锤击实次数及落距等施工工艺参数。2004 年 4 月 4 日黏土井柱工程全面开工,至 2004 年 10 月 31 日完工。

造孔采用 8JZ－145 型冲抓锥成孔机。井柱分层回填厚度 30 cm～40 cm,冲抓机夯锤分层夯实,夯锤重 1.7 t。

b. 高喷灌浆工程

工程于 2004 年 4 月 2 日和 8 月 13 日分别在大坝桩号 0＋950 和 0＋880 的坝脚处进行高喷试验,确定高喷孔距。2005 年 1 月 7 日开始全面施工,2005 年 4 月工程施工完成。

c. 坝坡土方培厚工程

坝坡土方培厚工程采用机械化施工,2004 年 3 月开始,至 2005 年 1 月完成。

大坝防渗加固工程为 1 个单位工程,包含 3 个分部工程,41 个单元工程。单元工程质量评定合格率 100%,优良率 68.29%。分部工程合格率 100%,优良率 33.33%。单位工程质量等级为合格。建设过程中未发生质量事故，无质量缺陷。

工程中使用的水泥、砂、碎石等中间产品检测结果均合格。混凝土防渗墙抗压强度、抗渗性、取芯实验及压水实验结果满足要求。帷幕灌浆压水实验结果满足要求。

(2) 溢洪道工程施工质量评价

根据滁州市燃灯寺水库除险加固工程竣工验收资料，溢洪道加固工程由闸室拆除重建、冲坑溢流面加固、闸门启闭机、交通桥、启闭机房与桥头堡、非常溢洪道等6个分部工程组成。

溢洪道加固工程主要内容：原启闭机房、启闭机及电气设备、闸室墩墙拆除，兴建钢筋混凝土排架及启闭机台；冲坑开挖、溢流面凿毛、打设锚筋、设置排水管，37 m×17 m溢流面采用15 cm厚C25钢筋混凝土护面，冲坑两侧岸坡采用浆砌石墙护砌，冲坑底面、坡面、平台采用50 cm厚C25钢筋混凝土护砌，挑流鼻排架等采用丙乳砂浆抹面；预制安装钢筋混凝土闸门3孔，购买安装启闭机3台套等；在泄洪闸上游兴建35 m钢筋混凝土桁架拱桥1座，并加固泄洪闸下游交通桥(桥面板及桥墩)；兴建桥头堡88 m^2、启闭机房105 m^2；非常溢洪道下游浆砌块石海漫接长5 m。

溢洪道加固工程为1个单位工程，包含6个分部工程，55个单元工程。单元工程质量评定合格率100%，优良率61.82%。分部工程合格率100%，优良率66.67%。单位工程质量等级为优良。建设过程中未发生质量事故，无质量缺陷。

工程中使用的水泥、砂、碎石等中间产品检测结果均合格。混凝土强度、砂浆强度均满足要求。

(3) 放水涵洞工程施工质量评价

根据滁州市燃灯寺水库除险加固工程竣工验收资料，放水涵洞加固工程由北放水涵洞加固和东放水涵洞加固2个分部工程组成。

1) 北放水涵洞加固

北放水涵洞加固工程主要内容：C25混凝土箱涵接长12 m，箱涵采用马蹄型结构，底宽2.2 m，矩形部分高1.0 m，圆弧半径1.1 m，厚0.3 m；翼墙后土方回填；涵洞出口M10浆砌石护底厚0.4 m，面积90 m^2；挡土墙砌筑；出口段混凝土护底及护坡14 m长；钢筋混凝土检修闸门制造安装；铸铁主闸门购买安装及两台启闭机购买安装；重建启闭机房及人行便桥。本分部工程于2004年2月26日开工，2005年5月20日完工。

2) 东放水涵洞加固

东放水涵洞加固工程主要内容：渠道清淤土方1 700 m^3，铸铁闸门维修与安装，启闭机维修与安装，下游浆砌石护砌。本分部工程于2004年3月30日开工，2004年4月28日完工。

放水涵洞加固工程为1个单位工程，2个分部工程，22个单元工程。单元工程质量评定合格率100%，优良率45.45%。分部工程合格率100%，优良率0%。单位工程质量等级为合格。建设过程中未发生质量事故无质量缺陷。

工程中使用的水泥、砂、碎石等中间产品检测结果均合格。混凝土强度、砂浆强度均满足要求。

（4）大坝附属工程施工质量评价

根据滁州市燃灯寺水库除险加固工程竣工验收资料，大坝附属工程由排水沟、防浪墙、坝顶公路、浆砌块石坝肩、上游护坡、大坝白蚁防治、草皮护坡7个分部工程组成。

排水沟工程主要内容：拆除原有坝坡排水沟、坝脚排水沟，新做坝坡纵、横向U形排水沟，浆砌石坝脚排水沟。

防浪墙工程主要内容：结合原防浪墙的损坏程度进行局部拆除，部分高度不够的进行加高，增做伸缩缝、C20混凝土压顶，对墙体两侧凿毛、清洗后1.0：2.0水泥砂浆抹面，表层刷外墙涂料。

坝顶公路主要内容：原路面整修、夯实，铺筑20 cm厚填隙碎石基层，浇筑15 cm厚C20混凝土面层。

浆砌块石坝肩主要内容：拆除原坝肩后重新砌筑坝肩。

上游护坡主要内容：对大坝上游护坡松动、塌陷和块石不符合要求的部位进行整修，在水位变幅区，对块石松动和塌陷范围较大的整体返修。利用高喷弃浆对返修后干砌石护坡进行灌缝；大坝东、西两侧混凝土及网格护坡。

大坝白蚁防治主要内容：在大坝背水坡直接喷洒毒死蜱药液，喷药浓度为0.5%。

草皮护坡主要内容：平整坝坡面，栽植狗牙根草皮护坡。

大坝附属工程为1个单位工程，包含7个分部工程，64个单元工程。单元工程质量评定合格率100%，优良率9.38%。分部工程合格率100%，优良率0%。单位工程质量等级为合格。建设过程中未发生质量事故，无质量缺陷。

工程中使用的水泥、砂、碎石等中间产品检测结果均合格。混凝土强度、砂浆强度均满足要求。

（5）工程施工质量分析评价

燃灯寺水库自加固以来已运行近八年，从已有资料和地质勘探资料看，大坝总体沉降已趋于稳定，2004—2007年加固施工质量满足设计和规范要求，但大坝土方填筑压实度不满足规范要求，且溢洪道和放水涵洞暴露出的缺陷对防洪安全产生一定的影响，参照《水库大坝安全评价导则》(SL 258—2017)的规定，工程质量评价为基本合格。

2 大坝安全分析及评价

2.1 防洪标准复核分析

一、工程等级及标准

凤阳燃灯寺水库位于小溪河上游，距京沪铁路南侧 9 km，流域面积为 173.0 km^2。水库枢纽工程由土坝、泄洪闸、东西灌溉涵洞、非常溢洪道等组成，是一座集灌溉、滞洪、养殖等综合利用的重点中型水库。大坝为均质土坝，坝长 1 360 m，坝顶高程 47.5 m，防浪墙顶高程 48.7 m，最大坝高 25.5 m，总库容 9 020 万 m^3。根据《水利水电工程等级划分及洪水标准》(SL 252—2017)，燃灯寺水库为中型水库，工程等别为 3 等，主要建筑物级别为 3 级。由于水库下游 9 km 处有京沪铁路，校核洪水标准提高一级。

燃灯寺水库设计洪水标准为 100 年一遇，校核洪水标准为 5 000 年一遇。

燃灯寺水库工程等级和洪水标准符合国家现行有关规程规范要求。

二、设计洪水复核

(1) 基本资料

燃灯寺水库上游的红心铺雨量站和水库坝址下游的小溪河雨量站设立于 1967 年，有 1967—2013 年较完整的年最大 1 日降雨量系列。周边卸甲店雨量站设立于 1957 年。燃灯寺水库附近水文测站基本情况见表 2.1-1。

表 2.1-1 燃灯寺水库附近水文测站基本情况表

水系	河名	站名	类型	站址	设站年月
淮河	小溪河	红心铺	雨量站	安徽省凤阳县红心铺乡红心铺村	1967 年
淮河	小溪河	小溪河	雨量站	安徽省凤阳县小溪河镇	1967 年

(2) 设计洪水

燃灯寺水库自建库以来无实测流量资料，设计洪水由设计暴雨推求。

1）设计暴雨

设计暴雨根据邻近雨量站的实测暴雨系列（以下简称“实测暴雨频率法”）及安徽省水电勘测设计院 1984 年编制的《安徽省暴雨参数等值线图、山丘区产汇流分析成果和山丘区中、小面积设计洪水计算办法》（以下简称“84 办法”）中的暴雨等值线图进行计算，经分析比较后合理采用。

a. 根据实测资料推求设计暴雨

将水库附近的卸甲店雨量站 1964 年 8 月 20 日发生的最大 1 日暴雨 333.9 mm 作为特大值参与分析，采用 P－Ⅲ型频率曲线进行适线。查《安徽省水文手册》，该地区最大 1 日平均暴雨转换成最大 24 h 平均暴雨的换算系数为 1.12。

b. 根据暴雨等值线图推求设计暴雨

根据“84 办法”，燃灯寺水库设计暴雨成果见表 2.1-2。

表 2.1-2 燃灯寺水库设计点暴雨成果表

计算办法	设计时段	统计参数			不同频率的设计暴雨(mm)						
		均值	*Cv*	*Cs*/*Cv*	5%	2%	1%	0.33%	0.1%	0.05%	0.02%
84 办法	年最大 24 h	100	0.60	3.5	220.0	276.0	320.0	387.0	462.0	506.0	562.6
	年最大 1 h	48	0.50	3.5	95.4	116.0	131.3	155.5	181.8	196.9	216.7

c. 设计暴雨成果采用

对以上设计暴雨成果进行比较，见表 2.1-3。

表 2.1-3 燃灯寺水库年最大 24 h 设计点暴雨成果比较表

计算办法	不同频率的设计暴雨(mm)						
	5%	2%	1%	0.33%	0.1%	0.05%	0.02%
实测暴雨频率法	234.5	284.9	322.7	382.1	446.7	483.7	533.0
84 办法	220.0	276.0	320.0	387.0	462.0	506.0	562.6

实测暴雨频率法与“84 办法”的计算成果相比，不同频率的设计暴雨相差不大。鉴于后者经过地区综合成果等因素检验，推荐采用“84 办法”暴雨成果。

据“84 办法”，点面折算系数按 $\alpha_{24\,h}=0.95$，$\alpha_{1\,h}=0.93$ 计，得燃灯寺水库年最大 24 h 设计面暴雨，成果见表 2.1-4。

表 2.1-4 燃灯寺水库年最大 24 h 设计面暴雨成果表

区域	不同频率的设计暴雨(mm)						
	5%	2%	1%	0.33%	0.1%	0.05%	0.02%
燃灯寺水库	209.0	262.2	304.0	367.7	438.9	479.8	534.5

2）设计洪水

根据“84 办法”，可设江淮地区丘陵地形降雨损失量重现期大于等于 50 年一遇时为

60 mm，重现期小于等于 20 年一遇时为 80 mm，成果见表 2.1-5。

表 2.1-5　燃灯寺水库设计洪水成果表

设计频率	5%	2%	1%	0.33%	0.05%	0.02%
洪峰流量(m^3/s)	674	1 153	1 393	1 982	2 709	3 054
洪水总量(万 m^3)	2 188	3 441	4 156	5 267	7 201	8 116

经复核，燃灯寺水库 100 年一遇设计洪峰流量为 1 393 m^3/s，洪水总量为 4 156 万 m^3；5 000 年一遇设计洪峰流量应为 3 054 m^3/s，洪水总量为 8 116 万 m^3。

三、水库特征水位复核

（1）水位-容积曲线复核

水位-容积曲线复核按 2002 年加固设计时复核成果。由于水库上游流域植被良好，水土保持状况较好，水库基本没有淤积，为保持资料的延续性，仍采用原库容曲线。燃灯寺水库水位-库容关系见第四章相关内容。

（2）水位-泄量曲线复核

燃灯寺水库水库总泄流能力曲线见表 2.1-6。

表 2.1-6　燃灯寺水库水位-泄流关系线

水位(m)	库容(万 m^3)	泄洪闸		非常溢洪道		$\sum q_i$ (m^3/s)
		水头 $h_{闸}$(m)	流量 q(m^3/s)	水头 $h_{非}$(m)	流量 q(m^3/s)	
43.80	6 436	6.30	377	—	0	377
43.90	6 568	6.40	386	—	0	386
44.00	6 700	6.50	395	—	0	395
44.10	6 856	6.60	404	—	0	404
44.30	7 168	6.80	422	—	0	422
44.50	7 480	7.00	441	—	0	441
44.60	7 644	7.10	451	2.10	0	451
					277	728
44.70	7 808	7.20	460	2.20	340	800
44.80	7 972	7.30	470	2.30	408	878
45.00	8 300	7.50	489	2.50	513	1 002
45.35	8 860	7.85	524	2.85	626	1 150
45.50	9 100	8.00	529	3.00	675	1 204
46.00	10 000	8.50	545	3.50	850	1 395
46.50	11 000	9.00	561	4.00	1 040	1 601

（3）调度原则复核

燃灯寺水库设计兴利蓄水位 42.5 m，安徽省防汛指挥部批复汛限水位 42.5 m。起调水位与汛限水位相同，亦为 42.5 m。

泄洪闸控制原则：由于下游小溪河和铁路桥有一定的泄洪能力，泄洪闸一般不控制，但在调洪计算中，泄洪闸的泄洪流量不能大于前 2 时段（涨水时）的入库洪水流量。

非常溢洪道按 300 年标准启用。燃灯寺水库下游 9 km 处为我国南北大动脉京沪铁路，按国家规定铁路防洪标路基按 100 年一遇洪水设计，300 年一遇洪水校核，为保铁路防洪安全，2002 年加固设计时，非常溢洪道起用标准按 300 年洪水标准启用。即库水位超过 44.60 m 时启用。

（4）调洪演算及成果

1）洪水调节计算原理

调洪演算按静库容条件考虑，通过联解水库水量平衡方程和相应水库蓄泄方程，进行逐时段的调洪演算。

a. 水库水量平衡方程为

$$\frac{Q_1+Q_2}{2}\Delta t-\frac{q_1+q_2}{2}\Delta t=V_2-V_1$$

Q_1、Q_2 为时段 Δt 始、末入库流量，q_1、q_2 为时段 Δt 始、末出库流量，V_1、V_2 为时段 Δt 始、末的水库库容。

b. 水库蓄泄方程

水库水位-库容关系 $V=f(z)$ 见表 4.7-1 和水库泄洪建筑物泄流曲线 $q=f(z)$ 见表 2.1-6。

2）调洪演算成果

根据水库现有泄洪能力及水库现状防汛控制运用原则，采用静库容法对水库各频率设计洪水进行调洪演算，成果见表 2.1-7。

按照上述水库控制运用原则及调度方式，水库 100 年一遇设计洪水和 5 000 年一遇校核洪水过程，以及水库库容曲线、泄流能力曲线，采用坝址洪水静库容法对燃灯寺水库进行洪水调节计算，调洪计算成果见表 2.1-7。

表 2.1-7 复核各种频率设计洪水调洪演算成果表

洪水标准	洪峰流量(m^3/s)	洪量（万 m^3）	最高洪水位(m)	最大下泄流量(m^3/s)	总库容（万 m^3）	滞洪量（万 m^3）	削减洪峰百分比(%)	滞洪量占洪峰流量比例(%)
100 年	1 393	4 156	43.924	388.2	6 599.7	1 839.7	72	44
5 000 年	3 054	8 116	45.387	1 163.1 （泄洪闸 525.2 非常溢洪道 637.9）	8 918.4	4 158.4	62	51

2002 年除险加固设计中 100 年一遇设计水位为 44.09 m，5 000 年一遇校核水位为 45.45 m。复核 100 年一遇设计洪水位为 43.93 m，5 000 年一遇校核洪水位为 45.39 m，比

2002年加固设计时分别低0.16 m和0.06 m，相差不大。从工程安全考虑，仍采用2002年除险加固设计时成果，100年一遇设计水位为44.09 m，5 000年一遇校核水位为45.45 m。

四、坝顶高程及宽度复核

(1) 基本特征参数

凤阳燃灯寺水库位于小溪河上游，距京沪铁路南侧9 km，流域面积为173.0 km^2。水库枢纽工程由土坝、泄洪闸、东西灌溉涵洞、非常溢洪道等组成，是一座集灌溉、滞洪、养殖等综合利用的重点中型水库。大坝为均质土坝，坝长1 360 m，坝顶高程47.5 m，防浪墙顶高程48.7 m，最大坝高25.5 m，总库容9 020万 m^3。根据《水利水电工程等级划分及洪水标准》(SL 252—2017)，燃灯寺水库为中型水库，工程等别为3等，主要建筑物级别为3级。由于水库下游9 km处有京沪铁路，校核洪水标准提高一级。

燃灯寺水库设计洪水标准为100年一遇，校核洪水标准为5 000年一遇。

(2) 坝顶超高计算

根据《碾压式土石坝设计规范》(SL 274—2020)5.3.3条，坝顶超高 $y=R+e+A$。

安全加高 A 按《碾压式土石坝设计规范》(SL 274—2020)5.3.3条取值，对于3级土坝：正常运用工况取0.70 m，非常运用工况取0.40 m。

燃灯寺水库坝顶高程复核成果见表2.1-8。

表2.1-8 燃灯寺水库坝顶高程复核成果表

计算条件	运行状态	洪水位(m)	坝顶超高(m)	要求最小坝顶高程(m)
①	正常运用($P=1\%$)	44.09	3.601	47.691
		42.50	3.601	46.101
②	非常运用($P=0.02\%$)	45.45	2.190	47.640
③	考虑地震因素	42.50	3.450	45.950

燃灯寺水库现有坝顶高程为47.50 m，防浪墙顶高程48.70 m。从上表可以看出，燃灯寺水库坝顶上游侧设有防浪墙，防浪墙顶高程是由校核条件控制，要求5 000年一遇校核洪水情况下最低墙顶高程为47.64 m，在非常运用条件下静水位(校核水位)45.45 m，低于坝顶高程47.50 m，在正常运用条件下，坝顶高出静水位3.57 m，因此现有坝顶和防浪墙顶高程满足规范要求。

(3) 坝顶宽度复核

根据《碾压式土石坝设计规范》(SL 274—2020)，燃灯寺水库坝顶宽度应不小于5.00 m，现状坝顶宽度为5.00 m，满足规范要求。

五、分析与评价

(1) 工程等级及标准

凤阳燃灯寺水库为均质土坝，最大坝高 25.5 m，总库容 9 020 万 m^3。根据《水利水电工程等级划分及洪水标准》(SL 252—2017)，燃灯寺水库工程等别为 3 等，主要建筑物级别为 3 级。由于水库下游 9.0 km 处有京沪铁路，校核洪水标准提高一级。设计洪水标准为 100 年一遇，校核洪水标准为 5 000 年一遇。

燃灯寺水库工程等级和洪水标准符合国家现行有关规程规范要求。

(2) 设计洪水复核

设计洪水复核与 2002 年除险加固设计洪水的计算办法均采用"84 办法"，100 年一遇设计洪水复核成果与 2002 年除险加固设计洪水基本一致；2002 年除险加固中 5 000 年一遇校核洪峰流量为 3 321 m^3/s，洪水总量为 8 825 万 m^3，该成果偏大，复核进行了调整。

经复核，燃灯寺水库 100 年一遇设计洪峰流量为 1 393 m^3/s，洪水总量为 4 156 万 m^3；5 000 年一遇校核洪峰流量应为 3 054 m^3/s，洪水总量为 8 116 万 m^3。

(3) 水库特征水位复核

洪水调节复核成果与 2002 年除险加固成果相差很小，仍采用 2002 年除险加固时洪水调节成果。100 年一遇设计洪水位为 44.09 m，2 000 年一遇校核洪水位为 45.45 m。

(4) 坝顶高程及宽度复核

燃灯寺水库正常蓄水位 42.50 m，设计洪水位 44.09 m，校核洪水位 45.45 m。按照《水利水电工程等级划分及洪水标准》(SL 252—2017)和《碾压式土石坝设计规范》(SL 274—2020)规定，分别按设计洪水位、校核洪水位、正常蓄水位正常运用和非常运用等 4 种工况进行核算，核算结果分别为 47.691 m、47.64 m、46.101 m、45.95 m。

可以看出，坝顶高程由设计洪水位控制。设计时考虑了防浪墙挡水，防浪墙顶高程为 48.70 m，坝顶高程为 47.50 m。核算结果表明，防浪墙顶高程为 48.70 m，坝顶高程为 47.50 m 能满足防洪要求。

燃灯寺水库现状坝顶宽度 5.0 m，满足《碾压式土石坝设计规范》要求。

(5) 防洪能力复核

经复核，燃灯寺水库防洪标准及大坝抗洪能力均满足规范要求，洪水能够安全下泄，大坝防洪安全性为 A 级。

2.2 渗流安全分析评价

一、原设计、施工渗流控制措施评价

(1) 工程地质及水文地质

老河槽及河漫滩上分布着一层薄厚不等的淤泥质重粉质壤土。由于受河流的侵蚀

切割，6层粉质黏土在河槽段已缺失，在河漫滩向坝基两侧的延伸段，本层由薄层过渡到厚层，粉质黏土黏粒含量高，强度高，是良好的天然地基。7层中细砂夹粉质壤土是坝基的透水层，其分布范围广，除河槽段分布，还向左侧延伸，从地质剖面分析，砂层分布可延伸至左侧0+350左右。0+535地质剖面揭示，本层贯穿于坝基的上下游。钻孔揭示了基岩的表层为砾岩和泥质粉砂岩的全风化，据附近相同类岩石露头观察分析，岩石的风化带较厚，而且砾岩节理裂隙较为发育，有一定的透水性，可视为弱透水层。

库区内岸稳定：库区内地层岩性为新近系（上第三系）砖红色泥质砂岩和砂砾岩，其上部为第四系中细砂和黏性土组成的覆盖层，厚3.8 m～7.9 m，大坝两端与丘坡、丘顶相接，丘顶、丘坡处基岩覆盖层较薄，多为全风化残留物（碎石），基岩零星出露。

根据现场调查，建库后运行多年，尚未发现库岸滑坡和坍塌等不良物理地质现象，库岸基本稳定，库盆及库岸周边丘坡无渗漏现象。

水库四周丘陵环绕，丘陵体绵延宽厚，整个库周的地下水分水岭均高于正常蓄水位42.5 m高程，库盆由弱—微透水性的黏性土和红色泥质砂岩和砂砾岩组成，根据调查，水库运行多年，库周未发现渗漏问题。

(2) 坝体防渗

原坝体清基不彻底，老河槽段的坝基存在淤泥质重粉质壤土。坝基存在中细砂夹粉质壤土，渗透系数10^{-3} cm/s，为透水层，其存在贯穿上下游通道。坝体填筑质量差，坝身存在水中倒土区和未经压实的堆虚土区。土料中含有砾石、草根、植物根茎等杂物，含水量过大。

由于坝基及坝身均存在问题，除险加固工程中，对全坝段进行了防渗处理，对0+350～1+000的650 m范围，把坝基和坝身的防渗统一考虑，采用底部高压旋喷，顶部做黏土井柱方案。在坝顶轴线，至高程33.00 m～45.00 m做黏土井柱防渗墙，33.00 m以下至基岩采用高压旋喷灌浆，底部伸入基岩0.5 m，孔距1.0 m，墙厚0.3 m，墙体渗透系数10^{-7} cm/s。

其余范围只对坝身防渗进行了处理，采用黏土井柱方案。坝身防渗采用直径1.5 m的井柱套井，套井中心距1.07 m，黏土井柱顶高程为47.5 m，底高程为33.00 m，井柱厚1.07 m。回填土料黏粒含量30%～40%以上，渗透系数小于10^{-5} cm/s，压实度0.96。

(3) 坝体排水

原坝体在老河槽段100 m范围内设下游贴坡反滤，反滤构造从内到外为细砂150 mm，粗砂250 mm，碎石250 mm，块石。另有老河槽段50 m坝体下游设坝脚干砌石护坡。

(4) 防渗墙检测

防渗墙无损检测采用高密度电法。高密度电法共布置8条测线，测线布置位于

0+250～0+427,0+340～0+517,0+430～0+607,0+520～0+697,0+610～0+787,0+700～0+877,0+790～0+967,0+880～1+057。根据视电阻率成果,0～14 m深度范围的黏土井柱防渗墙电阻率较高,14 m以下高喷防渗墙电阻率较低。0～14 m防渗墙电阻率水平方向总体变化不大,局部存在电阻率突变,说明黏土井柱防渗墙均匀性略差。14 m以下高喷防渗墙电阻率水平方向无明显突变,深度方向上具有层状特性,说明高喷防渗墙均匀性、连续性较好。

三、渗流安全分析评价

根据渗流计算结果,0+454断面的最大渗透坡降为0.31,0+950断面的最大渗透坡降为0.34,均小于黏土的允许水力坡降0.5～0.8(经验值范围),满足规范要求。

防渗墙无损检测表明黏土井柱防渗墙均匀性略差。

现场检查发现桩号0+500～1+200背水坡存在多处渗水点。原因主要为1+000～1+200处未做坝基高压旋喷防渗处理,0+500～1+000处虽设坝基截渗,经走访2004—2007年加固时的参建人员得知,高压旋喷截渗墙施工质量不佳。

参照《水库大坝安全评价导则》(SL 258—2017)的规定,大坝渗流安全评价为C级。

2.3 结构稳定安全分析评价

一、大坝稳定分析

(1) 计算工况

根据《碾压式土石坝设计规范》(SL 274—2020)的有关规定,控制稳定的有施工期、稳定渗流期、水位降落期和正常运用遇地震四种工况。

结合本工程的实际运行条件,选择以下几种工况进行边坡稳定计算:

1) 正常运用条件

① 水库水位为正常蓄水位42.50 m,地下水处于稳定渗流;

② 水库水位为设计洪水位44.09 m,地下水处于稳定渗流。

2) 非常运用条件Ⅰ

① 水库水位为校核洪水位45.45 m,地下水处于稳定渗流;

② 水库水位为校核洪水位45.45 m骤降至37.50 m。

(2) 稳定计算成果

抗滑稳定计算成果见表2.3-1、2.3-2。

表 2.3-1　0+454 断面坝坡稳定安全系数成果表

计算条件			安全系数 K		规范允许值
			上游坡	下游坡	
正常运用	工况 1	库水位为正常蓄水位 42.50 m	2.133 21	2.086 70	1.30
	工况 2	库水位为设计洪水位 44.09 m	2.350 90	2.364 55	
非常运用Ⅰ	工况 3	库水位为校核洪水位 45.45 m	2.561 08	2.626 82	1.20
	工况 4	库水位为校核洪水位 45.45 m,骤降到 37.50 m	1.596 89	1.620 80	

表 2.3-2　0+950 断面坝坡稳定安全系数成果表

计算条件			安全系数 K		规范允许值
			上游坡	下游坡	
正常运用	工况 1	库水位为正常蓄水位 42.50 m	1.842 63	1.969 68	1.30
	工况 2	库水位为设计洪水位 44.09 m	1.990 51	2.118 97	
非常运用Ⅰ	工况 3	库水位为校核洪水位 45.45 m	2.110 89	2.256 74	1.20
	工况 4	库水位为校核洪水位 45.45 m,骤降到 37.50 m	1.413 65	1.462 26	

二、泄洪闸稳定复核

根据各计算工况,对泄洪闸沿坝基面进行坝体抗滑稳定计算,计算结果如表 2.3-3 所示。

表 2.3-3　泄洪闸抗滑稳定计算成果表

荷载工况	基底压力 P_{max}(kPa)	基底压力 P_{min}(kPa)	抗滑稳定安全系数 K'	允许最小安全系数[K']
基本组合 1	98.5	85.6	3.35	3.0
基本组合 2	88.2	75.9	3.20	3.0
特殊组合 1	79.3	73.1	2.82	2.5

经计算,泄洪闸在设计和校核工况下,坝体沿坝基面抗滑稳定安全系数均大于允许最小安全系数[K'],满足规范要求。

三、结构稳定安全分析评价

根据《碾压式土石坝设计规范》(SL 274—2020),用简化毕肖普法计算边坡稳定时,3 级土石坝坝坡抗滑稳定的允许最小安全系数为:正常运用条件为 1.30、非常运用条件Ⅰ为 1.20、非常运用条件Ⅱ为 1.15。从坝坡抗滑稳定计算成果表得知:各代表设计断面在各种工况下都能够满足规范允许最小安全系数的稳定要求。

泄洪闸在设计和校核工况下,坝体沿坝基面抗滑稳定安全系数均大于允许最小安全系数[K'],满足规范要求。

参照《水库大坝安全评价导则》(SL 258—2017)的规定,大坝结构稳定安全评价为 A 级。

2.4 抗震安全分析评价

根据《中国地震动参数区划图》(GB 18306—2015),工程区地震动峰值加速度为0.10 g,相应地震基本烈度为7度。按《水库大坝安全评价导则》(SL 258—2017)规定,须对坝坡及泄洪闸进行抗震安全评价。

一、大坝稳定分析

(1) 计算断面的选择

大坝稳定计算断面对应于安全鉴定钻孔的位置,选取0+454和0+950断面为稳定计算断面。

(2) 稳定计算成果

抗滑稳定计算成果见表2.4-1、2.4-2。

表2.4-1 0+454断面坝坡稳定安全系数成果表

计算条件			安全系数 K		规范允许值
			上游坡	下游坡	
非常运用Ⅱ	工况5	库水位为正常蓄水位42.50 m,且遭遇地震	1.895 80	1.906 36	1.15
	工况6	库水位为设计洪水位44.09 m,且遭遇地震	2.062 98	2.105 91	

表2.4-2 0+950断面坝坡稳定安全系数成果表

计算条件			安全系数 K		规范允许值
			上游坡	下游坡	
非常运用Ⅱ	工况5	库水位为正常蓄水位42.50 m,且遭遇地震	1.607 49	1.705 46	1.15
	工况6	库水位为设计洪水位44.09 m,且遭遇地震	1.717 94	1.814 05	

二、泄洪闸稳定复核

根据计算工况,对泄洪闸沿坝基面进行坝体抗滑稳定计算,计算结果如表2.4-3所示。

表2.4-3 泄洪闸抗滑稳定计算成果表

荷载工况	基底压力 P_{max}(kPa)	基底压力 P_{min}(kPa)	抗滑稳定安全系数 K'	允许最小安全系数[K']
地震组合①	70.9	59.8	2.23	2.3
地震组合②	79.6	62.0	1.85	2.3

经计算,泄洪闸在地震工况下,坝体沿坝基面抗滑稳定安全系数小于允许最小安全系数[K'],不满足规范要求。

三、抗震安全分析评价

根据《中国地震动参数区划图》(GB 18306—2015)，工程区地震动峰值加速度为0.10 g，相应地震基本烈度为7度，工程在设计、施工及管理中均应考虑采取必要的设防措施。

燃灯寺水库大坝及泄洪闸属3级建筑物，经计算，大坝在地震工况下抗滑稳定安全系数满足规范要求，泄洪闸在地震工况下抗滑稳定安全系数不满足规范要求，参照《水库大坝安全评价导则》(SL 258—2017)的规定，抗震安全等级为C级。

2.5 大坝安全综合评价结论与建议

一、大坝安全综合评价结论

(1) 大坝安全综合评价分析

受凤阳县水务局委托，开展凤阳县燃灯寺水库的安全鉴定工作。与此同时，委托安徽省水利工程质量检测中心站对燃灯寺水库工程质量进行检测。2017年6月，安徽省水利工程质量检测中心站完成了《凤阳县燃灯寺水库安全评价检测报告》。2018年7月，完成了《凤阳县燃灯寺水库安全评价总报告》。2018年11月，凤阳县水务局组织专家对燃灯寺水库进行安全鉴定，形成了《大坝安全鉴定报告书》。

燃灯寺水库大坝经以上各项分析，参照《水库大坝安全评价导则》(SL 258—2017)的规定，认为：

1) 大坝实际施工质量大部分达到规范要求，工程质量评为基本合格。

2) 从多年水库运行情况看，大坝运行管理评价为较规范。

3) 水库防洪标准及大坝抗洪能力均满足规范要求，洪水能够安全下泄，大坝防洪安全性为A级。

4) 根据渗流计算结果，大坝最大渗透坡降小于黏土的允许水力坡降满足规范要求，但防渗墙无损检测表明黏土井柱防渗墙均匀性略差，且桩号0+500～1+200背水坡存在多处渗水点。大坝渗流安全评价为C级。

5) 根据稳定计算结果，大坝边坡稳定及泄洪闸稳定复核均满足规范要求，结构稳定安全等级评为A级。

6) 根据抗震计算结果，大坝在地震工况下抗滑稳定安全系数满足规范要求，泄洪闸在地震工况下抗滑稳定安全系数不满足规范要求，抗震安全等级为C级。

7) 综合现场安全检查、金属结构安全检测和复核计算成果，综合评定金属结构安全性为C级。

综合大坝各专项安全性评价结果，对照《水库大坝安全评价导则》(SL 258—2017)的规定，确定燃灯寺水库大坝工程为三类坝。各分项评价结论见表 2.5-1。

表 2.5-1　大坝安全综合评价等级表

序号	项目	等级			备注
		A	B	C	
1	工程质量评价				基本合格
2	运行管理评价				较规范
3	防洪标准复核评价	√			
4	渗流安全评价			√	
5	结构安全评价	√			
6	抗震安全评价			√	
7	金属结构评价			√	

(2) 大坝安全鉴定结论及核查意见

1) 工程存在的主要问题

a. 上游干砌石护坡分缝处局部起翘、开裂、破损，有杂草；混凝土防浪墙局部砂浆抹面脱落。坝脚无贴坡排水。桩号 0+500～1+200 背水坡存在多处渗水点。

b. 泄洪闸为钢筋混凝土与浆砌石的混合结构，闸门止水老化失效、多处漏水，闸门区格梁老化、钢筋锈胀，局部混凝土脱落。排架柱局部箍筋锈胀、露筋。交通桥老化严重，护坡多处开裂，交通桥桥墩挡墙老化、开裂，拱圈桁架弦杆多处锈胀，拱圈钢筋局部锈胀，交通桥板局部开裂。泄洪闸现地控制柜电气元件接触不灵敏，开关动作时有时无，动力线路存在老化开裂、闸刀保险连接不规范等现象，电气设备元件有老化锈蚀、严重烧灼痕迹。

c. 东放水涵及燃西电站进水闸控制闸栈桥柱、板混凝土表面老化严重，局部存在钢筋锈胀；出口段护坡多处开裂，水位变化区域尤为严重。放水涵及进水闸检修闸门和工作闸门均漏水。

d. 大坝现状 35 根测压管，正常运行 20 根，无变形观测设施。

2) 根据《大坝安全鉴定报告书》，燃灯寺水库的安全鉴定结论如下：

a. 复核洪水标准为 100 年一遇设计，5 000 年一遇校核，坝顶高程满足规范要求。

b. 根据《中国地震动参数区划图》(GB 18306—2015)，水库坝址区地震动峰值加速度为 0.10 g，相应地震基本烈度为 7 度。大坝局部坝段下游坝坡抗震稳定安全系数不满足规范要求，泄洪闸闸室及放水涵均为圬工结构，不满足结构抗震安全要求。

c. 经计算，大坝渗流稳定性满足规范要求；由于下游坝坡未设反滤体，下游坝脚出现多处渗水点。

d. 经坝坡稳定计算分析，大坝局部坝段下游坝坡抗滑稳定安全系数不满足规范要求。

e. 大坝坝体沉降基本正常，部分坝顶路面局部开裂；防浪墙局部砂浆抹面脱落、墙体局部开裂、倾斜；上游干砌石护坡局部缺损松动；大坝背水坡发现白蚁活动迹象。

f. 泄洪闸闸门不能正常启闭，影响洪水安全下泄。

g. 大坝安全监测与管理设施不完善。

h. 非常溢洪道为浆砌石低堰结构，上游护坦偏短，下游消能设施不完善，无海漫等防冲设施；两侧顺水流方向岸坡未护砌；非常溢洪道与东涵之间的隔堤低矮；出水口不畅。

该水库由于存在以上诸多问题，工程存在较严重的安全隐患，根据《水库大坝安全评价导则》(SL 258—2017)，将该大坝评定为三类坝。

2020 年 3 月，水利部大坝安全管理中心组织专家进行了书面核查和现场核查，同意燃灯寺水库大坝安全类别为三类坝。

二、除险加固建议

综合燃灯寺水库各专项安全性评价结果，确定本工程大坝为三类坝，建议尽快进行除险加固工程设计，筹措并落实除险加固工程实施资金，尽快进行方案实施，以保证大坝安全。

(1) 除险加固所涉内容

本次除险加固，燃灯寺水库工程总体布置基本保持不变。水库枢纽仍由大坝、泄洪闸、非常溢洪道、放水涵洞等组成。

大坝为均质土坝，全长 1 360.0 m，坝顶宽为 6.0 m，最大坝高 25.5 m(本章加固设计阶段，所用高程系均为 85 高程系)，坝顶高程为 47.50 m，防浪墙顶高程为 48.70 m，大坝迎水坡为干砌石护坡，坡比为 1.0∶3.0～1.0∶3.5，背水坡一级马道高程为 38.90 m，马道以上坡比为 1.00∶2.75，马道以下坡比为 1.0∶3.5，桩号 0＋600～0＋870 段设压重平台。背水坡均为草皮护坡。大坝上游对破损的干砌石护坡(高程 45.00 m 以上)维修加固。培厚放缓坝坡的部位应靠近坝高的下部，最危险滑动面滑出点上下一定范围内。从坝体排水的角度来说，加固培厚土料的透水性应不小于原坝体，否则应设排水层，将原坝体渗水顺畅地导出坝外。培厚加固的布置应兼顾整体稳定和局部稳定，并不得降低原坝体任何部位的稳定安全度。下游坝体表层土含砂砾料较多，为节省工程投资，考虑将大部分表层土重新翻压后仍用作坝体下游填筑料，且利于坝体排水。料场土料黏粒含量不宜太高，如若黏粒含量大于 25%，可考虑将料场土与坝坡土拌和均匀后再填筑坝体。下游坝体填筑料的压实度不小于 0.96。经布置，在大坝桩号 0＋600～0＋870 段设置压重平台，压重平台高程为 36.00 m，顶宽 12.0 m，边坡比为 1.0∶3.5。坝脚下游填塘宽度 8.0 m，边坡比为 1.0∶3.5。压重平台及填塘的填土压实度不小于 0.93。

现状坝顶挡浪墙为浆砌石和砌砖混合结构，外表面砂浆抹面，挡浪墙存在表面裂缝、局部前倾等问题。现状坝顶道路为混凝土结构，表面裂缝较多，破损严重。加固考虑对挡浪墙和坝顶道路进行拆除重建。新建挡浪墙为 C25 钢筋混凝土结构，高 4.0 m，底宽 2.5 m，立墙厚 0.3 m，底板厚 0.4 m，挡浪墙顶高程 48.70 m。坝顶道路改建为沥青混凝土路面，厚 0.1 m，下设水泥稳定料厚 0.2 m，级配碎石底基层厚 0.2 m。坝顶宽度为 6.0 m，下游侧设 0.3 m×0.9 m(宽×高)的路缘石。为有效排除坝顶积水，坝顶路面倾向下游横坡为 2%，同时在坝顶设 Φ100 mm 铸铁管，间距 5 m，与纵向 Φ150 mm 铸铁管连接，汇水至大坝横向排水沟内。

泄洪闸位于大坝东端，原址处拆除重建，重建闸室采用钢筋混凝土开敞式结构，3 孔一联整体式底板，顺水流向长 21.0 m，垂直水流向宽 21.0 m。闸底板顶高程 36.50 m，底板厚 1.5 m。采用平板钢闸门挡水，闸室上游侧设置检修门槽。闸墩顶高程 47.50 m，中墩厚 1.5 m，边墩厚 1.5 m。闸室顶部布置检修桥、启闭机房和交通桥等。闸室上游侧设钢筋混凝土铺盖，顺水流向长 15.0 m，厚 0.5 m，顶面高程 36.50 m。根据现状地形，上游翼墙采用不对称布置，上游左岸翼墙分为 3 段。第一段为钢筋混凝土为扶壁空箱式结构，墙顶高程 43.50 m～47.50 m；第二段为钢筋混凝土扶壁式结构，墙顶高程 43.50 m；第三段为钢筋混凝土悬臂式结构，墙顶高程 43.50 m；上游右岸翼墙采用钢筋混凝土空箱扶壁式结构，墙顶高程 45.20 m～47.50 m。闸室下游接 C25 钢筋混凝土泄槽及挑流消能工，泄槽坡比为 1.0∶6.0，底板厚 0.6 m，底部设置锚筋，梅花形布置，长 8.0 m。挑流鼻坎挑角为 35°，半径为 12.0 m。泄槽两侧为“一”字形翼墙，墙顶高程为 33.70 m。翼墙根据高度不同分为钢筋混凝土扶壁式、悬臂式结构，翼墙与泄槽底板之间缝宽 20 mm，缝内设两道紫铜片止水。泄洪闸闸室两侧不设岸墙，边墩直接挡土，回填土料与大坝一致。桥头堡布置在闸室右侧，采用灌注桩基础。桥头堡 3 层，平面尺寸为 8.1 m×10.0 m。桥头堡主要用于柴油发电机室、电气设备室、办公室、值班室等。闸上交通桥顶高程 47.50 m，桥面净宽 6.0 m。启闭机房地面高程 56.10 m，宽 5.4 m，总长 21.0 m。房内布置 3 台启闭机和相应的电气设备。启闭机主梁采用“π”形预制钢筋混凝土结构，梁高 1.0 m。工作闸门采用平面钢闸门挡水，闸门尺寸为 5.0 m×5.5 m(宽×高)，门顶高程 42.80 m，高于正常蓄水位 0.5 m。闸门采用 QP－2×320 kN 卷扬式启闭机启闭，闸门、启闭机共 3 台套。闸室设钢质叠梁式检修闸门，检修闸门采用移动式卷扬启闭机，悬挂于启闭机排架伸出的牛腿上。

非常溢洪道位于水库东岸，本次加固设计基本维持现状，在堰顶的均质土坝上、下游增设浆砌石护坡，上游接长浆砌石护底 15.0 m，下游接长浆砌石护底 30.0 m。同时，堰体两岸上、下游均增设浆砌石护坡，上游长 40.0 m，下游长 60.0 m。本次加固增设的浆砌石护坡、护底厚度均为 0.4 m，下设碎石垫层 0.1 m。非常溢洪道为无闸门控制宽顶堰结构，最大单宽流量为 2.26 $m^3/(s \cdot m)$。现状堰体下游布置长 5.0 m 的浆砌石护底，由于过堰体的单宽流量很小，加固方案为接长浆砌石海漫长 30.0 m，厚 0.4 m，下设碎石垫层 0.1 m。海漫末端防冲槽可按构造设置，取 1.5 m。

防冲槽末端河道蜿蜒，最终注入泄洪闸下游约 500.0 m 处。该段河道需清淤清障，确保洪水流入泄洪闸下游河道。

北放水涵洞于原址拆除重建，设计流量 4.0 m^3/s，单孔钢筋混凝土结构，孔口尺寸为 2.0 m×2.5 m(宽×高)。涵洞全长 40.7 m，由进口连接段、控制闸段、洞身段、出口连接段组成。洞身采用单孔钢筋混凝土箱形结构，尺寸为 2.0 m×2.5 m(宽×高)，总长 40.70 m，共分 4 节。涵洞底板顶高程为 37.30 m，不设纵坡。涵洞洞身顶板、侧墙、底板厚均为 0.5 m 底板下设 0.1 m 厚素混凝土垫层。涵洞进口处设防洪控制闸，闸上设启闭机房，启闭机房地面高程 47.50 m，启闭机房平面尺寸 3.6 m×7.5 m，在启闭机房与堤顶之间设宽 1.50 m、长 11.9 m 的钢筋混凝土梁板式便桥。工作闸门选用潜孔式平面滚动钢闸门，启闭机设计采用 QL－160 kN 手电两用螺杆式启闭机；检修闸门选用平面滑动钢闸门，启闭机设计采用 QL－50 kN 手电两用螺杆式启闭机。

北放水涵孔口尺寸较小，进、出口翼墙采用 U 形槽结构，上游翼墙顺水流长为 10.0 m，下游翼墙顺水流长为 10.0 m。

涵洞出口采用挖深式消力池，涵洞出口以 1.0∶4.0 坡与消力池底板连接，消力池长度 8.0 m，池深 0.5 m，底板采用 C25 钢筋混凝土，厚 0.6 m。下游消力池后设 10 m 长混凝土护坡、护底。涵洞下游混凝土护坡厚 0.12 m、混凝土护底厚 0.4 m，下铺均为 0.1 m 厚碎石垫层。

东放水涵洞于原址拆除重建，设计流量 2.5 m^3/s，单孔钢筋混凝土结构，孔口尺寸为 2.0 m×2.0 m(宽×高)。涵洞全长 27.8 m，由进口连接段、控制闸段、洞身段、出口连接段组成。洞身采用单孔钢筋混凝土箱形结构，尺寸为 2.0 m×2.0 m(宽×高)，总长 27.8 m，共分 3 节。涵洞底板顶高程为 37.80 m，不设纵坡。涵洞洞身顶板、侧墙、底板厚均为 0.5 m，底板下设 0.1 m 厚素混凝土垫层。涵洞进口处设防洪控制闸，闸上设启闭机房，启闭机房地面高程 46.10 m，启闭机房平面尺寸 3.6 m×5.5 m，在启闭机房与堤顶之间设宽 1.50 m、长 6.6 m 的钢筋混凝土梁板式便桥。工作闸门选用潜孔式平面滚动钢闸门，启闭机设计采用 QL－160 kN 手电两用螺杆式启闭机；检修闸门选用平面滑动钢闸门，启闭机设计采用 QL－50 kN 手电两用螺杆式启闭机。

东放水涵孔口尺寸较小，进、出口翼墙采用 U 形槽结构，上游翼墙顺水流长为 10.0 m，下游翼墙顺水流长为 10.0 m。

涵洞出口采用挖深式消力池，涵洞出口以 1.0∶4.0 坡与消力池底板连接，消力池长度 10.0 m，池深 0.5 m，底板采用 C25 钢筋混凝土，厚 0.6 m。下游消力池后设 10 m 长混凝土护坡、护底。涵洞下游混凝土护坡厚 0.12 m、混凝土护底厚 0.4 m，下铺均为 0.1 m 厚碎石垫层。

根据规程规范、工程地质、结构设计等确定监测项目。安全监测包括巡视检查和仪器监测，作为3级建筑物，本坝进行以下项目监测：

变形监测：坝体的表面变形，包括水平位移、垂直位移监测。

渗流监测：坝体渗流量、渗流压力等监测。

水文气象监测：上、下游水位、气温、降水量监测等。

(2) 除险加固方案论证重点

在工程加固时，重点应在以下几个方面进行分析论证和方案设计：

1) 建议拆除重建防汛道路，提高防汛道路等级；

2) 建议迎水侧护坡拆除重建，拆除重建浆砌石排水沟；

3) 建议对大坝截渗墙除险加固；

4) 建议对泄洪闸拆除重建；

5) 建议对东放水涵除险加固；

6) 建议对非常溢洪道除险加固；

7) 建议完善大坝自动化管理系统，完善水工自动化监测设施，加强大坝安全监测工作，做好观测资料的分析和归档工作；

8) 建议更换放水涵Y系列三相异步电动机，建议排查更换老化开裂的动力线路；

9) 建议更换溢洪道工作闸门为平面定轮钢闸门，加强对启闭设备维护，及时更换易损件。

10) 建议对放水洞工作闸门和启闭设备加强维护，及时更换易损件；建议检修闸门采用平面定轮钢闸门；

11) 建议更换燃西电站进水闸工作闸门和检修闸门为平面定轮钢闸门，加强对启闭设备维护，及时更换易损件；

12) 做好白蚁防治工作。

3 水文及地质基础资料分析

3.1 水文资料及分析

一、流域要素

凤阳燃灯寺水库位于小溪河上游，距京沪铁路南侧 9 km。水库上游河道发源于定远县境内的大金山，河源有部分低山区，峰顶高程 255.0 m，进入凤阳境内大部分为丘陵区，有两条支流汇聚于红心集，由南向北流入水库，水库植被较好，耕地约占 50%左右。燃灯寺水库于 1958 年动工兴建，1959 年 3 月蚌埠专署水利局编制《燃灯寺水库灌溉工程设计提要》，水库流域面积为 172.7 km^2，燃灯寺水库流域特性参数见表 3.1-1，工程位置示意图见图 3.1-1。

表 3.1-1　燃灯寺水库流域特性表

流域面积 $F(km^2)$	主河道平均坡降 J(‰)	河道长度 L_2(km)	河道落差 ΔH_2(m)	流域平均宽度 B(km)	流域形状系数 $f=B^2/F$
172.7	1.7	23.5	668	11.0	0.70

二、水文气象

燃灯寺位于淮河以南，根据凤阳县气象站观测资料显示，本地区气候温和、四季分明，实测多年平均气温 14.9℃，最高年平均气温 20.2℃，最低年平均气温 10.5℃。历史日平均气温超过 5℃的有 264.3 天(3 月 9 日—11 月 27 日)，超过 10℃的有 221.5 天(4 月 2 日—11 月 9 日)，超过 15℃的有 176.3 天(4 月 27 日—10 月 20 日)，无霜期长，多年平均初霜期为 10 月 31 日，终霜期为 4 月 1 日。日照时数长，多年平均日照时数为 2 250 小时，最高的月份为 8 月，月日照时数为 236 小时，5—8 月日照时数均超过 200 小时。风向多为偏东风，西北风次之，冬季盛行偏北风，夏季偏南风，多年平均风速为 2.7 m/s，实测多年平均最大风速为 12 m/s。

燃灯寺水库无实测流量资料，自 1981 年水库水位观测以来，每日观测一次，水位变

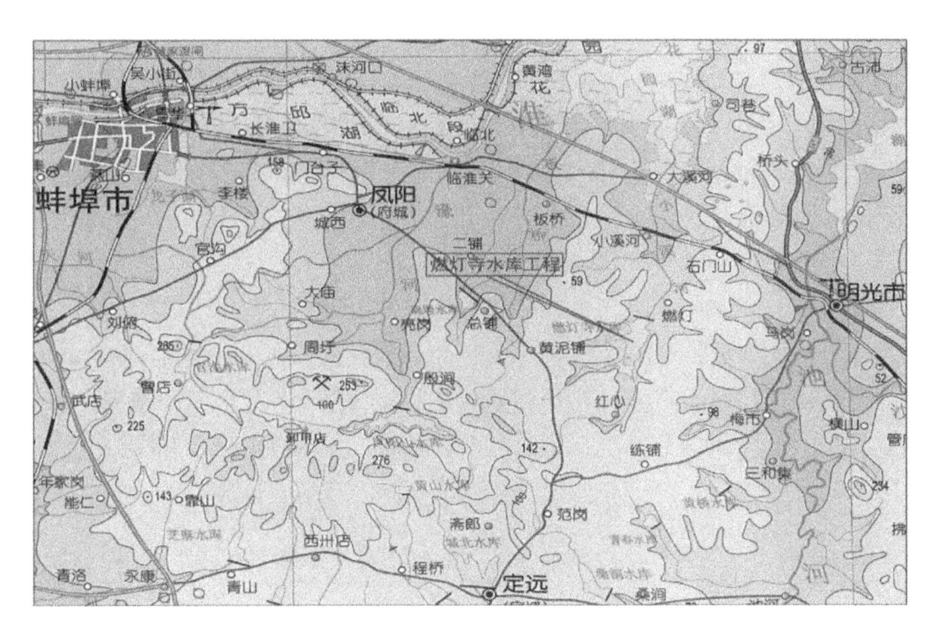

图 3.1-1 燃灯寺水库工程位置示意图

化较大时随时加测。

燃灯寺水库自 1981 年水库开始观测以来，1991 年、1998 年发生 2 次较大的洪水。根据水库水位、水位-泄量曲线、水位-容积曲线进行还原计算，其中 1991 年最大下泄流量为 296 m^3/s，最高水位为 42.68 m，水库入库洪峰流量 6 月 14 日为 463 m^3/s，最大 3 日入库洪量为 5 452 万 m^3；入库还原洪峰流量 7 月 6 日为 588 m^3/s，最大 1 日入库洪量为 1 903 万 m^3。1998 年最大下泄流量为 150 m^3/s，最高水位为 42.37 m，水库入库洪峰流量 7 月 3 日为 155 m^3/s。

三、基本资料

燃灯寺水库 1958 年开工兴建，水库上游的红心铺雨量站和水库坝址下游的小溪河雨量站设立于 1967 年，有 1967 年—2013 年较完整的年最大 1 日降雨量系列。周边卸甲店雨量站设立于 1957 年。燃灯寺水库附近水文测站基本情况见表 3.1-2。

表 3.1-2 燃灯寺水库附近水文测站基本情况表

水系	河名	站名	类型	站址	设站年月
淮河	小溪河	红心铺	雨量站	安徽省凤阳县红心铺乡红心铺村	1967 年
淮河	小溪河	小溪河	雨量站	安徽省凤阳县小溪河镇	1967 年
淮河	濠河	卸甲店	雨量站	安徽省凤阳县殷涧镇卸甲店村	1957 年

四、设计洪水

燃灯寺水库自建库以来无实测流量资料，设计洪水由设计暴雨推求。

(1) 设计暴雨

设计暴雨根据邻近雨量站的实测暴雨系列(以下简称"实测暴雨频率法")及安徽省水电勘测设计院1984年编制的《安徽省暴雨参数等值线图、山丘区产汇流分析成果和山丘区中、小面积设计洪水计算办法》(以下简称"84办法")中的暴雨等值线图进行计算,经分析比较后合理采用。

1) 根据实测资料推求设计暴雨

统计红心铺雨量站的年最大1日降水量系列,见表3.1-3。

将水库附近的卸甲店雨量站1964年8月20日发生的最大1日暴雨333.9 mm作为特大值参与分析,采用P-Ⅲ型频率曲线进行适线,见图3.1-2。设计暴雨成果见表3.1-4。查《安徽省水文手册》,该地区最大1日平均暴雨转换成最大24 h平均暴雨的换算系数为1.12。

表3.1-3　红心铺站年最大1日降水量统计表　　单位:mm

年份	P_{1d}	年份	P_{1d}	年份	P_{1d}
1967	52.3	1983	66.0	1999	150.0
1968	132.3	1984	171.4	2000	104.7
1969	131.7	1985	56.6	2001	24.5
1970	117.6	1986	82.1	2002	73.0
1971	100.2	1987	135.0	2003	114.3
1972	233.4	1988	124.1	2004	69.5
1973	86.7	1989	87.2	2005	112.1
1974	153.5	1990	70.0	2006	82.0
1975	75.1	1991	120.8	2007	124.7
1976	127.0	1992	50.7	2008	65.8
1977	84.8	1993	86.6	2009	67.9
1978	123.7	1994	82.9	2010	130.2
1979	74.3	1995	167.8	2011	121.0
1980	99.6	1996	102.9	2012	85.5
1981	73.7	1997	51.9	2013	85.5
1982	82.1	1998	106.9		

表3.1-4　红心铺站设计暴雨成果表

站名	降雨时段	统计参数			不同频率的设计暴雨(mm)						
		均值	Cv	Cs/Cv	5%	2%	1%	0.33%	0.1%	0.05%	0.02%
红心铺	年最大1 d	105.3	0.5	3.5	209.4	254.4	288.1	341.2	398.8	431.9	475.9
	年最大24 h	117.9	0.5	3.5	234.5	284.9	322.7	382.1	446.7	483.7	533.0

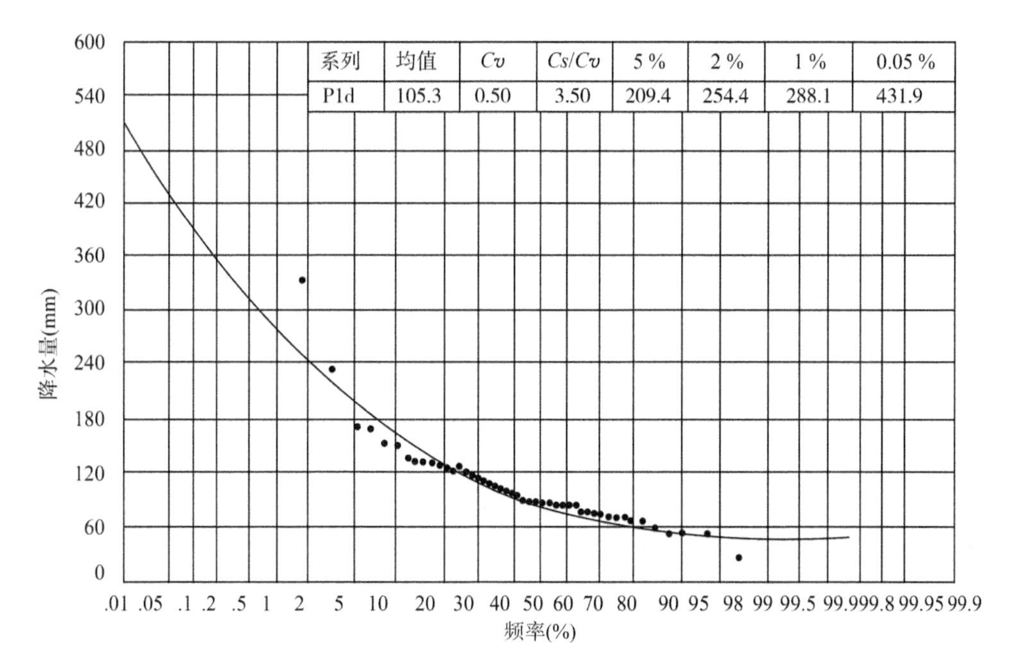

图 3.1-2　燃灯寺水库年最大 1 日降雨量频率曲线

2）根据暴雨等值线图推求设计暴雨

根据“84 办法”，燃灯寺水库设计暴雨成果见表 3.1-5。

表 3.1-5　燃灯寺水库设计点暴雨成果表

计算办法	设计时段	统计参数			不同频率的设计暴雨(mm)						
		均值	Cv	Cs/Cv	5%	2%	1%	0.33%	0.1%	0.05%	0.02%
84 办法	年最大 24 h	100	0.60	3.5	220.1	276.5	319.4	387.5	462.3	505.5	562.6
	年最大 1 h	48	0.50	3.5	95.4	116	131.3	155.5	181.8	196.9	216.7

3）设计暴雨成果采用

对以上设计暴雨成果进行比较，见表 3.1-6。

表 3.1-6　燃灯寺水库年最大 24 h 设计点暴雨成果比较表

计算办法	不同频率的设计暴雨(mm)						
	5%	2%	1%	0.33%	0.1%	0.05%	0.02%
实测暴雨频率法	234.5	284.9	322.7	382.1	446.7	483.7	533.0
84 办法	220.1	276.5	319.4	387.5	462.3	505.5	562.6

由表可知，实测暴雨频率法与“84 办法”的计算成果相比，不同频率的设计暴雨相差不大。鉴于后者经过地区综合成果等因素检验，推荐采用“84 办法”暴雨成果。

据“84 办法”，点面折算系数按 $\alpha_{24\,h}=0.952$，$\alpha_{1\,h}=0.938$ 计算，得燃灯寺水库设计面暴雨，成果见表 3.1-7。

表 3.1-7　燃灯寺水库设计面暴雨成果表

区域	不同频率的设计暴雨(mm)						
	5%	2%	1%	0.33%	0.1%	0.05%	0.02%
年最大 24 h	209.5	263.2	304	368.9	440.1	481.2	535.6
年最大 1 h	89.5	108.8	123.2	145.9	170.5	184.7	203.3

(2) 设计洪水

根据"84 办法",考虑江淮地区丘陵地形降雨损失量重现期大于等于 50 年一遇时为 60 mm,重现期小于等于 20 年一遇时为 80 mm。燃灯寺水库设计洪水计算参数见表 3.1-8。

表 3.1-8　燃灯寺水库设计洪水计算参数表

设计频率	5%	2%	1%	0.33%	0.05%	0.02%
H_{24}(mm)	220.1	276.5	319.4	387.5	505.5	562.6
H_1(mm)	95.4	116.0	131.3	155.5	196.9	216.7
P_{24}(mm)	209.5	263.2	304	368.9	481.2	535.6
P_1(mm)	89.5	108.8	123.2	145.9	184.7	203.3
扣损量(mm)	80	60	60	60	60	60
R_{24}(mm)	129.5	203.2	244.0	308.9	421.2	475.6
P_1/P_{24}	0.427	0.413	0.405	0.396	0.384	0.380
计算 n	0.73	0.72	0.72	0.71	0.70	0.70
采用 n	0.72	0.72	0.70	0.70	0.70	0.70
R_3/R_{24}	0.58	0.56	0.56	0.55	0.53	0.53
R_3(mm)	74.7	114.4	135.4	168.7	224.9	252.1
计算 k	1.53	1.40	1.35	1.29	1.21	1.19
$(F\times R_{24})/1000$	22.37	35.09	42.14	53.35	72.74	82.14

按采用的 n 和 k 瞬时单位线参数,选择相应的洪水流量模过程线,逐项乘以 $(F\times R_{24})/1\ 000$,设计洪水过程线成果略,设计洪水成果见表 3.1-9。

表 3.1-9　燃灯寺水库设计洪水成果表

设计频率	5%	2%	1%	0.33%	0.05%	0.02%
洪峰流量(m^3/s)	694	1 160	1 420	1 870	2 690	3 070
洪水总量(万 m^3)	2 197	3 455	4 162	5 270	7 190	8 118

1) 成果合理性分析

为求证设计洪水成果是否合理,采用邻近流域已有的定远县的小李水库、长丰县的明城和魏老河水库的设计洪水成果进行比较。各水库流域特性见表 3.1-10,设计洪水成果比较见表 3.1-11。

表 3.1-10 水库流域特性表

水库名称	地理位置	流域面积 (km^2)	主河道均坡降 J (‰)	河道长度 L_2 (km)	河道落差 ΔH_2 (m)	流域平均宽度 B (km)	流域形状系数 f
燃灯寺	凤阳	172.70	1.70	23.5	40.0	11.0	0.70
小李	定远县	22.80	3.00	12.3	37.0	2.86	0.36
明城	长丰县	20.80	1.80	—	—	3.80	0.69
魏老河	长丰县	46.75	2.03	11.8	24.0	4.45	0.42

表 3.1-11 设计洪水成果比较表

水库	集水面积(km^2)	不同设计频率的洪峰模数[$m^3/(s \cdot km^2)$]		
		2%	1%	0.1%
燃灯寺	172.70	6.72	8.22	13.78
小李	22.80	10.18	12.81	19.82
明城	20.80	9.28	11.39	18.32
魏老河	46.75	8.49	9.90	15.57

从表中可以看出，燃灯寺水库与上述中小型水库同处于淮河中下游丘陵区，流域面积比其他三个水库大，河道比降也比其他三个水库稍小，因此燃灯寺水库洪峰模数也比其他三个水库小。燃灯寺水库设计洪水成果符合地区一般规律，是合理的。

2）设计洪水成果采用

设计洪水复核与2002年除险加固设计洪水的计算办法均采用“84办法”，设计暴雨采用暴雨等值线图查算成果。暴雨统计参数年最大24 h均值为100.0 mm，$Cv=0.6$，$Cs=3.5Cv$；年最大1 h均值为48.0 mm，$Cv=0.48$，$Cs=3.5Cv$，与暴雨统计参数完全一致。

2002年除险加固中100年一遇年最大24 h设计暴雨为320.0 mm，年最大1 h设计暴雨为131.5 mm，100年一遇设计洪峰流量为1 393 m^3/s，洪水总量为4 156万m^3；设计洪水复核100年一遇年最大24 h设计暴雨为319.4 mm，年最大1 h设计暴雨为131.3 mm，100年一遇设计洪峰流量为1 420 m^3/s，洪水总量为4 162万m^3，100年一遇设计洪水复核成果与2002年除险加固设计洪水基本一致。

2002年除险加固中5 000年一遇年最大24 h设计暴雨为606.0 mm，年最大1 h设计暴雨为231.4 mm，5 000年一遇设计洪峰流量为3 321 m^3/s，洪水总量为8 825万m^3；设计洪水复核5 000年一遇年最大24 h设计暴雨为562.6 mm，年最大1 h设计暴雨为216.7 mm，5 000年一遇设计洪峰流量为3 070 m^3/s，洪水总量为8 118万m^3。5 000年一遇设计洪水复核成果与2002年除险加固设计洪水相差较大，原因是2002年除险加固中5 000年一遇设计暴雨和设计洪水计算错误，年最大24 h暴雨606.0 mm、年最大1 h暴雨231.4 mm对应的不是5 000年一遇设计暴雨，而是10 000年一遇设计暴雨。

综上所述，燃灯寺水库设计洪水成果采用复核成果，即燃灯寺水库 100 年一遇设计洪峰流量为 1 420 m^3/s，洪水总量为 4 162 万 m^3；5 000 年一遇校核洪峰流量为 3 070 m^3/s，洪水总量为 8 118 万 m^3。

3.2 工程地质条件分析

一、勘察概况

水库枢纽工程由大坝、泄洪闸、非常溢洪道以及东、西放水涵洞等组成。根据《凤阳县燃灯寺水库安全鉴定检测报告》(安徽省水利工程质量检测中心站，2017 年 6 月)、《凤阳县燃灯寺水库安全鉴定报告》、《安徽省凤阳县燃灯寺水库大坝除险加固工程设计报告》(2007 年)和现场勘察，根据加固内容和 2021 年 1 月 14 日安徽省水利规划办的审查意见补勘，主要情况如下：

(1) 大坝清基不彻底，主坝坝基存有软弱土层，多次加固土层与原坝身的接触部位未经严格处理；坝体填筑接缝处理不规范，碾压不密实，存在疏松层；迎水侧护坡块石局部破损、龟裂、风化、叠砌，块石尺寸小，砌缝宽度大，护坡下垫层局部缺失；大坝背水侧雨淋沟严重；坝顶防浪墙局部已倾斜。

(2) 坝脚(老河槽部位)仍存有渗漏点，坝脚有多处水塘(原取土坑)。

(3) 泄洪闸为浆砌石结构。

(4) 北放水涵洞为浆砌石结构。

(5) 东放水涵洞为浆砌石结构，存在闸前淤积等问题。

针对上述问题，拟加固主要内容如下：

(1) 主坝背水侧坝坡拆除部分(2 m 左右)填土，按设计要求进行碾压重筑。

(2) 泄洪闸拆除重建。

(3) 东、北放水涵拆除重建。

二、历史勘察资料分析

大坝经历多次除险加固，曾采取的措施主要有：

(1) 大坝防渗，根据大坝 2004 年加固设计资料，大坝坝基防渗采用高压旋喷墙，范围 0+350～1+000，共 650.0 m，顶高程为 33.80 m，底高程为 21.54 m～23.20 m。坝身采用黏土井柱防渗，范围 0+000～1+285，共 1 285.0 m。黏土井柱的顶高程为 47.30 m，底高程为 32.80 m，井柱直径为 1.5 m，间距为 1.07 m。

(2) 坝坡及坝顶修整。

(3) 泄洪闸闸下消力池冲坑开挖到 17.0 m 高程，用钢筋混凝土护砌，坡度为 1.0∶0.8，用锚筋锚固于基岩中，护砌长度 50 m。

2017 年安徽省水利工程质量检测中心站对大坝进行多项检测，检测结果如下。

(1) 坝身：燃灯寺水库大坝填筑土料最大干密度值为 1.68 g/cm^3，最优含水率为 16.5%；黏土井柱土料最大干密度值为 1.61 g/cm^3，最优含水率为 22.5%。经检测坝体黏性土料，取样检测 20 组，压实度大于等于 96%的有 15 个，合格率为 75.0%，不满足规范要求；黏土井柱取样 20 组，检测压实度值 96%的有 15 个，合格率为 75.0%，不满足规范要求。在坝体不同位置及不同深度，共取 40 组渗透试验样，试验结果为 $a\times10^{-8}$ cm/s～$a\times10^{-6}$ cm/s，均满足坝体防渗技术要求。

(2) 坝基防渗墙：经检测坝基下高喷防渗墙均匀性、连续性较好。

综上分析，坝体填筑质量不满足 0.96 压实度的要求，填筑不均；坝坡及坝顶修整后现状完整；大坝防渗基本满足要求；泄洪闸防冲槽现状完好。

三、区域地质概况

(1) 地形地貌

工程区位于中国东部的新华夏系第二隆起带与秦岭纬向构造的复合部位。出露基岩为新生界新近系(新第三系)沉积岩，其岩性主要为紫红色、砖红色砂砾岩或泥质砂岩，为构造剥蚀丘陵。地形较为和缓起伏，特点是山顶呈馒头状，坡角一般小于 30°，沟谷呈现宽“U”形。

水库地处江淮分水岭北侧的低山丘陵区，库址地面植被稀少，部分地区形成剥蚀山丘地貌，左岸地面坡度值为 0.04～0.28，坡角为 2°10′～5°，平均坡度值为 0.16，平均坡角为 3°35′。燃灯寺水库汇水面积 173 km^2，地貌单元为丘陵区丘岗地带。小溪河全长约 40 km，由南向北流，比降约 0.006，最终入花园湖汇入淮河干流。坝址建在小溪河上游，大坝横跨郑家北两山丘之间，河流从大坝偏右一侧桩号 0+872 附近通过，建库前水面宽 10 m～20 m，库区呈南北向展布，库内地形宽缓，岔沟较多，为山间冲积扇沉积地貌。

(2) 地层岩性

上游库区丘陵主要为新生界新近系沉积岩，其岩性主要为砂砾岩、泥质砂岩。水库下游地表为新生界第四系全新统 Q_4，水库上游上部第四纪覆盖层 5 m～10 m 厚，由中细砂和黏性土组成，大坝两端丘顶、丘坡处基岩覆盖层薄，多为风化碎石，基岩面零星出露，坝址两端基岩高程 36.55 m～43.25 m 左右，主坝中部偏东为老河槽，老河槽处经钻孔揭露在高程 19.44 m 左右见强风化基岩。

库岸运行至今未发现滑坡和坍塌等物理地质现象，库岸基本稳定。

(3) 地质构造与地震

1) 工程区主要位于中朝准地台范围内，地跨淮河台坳和江淮台隆两个二级构造单元，属于扬子准地台的东北角，属三级构造单元下扬子坳陷的东北边缘。本区有影响的隆起和坳陷带主要为郯庐断裂带。

2）根据《中国地震动峰值区划图》(GB 18306—2015)工程区基本地震动峰值加速度为0.10 g，相应地震基本烈度为7度。

(4) 水文地质条件

根据地下水赋存条件，含水介质和水力特征，该区地下水类型可划分为松散岩类孔隙水和基岩裂隙水。

松散岩类孔隙水潜水主要赋存和运移于第四系地层⑦层轻粉质砂壤土夹中细砂中。

基岩裂隙水主要赋存于构造和风化裂隙发育段，基岩裂隙的发育程度、风化程度、厚度大小、地貌条件则决定了该含水岩组富水性的强弱。根据地质地貌条件，工程区坝址附近地下水主要为第四系沉积层中的潜水和承压水，属黏性土和砂性土中的孔隙水，主要靠水库水和大气降水补给。

根据区域地质资料分析，水库坝址区的地表水为 Cl・HCO_3・NO_3—Ca 类型和地下水为 HCO_3—Ca 类型，对混凝土无腐蚀性。

四、工程区工程地质条件

(1) 坝体填筑岩性及质量

根据勘探资料，揭露地层岩性如下：

①层：坝面混凝土路面及砂石垫层，厚0.4 m～0.5 m不等。

②层：粉质黏土(Q^s)，该层为堤身填土，黄、红、棕褐夹灰，稍湿，软塑至可塑状态，含碎石、砾砂、植物根茎，局部为紫红色砂岩或砂砾岩风化层，坝体料源来自多处，且分段填筑，每段填料岩性均有差别，且密实度差别较大，干密度为1.42 g/cm^3～1.63 g/cm^3，标贯击数为1.9击～7.6击，该层土压实极不均匀。层底分布高程为27.40 m～45.75 m，厚0.8 m～8.5 m。

③层：重粉质壤土或黏土(Q^s)，该层为堤身填土，黄、黄夹灰或灰色，湿，软至可塑状，局部为轻粉质壤土，可见铁锰浸染，含砂砾少量、铁锰结核、碎草木渣、粉细砂。干密度为1.47 g/cm^3～1.75 g/cm^3，现场标贯试验值差别较大，标贯击数在2击～14击之间，呈杂色，土的种类较多，填筑的密实度相差较大，填筑土压实不均匀。层底分布高程为25.96 m～36.98 m，厚0.6 m～16.0 m，平均厚6.16 m。

(2) 坝基地质条件

④层：中粉质壤土夹轻粉质壤土(Q_4^{al})，灰夹褐，灰黑、灰黄色，湿，软塑状态，夹粉细砂、淤泥质土层，含朽木、植物根茎，土质均匀性差，总体上部中粉质壤土多向下渐变为轻粉质壤土。该层主要分布在0＋400～0＋947段，现坝脚外钻孔揭露该层标贯击数小于1击。坝体下该层经多年坝体压载，已稍有固结，但强度仍低。在钻探过程中钻至该层顶部时草木碎渣、朽木多见，可见表层清基不彻底或未清基。该层中十字板剪切值为20 kPa～22 kPa，残余强度为10 kPa～12 kPa。层底分布高程为22.30 m～29.86 m，厚

1.0 m～6.8 m。

⑤层：粉质黏土(Q_3^{al})，灰、灰黄色，稍湿—湿，可塑状态，可见铁锰浸染，含铁锰结核、砂粒。层底分布高程为 20.86 m～43.25 m，厚为 1.0 m～10.0 m。

⑥层：中粉质壤土(Q_3^{al})，黄、灰黄色，稍湿，硬塑状态，含有铁锰结核，夹有少量砂粒或细砂，局部分布(分布 0＋180～0＋560 段)，层底高程为 22.46 m～24.50 m，厚为 1.8 m～2.1 m。

⑦层：轻粉质砂壤土夹中细砂、砾卵石(Q_3^{al})，灰夹褐色或黄色，很湿，松散，含砾砂、卵砾石(最大粒径 30 mm)，局部夹少量重粉质壤土，局部分布，层底高程为 21.34 m～37.17 m，层厚为 1.0 m～2.0 m。

⑧层：黏土夹砾卵石(全风化泥质砂岩、砂砾岩)(N_2)，紫红色，稍湿，坚硬，为全风化层，该层已多风化为土状，黏土层内夹的砾、卵、块石，磨圆度一般，少量块石磨圆度差，砾以石英为主，其他为变质岩或砂岩类，揭露层底高程为 19.32 m～37.56 m，厚度为 0.50 m～4.0 m。

⑨层：强风化泥质粉砂岩或砂砾岩(N_2)，砖红色，稍湿，坚硬，强风化层，揭露层顶高程为 19.44 m～37.56 m，揭露厚度为 1.2 m～18.0 m。

坝体、坝基土主要物理力学指标建议值见表 3.2-1。

表 3.2-1　凤阳县燃灯寺水库大坝各土层物理力学性质指标建议表

地层编号	土层名称	含水率	密度（湿）	密度（干）	孔隙比	土粒比重	塑性指数	液性指数	压缩系数	压缩模量	直接快剪		饱和快剪		慢剪		三轴(UU)		锥尖阻力 Q_c	侧壁摩阻力 f_c	标贯击数	允许承载力
											黏聚力	内摩擦角	黏聚力	内摩擦角	黏聚力	内摩擦角	黏聚力	内摩擦角				
		%	g/cm^3	g/cm^3					MPa^{-1}	MPa	kPa	度	kPa	度	kPa	度	kPa	度	MPa	kPa	击	kPa
②	粉质黏土夹碎石	25.5	1.96	1.56	0.750	2.73	16.5	0.14	0.40	4.46	28	7	16.2	5					0.74	37.6	2.8	
③	重粉质壤土	25.3	1.96	1.57	0.732	2.72	15.0	0.28	0.36	4.92	35	9	26	5					0.65	32.0	1.9～3.5	
④	中粉质壤土	26.9	1.96	1.55	0.714	2.70	11.6	0.64	0.39	4.79	10	8	12	7	8	20	8	7	0.60	21.2	2.2	80～90
⑤	粉质黏土	23.1	2.01	1.63	0.670	2.73	16.0	0.05	0.29	6.50	45	16	34	6					1.30	37.2	6.9	180
⑥	中粉质壤土	23.2	2.01	1.63	0.667	2.71	14.0	0.10	0.32	6.0	36	14							2.50	66.6	7.3	170
⑦	轻粉质壤土夹中细砂、砾卵石	21.2	2.01	1.66	0.608	2.67	8.1	0.32	0.28	6.7	12	15							6.60	119.0	9.6	140
⑧	黏土夹砂砾岩、砂岩																					280
⑨	强风化砂砾岩、砂岩																					300

五、水文地质条件

坝址区内第四系全新统和上更新统地层广泛分布，地下水主要为第四系全新统黏土夹壤土、粉质黏土(Q_4)及上更新统重粉质壤土夹黏土、轻粉质壤土夹中细砂、砾卵石(Q_3)中的孔隙潜水及新近系(上第三系)N_2 强风化泥质砂岩或砾岩中裂隙水。地下水受大气降水和库水补给，地下水位的动态受大气降水、库水及蒸发影响。

勘探测得背水侧地面处钻孔中地下水位为 29.5 m～32.5 m，坝体内钻孔中地下水位为 34.10 m～38.53 m。

根据室内渗透试验，坝基土渗透系数如表 3.2-2。

表 3.2-2 坝基土室内渗透试验成果建议值表

地层编号	地层岩性	水平渗透系数(cm/s)	渗透性
④	中粉质壤土	5.6×10^{-5}	弱透水
⑤	粉质黏土	1.0×10^{-7}	极微透水
⑥	中粉质壤土	1.5×10^{-5}	弱透水
⑦	轻粉质砂壤土夹中细砂、砾卵石	8.1×10^{-4}	中等透水
⑧	黏土夹砾卵石	$A\times10^{-5}$	弱透水
⑨	全—强风化泥质砂岩或砂砾岩	$A\times10^{-5}\sim A\times10^{-4}$	中～弱透水

根据勘探资料，大坝各层土的渗透比降建议值及破坏类型如表 3.2-3。

表 3.2-3 燃灯寺水库各层土的渗透比降建议值表

土层编号	岩性	建议值	破坏类型
②	粉质黏土	0.45	流土
③	重粉质壤土	0.45	流土
④	中粉质壤土	0.40	流土
⑤	粉质黏土	0.50	流土
⑥	中粉质壤土	0.40	流土
⑦	轻粉质壤土夹中细砂	0.20	流土或管涌
⑧	黏土夹砾、卵石	0.55	流土

六、工程地质条件评价

(1) 库区工程地质条件及评价

1) 水库位于江淮分水岭北侧的低山丘陵区，部分地形为剥蚀山丘地貌，地面坡度值为 0.04～0.28，坡角为 2°10′～5°，平均坡度值为 0.16，平均坡角为 3°35′。坝址位于小溪河上，横跨郑家北两山丘之间，河流从大坝右侧桩号 0+872 附近通过。

2) 库区内岸坡稳定：库区内地层岩性为新近系(上第三系)紫红色、砖红色泥质砂岩和砂砾岩，其上部为第四系中细砂和黏性土组成的覆盖层，厚 3.8 m～7.9 m，大坝两端与丘坡、丘顶相接，丘顶、丘坡处基岩覆盖层较薄，多为全风化残留物（黏土、碎石），基岩零星出露。

3）水库渗漏：水库四周丘陵环绕，丘陵体绵延宽厚，整个库周的地下水分水岭均高于正常蓄水位高程（42.30 m），库盆由弱—微透水性的黏性土和红色泥质砂岩和砂砾岩组成，水库运行多年，库周未发现渗漏问题。

根据现场调查，建库后运行多年，未发现库岸滑坡和坍塌等不良物理地质现象，库岸基本稳定，库盆及库岸周边丘坡无渗漏现象。

（2）坝身质量评价

1）坝身现状调查

经现场勘察和调查，大坝坝体完整，水库坝顶高程为 47.50 m，坝顶为混凝土路面，路面可见多处裂隙，且多为顺坝向，局部碎裂，道路边缘紧靠坡顶线路面，无专门排水设施，雨水沿坝面向背水侧坝坡面流；迎水面护坡为干砌石结构，整体结构外观质量基本良好。干砌护坡普遍存在砌缝较大现象，缝宽约 5 cm，局部存在块石缺失现象，块石下垫层或石缝充填碎石局部已被淘空，使块石架空，对块石及砌石坝坡稳定不利；防浪墙位于坝顶前沿，防浪墙局部砂浆脱落、墙体开裂，大坝西端防浪墙约 100 m 左右已稍有倾斜。坝背水侧为土坡，中间存有二级平台，二级平台高程 38.80 m，局部坝坡为植被护坡，坝坡现状完好，背水侧一级放坡设计坡比为 1.00∶2.75，二级坡比为 1.0∶3.5，老河槽段局部存有三级坡，坡比为 1.0∶3.0。主坝段坝脚（主要分布在老河槽段，桩号为 0＋863～1＋057 段）有少量渗水现象，坝脚外有多处水塘，塘底高程为 26 m～30 m 不等，总体塘底由东向西高程渐变高；背水坡坡面为草皮护坡，局部雨淋沟严重。

2）坝身填筑质量评价

根据勘探和检测资料综合分析，燃灯寺大坝填筑土料三个部分，即②、③层和黏土井柱；经试验②层土最大干密度值为 1.66 g/cm^3，最优含水率为 16.5%（勘探时坝坡探坑取样），③层土最大干密度值为 1.605 g/cm^3，最优含水率为 19.0%（勘探时坝坡探坑取样）。燃灯寺黏土井柱土料最大干密度值为 1.61 g/cm^3，最优含水率为 22.5%。通过对大坝坝体取样分析，②层土共取原状试验样 32 组，试验结果压实度大于等于 96%的有 13 组，合格率为 40%，不满足规范要求；③层土共取原状试验样 130 组，试验结果压实度大于等于 96%的有 45 组，合格率为 34.6%，不满足规范要求；对黏土井柱取样 20 组（大坝检测时取），检测压实度值大于等于 96%的有 15 组，合格率为 75.0%，不满足规范要求。从现场标准贯入试验资料分析可知，最大 12 击，最小 1.2 击（已校正），平均 3.7 击（较低），双桥静力触探锥尖阻力 0.65 MPa～3.08 MPa，土的密实度相差较大，说明坝体填筑不均匀，且存在碾压质量较差的填土区域，坝体内局部土体较湿，形成了软塑状土层，对大坝的稳定不利。

3）坝身渗透性评价

坝身土经过多次加固，每次加固时碾压程度不同，填筑坝身土料随意性较大，造成坝身渗透系数差别较大。2004年加固时在坝体内进行了隔渗处理。大坝坝基防渗采用高压旋喷墙，范围0＋350～1＋000，共650.0 m，顶高程为33.80 m，底高程为21.54 m～23.20 m。坝身采用黏土井柱防渗，范围0＋000～1＋285，共1 285.0 m。黏土井柱的顶高程为47.30 m，底高程为32.80 m，井柱直径为1.5 m，间距为1.07 m。坝体与泄洪闸结合处采用了定喷防渗处理（长33 m），与放水涵洞结合处采用旋喷防渗处理（长度18 m）。坝体和坝基防渗均采取了相应措施。2017年安徽省水利工程质量检测中心站受委托对大坝进行多项检测，其中对大坝防渗也进行了检测。经检测，坝基下高喷防渗墙均匀性、连续性较好，坝体土的渗透系数为$a\times10^{-8}$ cm/s～$a\times10^{-6}$ cm/s，均满足坝体防渗技术要求。

2002年安徽省滁州市水利勘测队在大坝坝顶处进行了5（段）次常水头注水试验，试验结果如表3.2-4。

表3.2-4 燃灯寺水库除险加固工程坝顶注水试验

孔号	起止深度(m)	渗透系数(cm/s)	备注
04	0.00～4.6	8.48×10－6	混合层
04	0.00～10.8	2.17×10－6	③层
04	10.8～12.7	2.09×10－6	③层
04	10.8～14.0	2.08×10－6	混合层
19	5.00～20.2	2.36×10－6	混合层

由上表分析可知，坝体土的渗透系数基本满足均质坝防渗质量要求。

前期加固大坝时，在存有渗漏段坝体内在坝顶上游处坝基防渗采用高压旋喷墙措施，顶高程为34.0 m，底高程为21.74 m～23.4 m，同时，坝身采用黏土井柱防渗，井柱直径为1.5 m，间距为1.07 m。坝体和坝基防渗均采取了措施。2017年委托安徽省水利工程质量检测中心站对大坝进行多项检测，其中对大坝防渗也进行了检测。经检测坝基下高喷防渗墙均匀性、连续性较好，坝体土的渗透系数为$a\times10^{-8}$ cm/s～$a\times10^{-6}$ cm/s，均满足坝体防渗技术要求。

在坝址区进行了3组现场注水试验工作，检测结果，坝体内黏土井柱的渗透系数为3.28×10^{-5} cm/s～6.56×10^{-5} cm/s，下端高喷防渗墙渗透系数1.01×10^{-6} cm/s。基本满足坝体防渗要求。坝体土的渗透系数基本满足均质坝防渗质量要求。

在坝址区进行了3组现场注水试验工作，检测结果，坝体内黏土井柱的渗透系数为3.28×10^{-5} cm/s～6.56×10^{-5} cm/s，下端高喷防渗墙渗透系数3.90×10^{-6} cm/s。基本满足坝体防渗要求。经现场查勘，坝面现状完整规则，坝后二级平台处局部植被茂盛（草），分析认为是坝坡土体含水率增加造成。

现状坝体老河槽段渗水分析：

a. 根据勘探资料，老河槽段(背水侧，防渗墙下游)分布的全风化泥质砂岩呈红色黏土状，为黏土夹砾卵石，钻出岩芯稍湿，黏土密实，呈硬塑状态，未见土中裂隙，掰开岩芯中砾卵石周边未见水泽，该层弱透水，分析基岩裂隙中水通过该层出溢可能性小。基岩以上部分已采用混凝土定喷防渗，经检测部门检测和施工时已验收资料，防渗体合格，满足大坝防渗要求，分析认为老坝段渗水应不是由水库中和地基下基岩裂隙水渗出产生。

b. 坝体在老河槽位置(桩号 0＋950～1＋050 段)，根据竣工图及描述，坝背水侧坝脚处布置了纵横向排水砂沟，此段为坝体最低段(原地面)，坝坡土体结构不紧密，且多为全风化泥质砂岩料，由于大气降水，土层中含有较多滞水，滞水下渗后汇集至低凹处再经纵横向砂沟向外缓慢渗出，从而导致在老河槽段可见少量清水渗出。

4) 坝身背水侧稳定性评价

燃灯寺水库经历了多次加固，坝背水坡经历了多次培土加宽，每次培土因年代不同，土层的压实度差别较大，培土面处存在新、老土的结合面不满足要求等施工问题。燃灯寺水库坝体于 2018 年汛期发生滑塌，滑坡体范围由坡顶(高程 47.5 m)至二级平台(38.8 m)，桩号约为 0＋969～1＋006 段，宽度约 37 m，已由防汛指挥和水库管理部门组织进行了抢险处理，铲除滑坡土体，重新换填并进行碾压，恢复至原坡体形态。

在调查中发现，坝顶道路为混凝土路面，且排水直接排向背水侧坡。坝坡表层土与混凝土接壤处多存在干缩裂隙，隙宽 1 cm～2 cm，汛期路面排水直接灌入缝中，长期阴雨天，坝坡土含水率增加，局部达饱和状态，土的抗滑能力减弱，易产生局部浅层滑动。

为进一步研究大坝背水坡培土情况，在大坝背水侧布设了 6 个探井，其分布位置如平面图。由探井资料分析，坝坡填土较杂，且分段不同。揭露地层如下：

探井 1，深 2.3 m，揭露地层为②层，表层为红色黏土夹少量碎石，厚约 0.70 m，稍湿，结构稍密实，下伏黄色黏土夹砾、卵石和少量碎石，厚 1.2 m，稍密，湿，人工可用铁锹开挖，黄色黏土底部约 0.20 m 含砾石量少，软可塑状态，底为灰色黏土，揭露厚度 0.2 m，湿，可塑至硬塑状态。与灰色黏土接触面上的黄色黏土结构松散，湿，较软。

探井 2，挖深 2.2 m，揭露地层为 2 层，上部 1.1 m 为灰黄、或黄色黏土，稍湿，可塑状态，夹砂粒，夹少量砾石，夹红色碎石；下为 1.1 m 灰色黏土，稍湿，可塑至硬塑状态，人工用铁锹可挖，两岩性交界处结构松散。

探井 3，探井深 2.1 m，揭露岩性上部 2.0 m 为黄色黏土，稍湿，可塑状态，含少量砂粒和砾石，下部见灰色黏土，可塑至硬塑状态，两岩性交界处结构松软。

探井 4，挖深 2.2 m，揭露岩性上部 1.2 m 为灰黄、或黄色黏土，稍湿，可塑至硬塑状态，夹砂粒、砖红色碎石和少量砾石；下为 1.0 m 灰色黏土，稍湿，可塑至硬塑状态，人工用铁锹可挖，两岩性交界处结构松散。

探井 5，挖深 2.2 m，揭露岩性上部 1.45 m 为红色黏土夹砾石或碎石(全风化紫红色或砖红色砂砾岩、砂岩，已风化为黏土状残留物)，湿，可塑状态；下为 0.75 m 灰色黏土，稍湿，可塑至硬塑状态，上述两岩性人工用铁锹可挖，两岩性交界处结构松软，交界处土的含水率明显增高。

探井6，挖深2.2 m，该探井位于2018年发生浅层滑坡的位置，经处理后已恢复原状，揭露岩性上部1.30 m为粉质黏土夹中粉质壤土，黄色，稍湿至湿，可塑状态，结构松软，用铁锹很容易挖取；下为0.90 m灰色黏土，稍湿，可塑至硬塑状态，结构密实，用铁锹需很用力才可挖取，两岩性接触面土的含水率明显增高，土很湿。且灰色土顺坝坡方向斜。

通过坝坡的探井分析，坝坡表层1.3 m～2.0 m土层岩性多样，黏性土夹砾、卵石较多，粗颗粒（大于5 mm）含量为15%～35%，最大块石直径约50 cm，全风化土料（红色黏土夹砂砾石、卵石和碎石）和少部分为较纯的粉质黏土和中粉质壤土，上述表层土结构不密实，易滞水、含水。下部为致密状灰色黏土，渗透性差，相对表层土为相对隔水层。汛期或长期雨期，表层土接受大气降水，上层滞水较多，水沿土层下渗至灰色黏土层表面时受到阻挡，使得两岩性交界处土饱含水，甚至达饱和状态，内摩擦角减小（饱和快剪内摩擦角4度），降低了土的抗滑强度。当抗滑力小于下滑力时就会产生滑动。由于坝段土料岩性不同，抗滑强度不同，较纯的黏性处较易产生滑动。

另外，调查发现，坝顶道路排水沿坝背水侧坝坡面排，未设置排水沟进行排水，现状是坝顶路面混凝土与坝坡之间多处存在裂隙，宽1 cm～2 cm，深至路面垫层以下（约0.5 m），路面的水直接排至裂隙中，多数水会顺着灰色土表面向下渗流，增加了坝坡土滑动的可能性。

根据勘探资料和大坝检测结果分析，水库大坝存在选择土料上控制不严，分层碾压质量不均，坝身土及黏土井截渗墙土的压实度均不满足均质坝填筑质量要求的情况。2004年除险加固处理后，大坝已运行了17年，坝体基本稳定，坝体背水侧坡仅在2018年汛期局部发生浅层滑坡，处理后现状完整。

由探井资料分析，在坝体长时间饱水条件下坝背水坡仍有可能发生局部浅层滑坡，建议采取适当的工程措施进行处理。

(3) 坝基工程地质条件

该坝段主要坐落于第四系全新统（Q_4）和上更新统（Q_3）沉积冲积地层上，坝基揭露地层岩性为：④层中粉质壤土夹轻粉质壤土和淤泥质土（Q_4^{al}）、⑤层粉质黏土（Q_3^{al}）、⑥层中粉质壤土（Q_3^{al}）、⑦层轻粉质砂壤土夹中细砂、砾卵石（Q_3^{al}）、⑧层全风化泥质砂岩、砂砾岩（N_2）、⑨层强风化泥质粉砂岩或砂砾岩（N_2）。

根据勘探资料，坝基④层中粉质壤土夹轻粉质壤土和淤泥质土，灰色、灰黄色，软塑状态，含朽木、草木渣、植物根茎，为软弱土层，其分布范围：坝顶纵剖面揭露为桩号0＋360～0＋940段，厚1.3 m～5.3 m；高程为38 m的平台揭露软土区的范围在桩号0＋670～0＋944（JR36～PR11孔）段，厚2.1 m～6.8 m；坝脚处揭露软土区的范围在桩号

0＋444～0＋554(JR1～JR4 孔)，厚 3.7 m～6.0 m；桩号 0＋637～1＋033(JR6～JR18 孔)，厚 1.3 m～6.6 m。在坝体内该层土经多年坝体荷载固结，强度稍有提高，但仍呈软至软可塑状态，同时筑坝时清基不彻底，土中含有朽木、腐殖质、粉细砂、植物根茎，对大坝抗滑稳定和渗漏不利。现状大坝坝身基本稳定，坝基岩土基本无渗漏出现(防渗墙已进入泥质砂岩全风化层 0.5 m。原主河槽处坝脚有少量水渗出，分析认为坝体土滞水渗出)，可见防渗墙效果明显。

⑤层黏性土分布广泛，⑥中粉质壤土局部分布，两层强度高，弱至微渗透性，为坝址区较好的持力层。

⑦层少黏性土或无黏性土，局部分布，强度高，透水性强，⑧层为全风层，层中含砾卵石和碎石较多，该层存有较多风化裂隙，上述两层含水，且渗透性中等。2002 年加固时对上述位置做了防渗处理措施(高喷防渗墙)，经 2017 年 6 月检测，坝基下高喷防渗墙均匀性、连续性较好，对防渗墙进行了常水头注水试验，测试结果为 1.01×10^{-6} cm/s。结合现场调查分析，坝脚处现无大面积渗水现象，可见，防渗墙效果明显。

综上所述，坝基局部存在软弱土层和清基不彻底问题。

(4) 泄洪闸

燃灯寺水库泄洪闸位于坝的右端(东端)，桩号 1＋281～1＋301，现状有闸，拟在原位置拆除重建。该闸址处原为丘陵坡地，在坡地开挖而成，现闸底板位于强风化泥质砂岩或砂砾岩地基上。拆除后闸基仍位于强风化砂砾岩或砂岩地基上。

由于现有闸及其附属建筑物的限制，勘探钻孔主要布置在现有闸的两和上下岸墙的背后处。揭露地层为：

②层：粉质黏土(Q^s)，黄、棕褐夹灰，稍湿，可塑状态，含碎石、砾砂、植物根茎，局部为紫红色砂岩或砂砾岩风化层，该层为建闸时闸基坑回填土，层底分布高程为 32.95 m～36.55 m，厚 7 m～9 m。

⑤层：粉质黏土(Q_3^{al})，黄褐，稍湿—湿，可塑—硬塑状态，可见铁锰浸染，含铁锰结核、砂粒，局部分布。层底分布高程为 27.55 m，厚 5.4 m。

⑧层：全风化砾岩、砂岩(N_2)，紫红色，稍湿，坚硬状态，为全风化层，多风化为黏土状，黏土层内夹砾、卵、块石的磨圆度一般，少量块石磨圆度差，砾以石英为主，其他为变质岩或砂岩类，揭露层底高程为 22.65 m～37.56 m，厚 0.50 m～5.0 m。

⑨层：强风化砂砾岩或泥质粉砂岩(N_2)，砖红色，稍湿，坚硬，强风化层，揭露层顶高程 35.36 m～36.55 m，揭露厚度 8.5 m～18.0 m。

闸基位于强风化泥质砂岩或砂砾岩上，主要物理力学指标建议值此处略。

1) 闸基

工程内容：闸室(控制段)、泄槽至挑流段拆除重建，拆除至现状建基面；消力池维持原状；出水河道局部护底(长约 30 m)。

泄洪闸建基面高程 35.6 m。闸基础均位于⑧、⑨层全风化或强风化泥质砂岩或砂砾岩地基上，地基承载力 280 kPa～300 kPa，承载力高，工程地质条件好，可采用天然地基；闸基混凝土与⑧、⑨层土、岩间的摩擦系数建议取 0.38、0.40。

根据勘察成果，⑧、⑨层全风化或强风化泥质砂岩或砂砾岩存有裂隙，厚 1 m～1.5 m，渗透性弱至中等。

经现场勘察，闸基下游无渗水现象，分析认为闸基建闸时已进行了局部防渗处理。

在闸基东侧上游布置燃注 3 注水试验孔，孔口高程 44.6 m，闸基西侧下游布置燃注 4 注水试验孔，孔口高程 38.22 m。试验深度内⑧、⑨层黏土夹砾卵石、泥质砂岩渗透系数为 4.82×10^{-6} cm/s～9.25×10^{-6} cm/s。拆除现有基础时对地基可能产生扰动区，建议清除扰动区，如影响深，地基拆除后对地基进行适当防渗处理即可（如灌浆 1.5 m 深）。

闸基坑为强风化砂砾岩或砂岩，存有裂隙水，闸基距水库水源较近，需考虑降排水措施。

现状溢流面地基为泥质砂岩或砂砾岩，地质条件较好，表面为 250 mm 钢筋网混凝土防面，两边为混凝土挡墙，现状基本完好；在挑流鼻坎下可见有水渗出。

2）防冲槽

挑流鼻坎下为防冲槽（桩号 1＋281～1＋301），防冲槽处地层岩性为中风化泥质砂岩或砂砾岩，为软岩，抗冲刷性能差。在 2002 年除险加固时已对防冲槽进行了加固处理，处理后防冲槽周边高程 26.9 m 左右，槽底高程 16.9 m，处理后防冲槽为钢筋混凝土结构，现状完好，防冲槽两侧地面高程为 37.7 m～42.2 m，表层 5 m～10 m 为红色黏土夹砂砾岩和砂卵石，其下为中风化泥质砂岩或砂砾岩，防冲槽两侧坡高 11 m～15 m，其中高程 26.9 m～32 m 的坡已采用浆砌块石防护，高程 32.0 m 以上为红色黏土夹砾石，硬塑状态，抗冲刷能力一般，现已采用 1.0∶0.8 坡至高程 38.0 m～42.5 m 或自然坡顶顺接。经现场调查，运行多年，防冲槽完好，边坡稳定。

3）出水河槽

出水河道为浆砌块石护底，局部浆砌块石被冲毁，出露砖红色强风砂砾岩或砂岩，现状基岩局部被冲成坑，面积占河槽二分之一以上，深 0.7 m～1.5 m 左右。建议对河槽底部进行适当处理。出水河道两边自然边坡现状基本稳定，可见少量滑塌。建议对滑塌体进行处理，并进行适当削坡处理。

（5）北放水涵

根据勘探资料，该涵处揭露地层如下：

①层：坝面混凝土路面及砂石垫层，厚 0.5 m。

②层：粉质黏土（Q^s），黄、红、棕褐夹灰，稍湿，软塑至可塑状态，含碎石、砾砂、植物根茎，局部为紫红色砂岩或砂砾岩风化层。揭露层底高程为 43.33 m～44.30 m，厚 2.6 m～3.8 m。

③层：重粉质壤土或黏土（Q^s），黄、黄夹灰或灰色，湿，软至可塑状态，局部为轻粉质壤

土，可见铁锰浸染，含砂砾少量、铁锰结核、草木渣、粉细砂。层底分布高程为34.50 m～39.30 m，厚2.30 m～6.35 m。

⑤层：粉质黏土(Q_3^{al})，黄褐，稍湿—湿，硬塑状态，含铁锰结核、砂粒。层底分布高程为30.53 m～36.50 m，厚2.40 m～6.45 m，该层土标准贯入击数(小值均值)为7.4击，承载力200 kPa。

⑧层：全风化泥质砂岩或砂砾岩(N_2)，紫红色，稍湿，坚硬，为全风化层，该层已风化为黏土状，层内夹砾、卵、块石，磨圆度一般，少量块石磨圆度差，砾以石英为主，其他为变质岩或砂岩类，揭露层底高程为28.88 m，厚度为1.65 m，该层风化层承载力为280 kPa。

该涵建基面高程为36.7 m左右，涵基位于⑤层粉质黏土中，承载力为170 kPa，弱至微渗透性，为该建筑物持力层；下伏⑧层全风化砂岩或砂砾岩层，承载力为280 kPa，其下无软弱下卧层，地基工程地质条件好，可采用天然地基。

基坑开挖时，坝顶处坡高约11 m，组成边坡土层为②、③层重粉质壤土或黏土，该土层为建设该涵时基坑回填土，建议边坡比为1∶2。

基坑建基面低于库水位，且基坑距库水源较近，建议考虑基坑排水措施。

(6) 东放水涵

东放水涵位于非常溢洪道南端，与非常溢洪道紧邻，现状涵涵基为紧贴丘坡开挖形成。未专门进行布孔勘察，结合非常溢洪道布置1孔。经现场勘察，在涵上下游渠道中可见基岩出露(涵的南侧)，利用非常溢洪道中钻孔RZK20勘探成果，钻孔RZK20位于涵北侧约2 m位置。根据钻孔RZK20勘探资料，该涵处地层为：

⑤层：粉质黏土(Q_3^{al})，黄褐，稍湿—湿，硬塑状态，含铁锰结核、砂粒。层底分布高程40.50 m～42.54 m，厚1.6 m～2.3 m，该层土标准贯入击数小值平均值为6.5击，承载力170 kPa。

⑧层：全风化砂砾岩、泥质砂岩(N_2)，紫红色，稍湿，坚硬状态，该层已风化为黏土状，层内夹砾、卵、块石，磨圆度一般，少量块石磨圆度差，砾以石英为主，其他为变质岩或砂岩类，揭露层底高程为40.20 m，厚度为1.30 m，标准贯入击数小值平均值为34.5击，该层承载力为280 kPa。

⑨层：强风化砂砾岩或泥质粉砂岩(N_2)，砖红色，稍湿，坚硬，强风化层，最大揭露层底高程为27.1 m，揭露厚度为11.5 m，承载力为300 kPa。

该涵现状涵底建基面高程约为36.4 m，涵基位于⑨层强风化砂砾岩或砂岩中，承载力300 kPa，地基工程地质条件好。设计涵底建基面高程为37.4 m，拆除现状涵后需在原地基上填1.0 m人工填土，基础位于人工填土上，建议采用水泥土填筑，并按设计要求碾压。

基坑开挖时，堤顶处坡高约7 m，组成边坡土层为⑤、⑧和⑨层基岩，建议边坡比为

1.0∶1.5。

基坑建基面低于库水位，且基坑距库水源较近，⑨层基岩具有裂隙，易产生裂隙水渗水，建议考虑基坑排水措施。

(7) 非常溢洪道

根据勘探资料，揭露地层为：

⑤层：粉质黏土(Q_3^{al})，黄褐，稍湿—湿，硬塑状态，可见铁锰浸染，含铁锰结核、砂粒，局部分布。层底分布高程为 41.50 m，厚 2.3 m，该层土标准贯入击数小值平均值为 7 击，承载力为 170 kPa。

⑧层：全风化砂砾岩、砂岩(N_2)，紫红色，稍湿，坚硬状态，该层已风化为黏土状，层内夹砾、卵、块石，磨圆度一般，少量块石磨圆度差，砾以石英为主，其他为变质岩或砂岩类，揭露层底高程为 40.20 m，厚度为 1.30 m，该层风化层承载力为 280 kPa。

⑨层：强风化砂砾岩或泥质粉砂岩(N_2)，砖红色，稍湿，坚硬状态，揭露层底高程 38.50 m，揭露厚度 1.70 m。

经现场勘察，非常溢洪道处覆盖层薄，两侧基岩裸露，风化强烈，表层已泥化，泥化层下部粉砂岩节理裂隙发育，已风化成碎块状，抗冲能力很差。现状非常溢洪道进行加固后为混凝土路面，路两边坡有浆砌石护坡，现完整，无不良物理现象。

非常溢洪道地基为⑧层土，承载力 280 kPa，其下无软弱下卧层，工程地质条件好，可采用天然地基。溢洪道上、下游表层为⑤层黏土地，抗冲性一般，建议对上下黏土进行适当防护处理。

七、天然建筑材料

(1) 土料

燃灯寺水库大坝加固工程设计需要土料约 20×10^4 m^3。根据土料质量适选 3 处料场，即料场 1、料场 2、料场 3。因初选料场土方量不能满足要求，根据勘察资料，推荐料场 4(利用现状坝坡填土作为土料)。料场 1，位于非常溢洪道下游 156 m 处；料场 2，位于水库东侧管理处南的丘坡上，为一风化低矮山丘；料场 3 位于大坝非常溢洪道南侧低矮山丘，料 4 为水库大坝背水侧坝坡。根据勘探资料，现分别叙述如下：

料场 1：根据勘探资料，料场揭露地层岩性为⑤层粉质黏土(Q_3^{al})，黄褐，稍湿—湿，硬塑，可见铁锰浸染，含铁锰结核、砂粒。分布高程层顶为 40.00 m～40.12 m，层底为 32.10 m～33.92 m，厚 7.5 m。勘探期间，地下水埋深约 1.2 m。各项质量指标均符合填筑土料质量技术要求，土料质量较好。经室内试验资料分析，料场土最大干密度为 1.62 g/cm^3，在 0.96 压实度下，上述料场土的力学指标如下：压缩系数为 0.26 MPa^{-1}，压缩模量为 6.43 MPa；直接快剪强度为，黏聚力 72.7 kPa，内摩擦角 15 度；渗透系数为 1.14×10^{-7} cm/s。粉质黏土一般工程开挖级别为Ⅲ～Ⅳ类。

料场 2：揭露地层为⑤层粉质黏土（Q_3^{al}），黄褐，稍湿—湿，硬塑，可见铁锰浸染，含铁锰结核、砂粒，局部分布。分布高程层顶为 46.60 m～50.95 m，层底高程为 45.10 m～49.45 m，厚 1.5 m 左右。⑦层轻粉质壤土夹中细砂、砾卵石（Q_3^{al}），灰夹褐，松散，含砾砂（最大粒径 25 mm）、中粉质壤土，局部夹少量重粉质壤土，局部分布，层底高程为 43.70 m～45.87 m，层厚 1.4 m～5.0 m。⑧层全风化砂砾岩、泥质砂岩（N_2），紫红色，稍湿，坚硬，为全风化层，层内夹砾、卵、块石，砾以石英为主，揭露层底高程为 42.70 m～44.87 m，揭露厚度 1.0 m。勘探期间未见地下水。各项质量指标均符合填筑土料质量技术要求；⑦层、⑧层土料中含砾卵石较多，且含粗砂，适宜填筑坝脚、填塘或用作反压平台土料。经室内试验资料分析，⑤层土料最大干密度为 1.61 g/cm³，在 0.96 压实度下，上述料场土的力学指标如下：压缩系数为 0.27 MPa^{-1}，压缩模量为 6.47 MPa；直接快剪强度为，黏聚力 48.5 kPa，内摩擦角 13 度；渗透系数为 8.3×10^{-8} cm/s。粉质黏土一般工程开挖级别为Ⅲ～Ⅳ类；如需填塘或作为反压平台料，开采深度可加深，利用⑦层、⑧层土均可，其一般工程开挖级别为Ⅳ～Ⅴ类。

料场 3：揭露地层为⑤层粉质黏土（Q_3^{al}），黄褐，稍湿—湿，硬塑，可见铁锰浸染，含铁锰结核、砂粒，局部分布。分布高程层顶为 46.60 m～57.21 m，层底为 39.10 m～55.49 m、0.9 m～4.8 m，平均厚 2.54 m。⑧层全风化泥质砂岩或砂砾岩、（N_2），紫红色，稍湿，坚硬，为全风化层，层内夹砾、卵、块石，砾以石英为主，分布高程层顶为 39.10 m～55.49 m，层底为 42.24 m～42.24 m、0.45 m～3.95 m，平均厚 2.58 m。勘探期间未见地下水。各项质量指标均符合填筑土料质量技术要求。⑧层土料中含砾卵石较多，且含粗砂，适宜填筑坝脚、填塘或用作反压平台土料。经室内试验资料分析，⑤层土料最大干密度 1.61 g/cm³，在 0.96 压实度下，上述料场土的力学指标如下：压缩系数为 0.27 MPa^{-1}，压缩模量为 6.47 MPa；直接快剪强度为，黏聚力 48.5 kPa，内摩擦角 13 度；渗透系数为 8.3×10^{-8} cm/s。粉质黏土一般工程开挖级别为Ⅲ～Ⅳ类；如需填塘或作为反压平台料，开采深度可加深，利用⑧层土均可，其一般工程开挖级别为Ⅳ～Ⅴ类。

料场 4：位于现状大坝背水侧，为现状坝体填筑料，土料基本满足筑坝土料质量要求，在进行利用时需去除大块卵石、块石与卵砾石集中处。符合填筑质量技术指标要求，土料质量较好。土料一般工程开挖级别为Ⅲ类。料场土最大干密度为 1.54 g/cm³～1.65 g/cm³，土较纯时最大干密度取小值，在 0.96 压实度下，上述料场土的力学指标如下：压缩系数为 0.37 MPa^{-1}，压缩模量为 4.64 MPa；直接快剪强度为，黏聚力 47.6 kPa，内摩擦角 9.8 度；渗透系数为 5.1×10^{-8} cm/s。

通过上述勘探成果分析，4 个料场总储量为 42.15×10^4 m³，推荐首先使用现状坝坡背水侧土料，经筛选后，不够时再开采料场 1 进行补充，开挖深度可至 7 m，开采时需考虑降水措施；最后利用料场 3 和料场 2 的土料，料场 3、料场 2 土料含砂、砂砾石、砂卵石量较大，渗透性大，坝后下部填筑对坝脚排水有利。

（2）砂石料：砂料、块石料、碎石料均需场外购买供应。

八、地质条件及建议

（1）根据《中国地震动参数区划图》（GB 18306—2015）工程区基本地震动峰值加速度为 0.10 g，相应地震基本烈度为 7 度。工程区无可液化土层。根据揭露土层岩土名称、性状和承载力可判别燃灯寺水库大坝区场地土属中硬土，场地类别为 2 类。

（2）坝体：大坝坝体现状完整，坝顶为混凝土路面可见多处裂隙；迎水侧坝面干砌石存在通缝、浮塞、架空等现象；防浪墙局部稍有倾斜。建议：坝顶混凝土路面整修或拆除重建、对迎水侧坝面干砌石缝进行密实处理或改用为浆砌石；对防浪墙局部需进行维修处理，坝脚外有多处水塘，建议对坝脚外塘进行局部填平。

根据坝体取样分析可知干密度满足 96%压实度的合格率仅为 23%；②层填土干密度为 1.42 g/cm^3～1.76 g/cm^3，现场标贯击数为 1.9 击～7.5 击，锥尖阻力值为 0.74 MPa～3.03 MPa，侧摩阻力为 37.6 kPa～83.7 kPa，③层填土干密度为 1.40 g/cm^3～1.74 g/cm^3，现场标贯击数为 1.9 击～11.7 击，锥尖阻力值为 0.65 MPa～2.00 MPa，侧摩阻力为 32.0 kPa～74.0 kPa。分析认为坝体填筑密实度不均匀，存在碾压质量较差的填土区域。

由大坝检测资料显示，填筑土的渗透系数为 $a\times10^{-8}$ cm/s～$a\times10^{-6}$ cm/s；2020 年滁州市水利勘测队在大坝上填土中渗透试验结果为 2.08×10^{-6} cm/s～8.48×10^{-6} cm/s；在坝身土中渗透试验结果 3.28×10^{-5} cm/s～6.56×10^{-5} cm/s，分析认为坝体渗透指标的满足均质土石坝规范要求。

坝顶混凝土路面与坝坡土体结合处，沿混凝土面存有竖直裂隙，坝顶雨水多灌注其中，使坝坡土体长时间保持高含水率，对坝坡稳定不利。

通过坝坡的探井分析，坝坡表层 1.3 m～2.0 m 土结构不密实，易渗水。下部为致密状灰色黏土，渗透性差。在两层土交界面处因渗水形成软弱带。汛期或雨季使得两岩性交界处土含水率增大，甚至达饱和状态，内摩擦角减小（饱和快剪内摩擦角约 4 度），降低了土的抗剪强度，对坝背水坡稳定不利，存在浅层滑动的可能性。

建议坝顶设置排水沟，由排水沟集中坝面水后排出；坝背水侧表层填土结构不密实，饱水后易产生失稳，建议拆除重新填筑，拆除深度为 1.5 m～2.0 m。

坝背水侧渗水现象，主要分布老河槽段（桩号 0+950～1+050），根据竣工图及描述和勘探资料分析认为老坝段渗水应是由于大气降水，坝坡土层中含有较多滞水，再通过纵横向砂沟向外缓慢渗出，从而导致在老河槽段可见少量清水渗出。

（3）坝基：根据勘探资料，坝基局部存在④层中粉质壤土含淤泥、细砂层，软塑状态，含朽木、腐草渣、植物根茎，局部分布。土层压缩性高、抗剪强度较低。坝基层间结合面处理差。坝基现状无渗漏水现象，可见防渗墙效果明显。⑤层、⑥层土工程地质条件好。

坝基局部存在一软弱层，建设期间未进行清除或处理不彻底，对大坝抗滑稳定不利，建议设计进行适当处理，如反压平台。

(4) 泄洪闸：该闸建基面高程为 36.5 m 左右，闸基位于全—强风化砂砾岩上，地基承载力 280 kPa～300 kPa，承载力高，工程地质条件好，可采用天然地基；闸基混凝土与⑧、⑨层土、岩间的摩擦系数建议取 0.38、0.40；拆除现有基础时对地基可能产生扰动，建议清除扰动区。

闸基附近表层强风化泥质砂岩裂隙发育，厚 1.0 m 左右，中等透水性，其下 5 m 测得渗透系数为 1.02×10^{-6} cm/s。闸基需考虑适当处理(如灌浆 1.5 m)。

闸基坑强风化砂砾岩或砂岩存有裂隙，且有裂隙水，闸基距水库水源较近，建议考虑降排水措施。

拆除现有基础时对地基可能产生扰动区，建议清除扰动区。

闸基坑为强风化砂砾岩或砂岩，存有裂隙水，闸基距水库水源较近，需考虑降排水措施。

现状溢流面地基为泥质砂岩或砂砾岩，地质条件较好，表面为 250 mm 钢筋网混凝土防面，两边为混凝土挡墙，现状基本完好；在挑流鼻坎下可见有水渗出。

防冲槽：防冲槽周边高程为 26.9 m 左右，槽底高程为 16.9 m，处理后防冲槽为钢筋混凝土结构，现状完好。防冲槽两侧地面高程为 37.7 m～42.2 m，表层 5 m～10 m 为红色全风化泥质砂岩或砂砾岩，已多风化成土夹砾石状，其下为中风化泥质砂岩或砂砾岩，防冲槽两侧已采用浆砌块石防护，护坡高程为 32 m，高程 32.0 m 以上红色黏土夹砾石采用 1∶0.8 坡至高程 38.0 m。经现场调查，运行多年，防冲槽完好，边坡稳定。

出水河道为浆砌块石护底，局部浆砌块石被冲毁，出露砖红色强风砂砾岩或砂岩，现状基岩局部被冲成坑，面积占河槽二分之一以上，深 0.7 m～1.5 m 左右。建议对河槽底部进行适当处理。出水河道两边自然边坡现状基本稳定，可见少量滑塌。建议对滑塌体进行处理，并进行适当削坡处理。

(5) 北放水涵：该涵建基面高程为 36.7 m，涵基位于⑤层粉质黏土中，承载力为 170 kPa，弱至微渗透性，下伏⑧层为全风化砂砾岩层，承载力为 280 kPa，其下无软弱下卧层，地基工程地质条件好，地基可采用天然地基；基坑建基面低于库水位，且基坑距库水源较近，建议考虑基坑排水措施；混凝土与⑤层黏土之间摩擦系数取 0.38。

(6) 东放水涵：现状涵建基面高程为 36.4 m，涵基位于⑨层强风化泥质砂岩或砂砾岩中，承载力为 300 kPa，地基工程地质条件好。涵建基面设计高程为 37.4 m，拆除原涵后需回填人工填土 1.0 m 左右，建议采用水泥土回填，并需进行压实处理；基坑开挖时，建议边坡比为 1.0∶1.5；基坑建基面低于库水位，且基坑距库水源较近，基岩存有裂隙水，建议考虑基坑排水措施。

(7) 工程区料场：勘探共推荐 4 处，通过勘探成果分析，推荐首先使用现状大坝背水侧坝坡土料，不够时再开采料场1，料场1开挖深度可至7 m，开采时需考虑降水措施；随后利用料场2、料场3的土料，这是因为料场2、料场3土料含砂、砂砾石、砂卵石量较大，渗透性强，坝后下部填筑对坝脚排水有利，该料场料可用于反压平台和填塘固基，也可剔除土中砂卵石等粗颗粒，利用剩下的黏性土，作为填筑料。4个料场储量满足设计用量要求。砂石料均需外购，如从定远、明光等处购买，料场料源丰富、充足，质量均能满足要求。

(8) 现场勘察时，由于现状建筑物的存在，勘探孔无法直接布在建筑物的位置上，施工时应加强施工地质的勘察工作。

4 工程任务规模及特征参数分析

4.1 基本情况

一、自然条件

(1) 气候

凤阳县属北亚热带湿润季风气候区，季风环流是支配该地区气候的主要因素。主要特点是四季分明，气候温和，日照充足。年平均气温为 15.1℃，年平均相对湿度为 73%，年平均气压为 1 010.9 hPa，年平均降水量为 905 mm，年平均蒸发量为 1 566.6 mm，年平均日照 2 249 h，历年平均无霜期 212 d。区内风向因受季风控制，有明显的季风性变化。常年主导风向为东风，年平均风速为 2.52 m/s，夏季主导风为东南风，冬季主导风为西北风。

(2) 地形地貌

凤阳县地势南高北低，南部以侵蚀剥蚀山、丘陵为主，山丘麓部为起伏岗地，中部为微波状起伏的河流阶地和岗地，北部为坦荡的冲积平原。地面高程，逐级由南向北下降，南北地面总比降 1/600 左右。境内地层为华北地层区淮南地层小区，地层发育主要有上太古界、下元古界、上元古界、下古生界及中生界、新生界。地貌单元属淮河二级阶段，地面开阔，地势平坦，地貌组合比较简单。

(3) 河流水系

淮河穿越凤阳县北境，境内主要河流还有濠河、小溪河、板桥河、天河、窑河等，均源自南部山区，依地势自南向北流入淮河。河流特性见表 4.1-1。

表 4.1-1　凤阳县境内河流特性表

名称	流域面积(km^2)	河长(km)	年平均径流量(万 m^3)	河床比降(‰)
濠河	621	44	9 808	0.12
板桥河	228	55	3 648	0.02
小溪河	329	52	5 593	0.18
天河	218	60	3 270	
窑河	153	20	2 295	

淮河在凤阳县境内属中游下段，上接蚌埠市陆台子入境，呈北西至南东向，至临淮关改西南至北东向，下经花园湖口枣巷渔业乡附近出境，泄入洪泽湖，境内流程 52.5 km，河床平缓，平均纵比降 0.18‰。洪水期水位高出两岸地面 2 m～3 m。洪水期河面宽 1 400 m～1 600 m，水深 20 m～28 m；枯水期水面宽 400 m～450 m，水深 3.5 m。临淮关多年（正常年份）平均流量 871 m^3/s，而在典型的洪水年份内的年平均流量高达 2 280 m^3/s，最高水位曾出现过 21.38 m；典型的枯水年份内的年平均流量为 144 m^3/s，最低水位只有 13.54 m。淮河在近 60 年来，以平水年和枯水年份居多，达 2/3 以上；丰水年及最丰水年份不及 1/3。

二、流域概况

凤阳燃灯寺水库位于小溪河上游，距京沪铁路南侧 9 km，控制流域面积为 173.0 km^2。小溪河源自凤阳县与定远县交界的白云山南麓，全长 52 km，自南向北，经大溪河镇入花园湖，流域面积 329 km^2（包括花园湖流域面积 872 km^2）。自河源至燃灯乡为上游，河面宽 5 m～8 m，河槽深切 4 m～7 m，20 世纪 60 年代建燃灯寺水库；燃灯乡至小溪河镇为中游，河面增至 10 m～15 m；小溪河镇至河口为下游，该段又称小溪河，河面宽 20 m～30 m，比降 0.18‰。年平均径流量 5 593 万 m^3。水库上游河道发源于定远县境内的大金山，河源有部分低山区，峰顶高程为 255.0 m，进入凤阳境内大部分为丘陵区，有两条支流汇聚于红心集，由南向北流入水库，水库植被较好，耕地占 50%左右。

水库枢纽工程由土坝、泄洪闸、东西灌溉涵洞、非常溢洪道等组成，是一座集灌溉、滞洪、养殖等综合利用的中型水库。大坝为均质土坝，坝长 1 360.0 m，坝顶高程为 47.5 m，防浪墙顶高程为 48.5 m，最大坝高为 25.5 m，总库容为 8 940 万 m^3。根据《水利水电工程等级划分及洪水标准》（SL 252—2017），燃灯寺水库为中型水库，工程等别为 3 等，主要建筑物级别为 3 级。由于水库下游 9 km 处有京沪铁路，校核洪水标准提高一级。

燃灯寺水库设计洪水标准为 100 年一遇，校核洪水标准为 5 000 年一遇。

水库正常蓄水位为 42.30 m，兴利库容为 4 760 万 m^3，死水位为 37.30 m，死库容 800 万 m^3。设计洪水位为 43.78 m，相应库容为 6 670 万 m^3，下泄流量为 371.6 m^3/s，校核洪水位为 45.20 m，相应库容为 8 940 万 m^3，下泄流量为 1 060.6 m^3/s。

燃灯寺水库流域特性见表 4.1-2。

表 4.1-2　燃灯寺水库流域特性表

流域面积 $F(km^2)$	主河道平均坡降 J(‰)	河道长度 L_2(km)	河道落差 ΔH_2(m)	流域平均宽度 B(km)	流域形状系数 $f=B^2/F$
173.0	1.7	23.5	668	11.0	0.70

4.2 经济社会概况

一、经济发展概况

凤阳县国土面积1 949.5 km^2，土地面积292.43万亩(1亩＝666.67 m^2)，总人口78.7万。2018年12月，入选全国县域经济投资潜力100强。2018年地区生产总值207.97亿元，同比增长8.8%；其中，第一产业完成增加值36.84亿元，增长3.3%；第二产业83.44亿元，增长11.5%；第三产业87.69亿元，增长9.2%。

(1) 农业

2018年，凤阳县实现农林牧渔业增加值38.9亿元，同比增长3.5%。粮食生产保持稳定，产量80.7万吨，与同期相比微增0.1%。

(2) 工业

2018年，凤阳县实现规模以上工业增加值同比增长12.1%，较上年同期上升2.2%。固定资产投资中工业项目投资同比增长114.3%，对全社会固定资产投资增长贡献率达109.4%，拉动点数为17.4。工业投资中，技术改造同比增长43.4%。

亿元企业贡献举足轻重。2018年，规模以上工业亿元企业达到60家，较去年增加了11家。60家亿元企业共完成工业总产值214.9亿元，增速为22.9%，占全县规模以上工业总产值的81.4%。

硅基材料产业优势明显。2018年，凤阳县硅基材料产业企业数达到80家，占全滁州市总量的85.1%，硅基材料产业工业总产值和增加值总量占比在滁州市均排名第一。

(3) 消费市场

2018年，社会消费品零售总额完成77.8亿元，增长14.4%。

(4) 财政

2018年，累计完成财政收入30.1亿元，同比增长10.3%，其中地方财政收入19.9亿元，同比增长0.6%。

财政支出增速低于收入增速。2018年，累计财政支出46.7亿元，同比增长4.8%。

二、社会发展概况

凤阳县2018年末总户数为213 527户，户籍总人口为787 570人，年末常住人口为68.3万人。

全县城乡常住居民人均可支配收入16 617元，同比增长11.8%。其中，城镇常住居民人均可支配收入25 562元，同比增长10.5%；农村常住居民人均可支配收入11 544元，同比增长10%。

2018年末全县参加城镇基本养老保险人数(不含离退休人员)为3.39万人,参加城镇基本医疗保险人数为3.15万人,参加失业保险人数为2.51万人,参加工伤保险人数为3.53万人,参加生育保险人数为3.07万人,参加城乡居民养老保险人数为38.8万人,城镇登记失业人员542人,城镇新增就业人员9 777人。

2018年末全县共有4 701人享受城市居民最低生活保障、15 501人享受农村居民最低生活保障、农村五保供养5 508人。全年民政部门直接救助321人次,资助参加基本医疗保险47 707人。

凤阳县公路、铁路、航运四通八达,合徐、蚌淮、宁洛高速公路和京沪铁路、淮南铁路、京沪高铁、合蚌铁路客运专线穿境而过,淮河52.5 km黄金水道流经县境北侧。

4.3 工程存在的问题

燃灯寺水库安全鉴定现场安全检查组通过现场检查认为,水库存在问题如下:

(1) 上游干砌石护坡分缝处局部起翘、开裂、破损,有杂草;混凝土防浪墙局部砂浆抹面脱落。坝脚无贴坡排水。背水坡存在多处渗水点。

(2) 泄洪闸为钢筋混凝土与浆砌石的混合结构,闸门止水老化失效、多处漏水,闸门区格梁老化、钢筋锈胀,局部混凝土脱落。排架柱局部箍筋锈胀、露筋。交通桥老化严重,护坡多处开裂,交通桥桥墩挡墙老化、开裂,拱圈桁架弦杆多处锈胀,拱圈钢筋局部锈胀,交通桥板局部开裂。

泄洪闸现地控制柜电气元件接触不灵敏,开关动作时有时无,动力线路存在老化开裂、闸刀保险连接不规范等现象,电气设备元件有老化锈蚀、严重烧灼痕迹。

(3) 东放水涵控制闸栈桥柱、板混凝土表面老化严重,局部存在钢筋锈胀;出口段护坡多处开裂,水位变化区域尤为严重。放水涵及进水闸检修闸门和工作闸门均漏水。

(4) 大坝现状35根测压管,其中20根可正常工作,无变形观测设施。

2018年经安徽省滁州市水利局综合安全鉴定,燃灯寺水库大坝为三类坝。

4.4 项目建设的必要性

(1) 水库加固是保障水库工程安全运行及下游人民生命财产安全的重要工程。由于水库大坝存在上游干砌石护坡破损、坝脚无贴坡排水、混凝土防浪墙局部砂浆抹面脱落、大坝无变形观测设施、部分测压管不能正常工作、泄洪闸排架柱局部箍筋锈胀、露筋,控制电器设备老化等问题,水库工程存在运行及防洪安全隐患。

(2) 水库加固是保障凤阳县经济社会可持续发展和群众正常生活的基础工程。随着社会经济的快速发展,凤阳县工农业用水量不断增加,水资源短缺问题越来越突出,燃灯寺水库已经成为凤阳县生产、生活的重要水源地之一，一旦发生问题，将影响受益区工农业生产及群众基本生活。

（3）水库加固是水库安全运行、调度，提高管理维护效率的必要工程。

现燃灯寺水库大坝安全监测，除设置水位尺及测压管外，无其他安全监测设施，且水库大坝渗流监测安设的35根测压管，由于环境、工程、自然及人为破坏等原因，现能使用的测压管只剩20根。

燃灯寺水库2座放水涵洞启闭设备十分落后，北放水涵启闭机为手电两用15 t手摇螺杆式，东放水涵洞为2台20 t手电两用螺杆式启闭机。

因此燃灯寺水库在安全监测、调度控制方面较薄弱。应尽快完善大坝安全监测系统，按照《土石坝安全监测技术规范》(SL 551—2012)的要求设置自动化监测仪器和建设大坝自动化管理系统。

综上所述，实施燃灯寺水库加固工程是非常必要和十分迫切的。

4.5 工程任务

本工程的主要任务是消除工程安全隐患，把水库建设成水资源安全、防洪安全、运行使用安全、生态安全的"安全水库"，提高水资源利用效率、减少洪涝灾害风险，切实贯彻习近平总书记提出的"绿水青山就是金山银山"环保理念，保障地区经济社会的可持续发展，惠及凤阳全县人民。

工程主要内容包括水库大坝加固工程，溢洪道、放水涵洞重建工程，道路工程、通讯自动化升级改造工程等。

4.6 水库兴利特征水位

燃灯寺水库加固设计采用原设计规模，兴利蓄水位为42.30 m，相应库容为4 760万 m^3，死水位为37.30 m，死库容为800万 m^3，兴利库容为3 960万 m^3。

4.7 洪水调节计算及特征水位复核

一、防洪标准

凤阳县燃灯寺水库位于淮河流域右岸支流小溪河上游，距京沪铁路9.0 km。来水面积173 km^3，是一座以灌溉、滞洪功能为主的综合利用水库。

燃灯寺水库始建于1958年9月，1959年2月基本完工，完工当年投入运行；历经

1967 年、1975 年、1986 年和 2004 年四次除险加固。

现燃灯寺水库总库容 8 940 万 m^3，设计灌溉面积 8.28 万亩。大坝为均质土坝，坝长 1 360.0 m，坝顶高程为 47.50 m，防浪墙顶高程为 48.50 m，最大坝高 25.5 m。根据《水利水电工程等级划分及洪水标准》(SL 252—2017)，燃灯寺水库为中型水库，工程等别为三等，主要建筑物级别为 3 级。水库设计洪水标准为 100 年一遇，由于水库下游 9 km 处有京沪铁路，校核洪水标准提高一级为 5 000 年一遇。

二、洪水调节复核

(1) 水位-容积曲线复核

水位-容积曲线采用 2004 年加固设计时复核成果。由于水库上游流域植被良好，水土保持状况较好，水库基本没有淤积，为保持资料的延续性，仍采用该库容曲线。燃灯寺水库水位-库容关系见表 4.7-1。

表 4.7-1 燃灯寺水库水位-库容关系表

高程(m)	容积(万 m^3)									
	0	0.1	0.2	0.3	0.4	0.5	0.6	0.7	0.8	0.9
34				60					140	160
35	180	200	220	240	262	284	306	328	350	380
36	410	440	470	500	536	572	608	644	680	704
37	728	752	776	800	858	916	974	1 032	1 090	1 138
38	1 186	1 234	1 282	1 330	1 384	1 438	1 492	1 564	1 600	1 662
39	1 724	1 786	1 848	1 910	1 980	2 050	2 120	2 190	2 260	2 338
40	2 416	2 494	2 572	2 650	2 750	2 850	2 950	3 050	3 150	3 246
41	3 342	3 438	3 534	3 630	3 744	3 858	3 972	4 086	4 200	4 312
42	4 424	4 536	4 648	4 760	4 888	5 016	5 144	5 272	5 400	5 528
43	5 656	5 784	5 912	6 040	6 172	6 304	6 436	6 568	6 700	6 856
44	7 012	7 168	7 324	7 480	7 644	7 808	7 972	8 136	8 300	8 460
45	8 620	8 780	8 940	9 100	9 280	9 460	9 640	9 820	10 000	10 200
46	10 400	10 600	10 800	11 000	11 200	11 400	11 600	11 800	12 000	

(2) 水位-泄量曲线复核

根据加固方案，泄洪闸拆除重建，非常溢洪道坝顶溢流。

泄洪闸拆除后，闸底堰顶高程降低至 36.5 m，为原址重建。

泄洪闸共 3 孔，每孔净宽 5.0 m。非常溢洪道以现状路顶为溢流堰顶，溢流宽度为 80 m，顶高程为 43.80 m。

该除险加固后燃灯寺水库水库总泄流能力曲线见表 4.7-2。

表 4.7-2　燃灯寺水库[加固方案三(2)]水位-泄流关系曲线

水位(m)	库容(万 m^3)	泄洪闸		非常溢洪道		$\sum q_i$ (m^3/s)
		水头 $h_{闸}$(m)	流量 q(m^3/s)	水头 $h_{非}$(m)	流量 q(m^3/s)	
42.30	4 760.00	5.80	321.58	0.00	0	321.6
42.80	5 400.00	6.30	364.04	0.00	0	364.0
43.30	6 040.00	6.80	408.23	2.60	0	408.2
43.80	6 700.00	7.30	454.08	3.10	0	454.1
44.30	7 480.00	7.80	501.52	3.60	41.25	542.8
44.80	8 300.00	8.30	550.50	4.10	116.98	667.5
45.30	9 100.00	8.80	600.99	4.60	213.09	814.1
45.80	10 000.00	9.30	652.93	5.10	333.13	986.1
46.30	11 000.00	9.80	706.29	5.60	482.13	1 188.4

(3) 调度原则复核

燃灯寺水库设计兴利蓄水位 42.30 m，安徽省防汛指挥部批复汛限水位 42.30 m。起调水位与汛限水位相同，亦为 42.30 m。

泄洪闸控制原则：由于下游小溪河和铁路桥有一定的泄洪能力，泄洪闸一般不控制，但在调洪计算中，泄洪闸的泄洪流量不能大于前 2 时段(涨水时)的入库洪水流量。

方案方案一、方案二水库水位超百年一遇洪水位时启用非常溢洪道。

方案三水库水位超过非常溢洪道上道路路顶高程时，自由溢流。

(4) 调洪演算及成果

1) 洪水调节计算原理

调洪演算按静库容条件考虑，通过联解水库水量平衡方程和相应水库蓄泄方程，进行逐时段的调洪演算。

a. 水库水量平衡方程为

$$\frac{Q_1+Q_2}{2}\Delta t-\frac{q_1+q_2}{2}\Delta t=V_2-V_1$$

Q_1、Q_2 为时段 Δt 始、末入库流量，q_1、q_2 为时段 Δt 始、末出库流量，V_1、V_2 为时段 Δt 始、末的水库库容。

b. 水库蓄泄方程

水库水位-库容关系 $V=f(z)$ 见表 4.7-1，水库泄洪建筑物水位-泄流关系 $q=f(z)$ 见表 4.7-2。

(2) 调洪演算成果

按照上述水库控制运用原则及调度方式，水库 30 年一遇洪水、100 年一遇设计洪水和 5 000 年一遇校核洪水过程，以及水库库容曲线、泄流能力曲线，采用坝址洪水静库容法对燃灯寺水库进行洪水调节计算，调洪计算成果见表 4.7-3。

表 4.7-3　方案三(2)各频率设计洪水调洪演算成果

洪水标准	入库洪峰流量(m^3/s)	入库洪量(万 m^3)	最高洪水位(m)	最大下泄流量(m^3/s)	总库容(万 m^3)	滞洪量(万 m^3)	削减洪峰百分比(%)	滞洪量占入库洪量比例(%)
30 年	900.6	2 779	42.948	377.1	5 589.5	829.5	58	30
100 年	1 420	4 162	43.581	434.0	6 411.0	1 651.0	69	40
5 000 年	3 070	8 118	45.113	759.3(泄洪闸 582.1，非常溢洪道 177.2)	8 801.0	4 041.0	75	50

三、水库特征水位、库容

水库主要规划参数：正常蓄水位 42.30 m、设计洪水位 43.78 m、校核洪水位 45.20 m、死水位 37.30 m；总库容、正常蓄水位以下库容、调洪库容、兴利库容、死库容分别为 8 940 万 m^3、4 760 万 m^3、4 180 万 m^3、3 960 万 m^3、800 万 m^3；设计洪水标准最大入库流量 1 420.0 m^3/s，设计洪水标准最大下泄流量为 434.0 m^3/s；校核洪水标准最大入库流量 3 070.0 m^3/s，校核洪水标准最大下泄流量为 759.3 m^3/s(其中泄洪闸 582.1 m^3/s)，见表 4.7-4。

4.7-4　燃灯寺水库水库主要特征参数表

名称	单位	数值	复核值	采用值
校核洪水位	m	45.20	45.113	45.20
设计洪水位	m	43.78	43.581	43.78
30 年一遇洪水位	m	43.16	42.948	42.948
正常蓄水位	m	42.30	42.30	42.30
死水位	m	37.30	37.30	37.30
总库容	万 m^3	8 940	8 801	8 940
正常蓄水位以下库容	万 m^3	4 760	4 760	4 760
调洪库容	万 m^3	4 180	4 041	4 180
兴利库容	万 m^3	3 960	3 960	3 960
死库容	万 m^3	800	800	800
设计洪水标准最大入库流量	m^3/s	1 393	1 420	1 420
校核洪水标准最大入库流量	m^3/s	3 054.1	3 070	3 070
30 年一遇洪水最大泄量	m^3/s	—	377.1	377.1
设计洪水标准最大泄量	m^3/s	388.2	434.0	434.0
校核洪水标准最大泄量	m^3/s	1 163.1	759.3	759.3(45.113 m)

4.8 除险加固工程内容

根据《燃灯寺水库安全综合评价报告》，综合现场安全检查、检测和抗震、结构强度与稳定等复核计算分析燃灯寺水库工程存在的问题及工程内容如下：

(1) 复核洪水标准为100年一遇设计，5 000年一遇校核，坝顶高程满足规范要求。

(2) 根据《中国地震动参数区划图》(GB 18306—2015)，水库坝址区地震动峰值加速度为0.10 g，相应地震基本烈度为7度。大坝局部坝段下游坝坡抗震稳定安全系数不满足规范要求，泄洪闸闸室及放水涵均为圬工结构，不满足结构抗震安全要求。

(3) 经计算，大坝渗流稳定性满足规范要求；由于下游坝坡未设反滤体，下游坝脚出现多处渗水点。

(4) 经坝坡稳定计算分析，大坝局部坝段下游坝坡抗滑稳定安全系数不满足规范要求。

(5) 大坝坝体沉降基本正常，部分坝顶路面局部开裂；防浪墙局部砂浆抹面脱落、墙体局部开裂、倾斜；上游干砌石护坡局部缺损松动；大坝背水坡发现白蚁活动迹象。

(6) 泄洪闸闸门不能正常启闭，影响洪水安全下泄。

(7) 大坝安全监测与管理设施不完善。

(8) 非常溢洪道为浆砌石低堰结构，上游护坦偏短，下游消能设施不完善，无海漫等防冲设施；两侧顺水流方向岸坡未护砌；非常溢洪道与东涵之间的隔堤低矮；出水口不畅。

燃灯寺水库主要加固内容：

(1) 下游坝坡局部坝段采用压重平台加固，坝坡表层土挖除1.5 m～2.0 m后重新压实填筑；

(2) 挡浪墙、坝顶道路拆除重建；

(3) 上游坝坡局部护坡修复；

(4) 大坝白蚁防治；

(5) 泄洪闸拆除重建；

(6) 东放水涵拆除重建；

(7) 北放水涵拆除重建；

(8) 非常溢洪道加固设计；

(9) 大坝重新布设安全监测设施；

(10) 进场道路维修；

(11) 增设管理设施等。

5 工程布置及建筑物加固方案研究

5.1 除险加固方案研究依据

一、除险加固主要依据的文件

(1)《凤阳县燃灯寺水库大坝安全鉴定报告书》;

(2)《凤阳县燃灯寺水库安全评价报告》(2019年2月);

(3)《安徽省凤阳县燃灯寺水库除险加固工程初步设计报告》(滁州市水利勘测设计院,2002年4月);

(4)《燃灯寺水库安全评价检测报告》(安徽省水利工程质量检测中心站,2017年6月)。

二、除险加固依据的规范、规程和标准

《水利水电工程等级划分及洪水标准》(SL 252—2017);

《防洪标准》(GB 50201—2014);

《碾压式土石坝设计规范》(SL 274—2020);

《水工建筑物抗震设计标准》(GB 51247—2018);

《水工混凝土结构设计规范》(SL 191—2008);

《水闸设计规范》(SL 265—2016);

《水工建筑物荷载设计规范》(SL 744—2016);

《水利水电工程施工组织设计规范》(SL 303—2017);

《公路钢筋混凝土及预应力混凝土桥涵设计规范》(JTG D62—2018);

《堤防工程设计规范》(GB 50286—2013);

《水利水电工程钢闸门设计规范》(SL 74—2019);

《建筑地基基础设计规范》(GB 50007—2011);

《建筑地基处理技术规范》(JG 79—2012);

《水库工程管理设计规范》(SL 106—2017);

《水利水电工程安全监测设计规范》(SL 725—2016)；

《水利水电工程合理使用年限及耐久性设计规范》(SL 654—2014)；

《溢洪道设计规范》(SL 253—2018)；

其他有关现行规程、规范和规定。

三、特征水位及流量

燃灯寺水库特征水位及流量见表 5.1-1。

表 5.1-1 特征水位及流量表

项目	水位(m)	泄洪闸流量(m^3/s)	非常溢洪道流量(m^3/s)	备注
校核洪水位	45.20(45.113)	582.1	177.2	5 000 年一遇
设计洪水位	43.78(43.581)	434.0	—	100 年一遇
消能防冲水位	43.16(42.948)	377.1	—	30 年一遇
汛期限制水位	42.30	—	—	
正常蓄水位	42.30	—	—	
死水位	37.30	—	—	

注:括号内水位为该除险加固复核值。

5.2 工程等级和标准分析

一、工程等别及建筑物级别

凤阳燃灯寺水库位于小溪河上游,距京沪铁路南侧 9.0 km,流域面积为 173.0 km^2。水库枢纽工程由土坝、泄洪闸、东放水涵洞、北放水涵洞、非常溢洪道等建筑物组成,是一座以灌溉、滞洪、养殖等综合利用的重点中型水库。大坝为均质土坝,坝长 1 360.0 m,现状坝顶高程 47.50 m,防浪墙顶高程 48.50 m,最大坝高 25.5 m,总库容 8 940 万 m^3。根据《水利水电工程等级划分及洪水标准》(SL 252—2017),燃灯寺水库为中型水库,工程等别为Ⅲ等,土坝、泄洪闸、放水涵洞等主要建筑物级别为 3 级。

二、洪水标准

根据《水利水电工程等级划分及洪水标准》(SL 252—2017),燃灯寺水库工程永久性水工建筑物的设计洪水标准为 100～50 年一遇,校核洪水标准为 2 000～1 000 年一遇。考虑到水库下游 9.0 km 处有京沪铁路,校核洪水标准可提高一级。该除险加固维持燃灯寺水库的洪水标准不变,设计洪水标准为 100 年一遇,校核洪水标准为 5 000 年一遇。泄洪闸为河床式,洪水标准与土坝一致,即设计洪水标准为 100 年一遇,校核洪水标准为

5 000 年一遇。根据《水利水电工程等级划分及洪水标准》(SL 252—2017)，丘陵区水库工程的永久性泄水建筑物消能防冲设计的洪水标准，可低于泄水建筑物的洪水标准。泄洪闸的建筑物级别为 3 级，消能防冲的设计洪水标准为 30 年一遇，由于消能防冲建筑物的局部破坏会危及大坝安全，需按 100 年一遇洪水复核，保障大坝安全。

三、地震设防烈度

根据《中国地震动参数区划图》(GB 18306—2015)，水库坝址区地震动峰值加速度为 0.10 g，相应地震基本烈度为 7 度。根据《水工建筑物抗震设计标准》(GB 51247—2018)，本工程设计按基本烈度为 7 度进行设防。

四、规范标准允许值

(1) 按计及条块间作用力的方法计算时，坝坡抗滑稳定安全系数，见表 5.2-1。

表 5.2-1 坝坡抗滑稳定最小安全系数

运用条件	工程等级			
	1	2	3	4、5
正常运用条件	1.50	1.35	1.30	1.25
非常运用条件Ⅰ	1.30	1.25	1.20	1.15
非常运用条件Ⅱ	1.20	1.15	1.15	1.10

(2) 泄洪闸及翼墙的抗滑稳定安全系数，见表 5.2-2、表 5.2-3。

表 5.2-2 土基上沿闸室基底面抗滑稳定安全系数的允许值

荷载组合	水闸级别			
	1	2	3	4、5
基本组合	1.35	1.30	1.25	1.20
特殊组合Ⅰ	1.20	1.15	1.10	1.05
特殊组合Ⅱ	1.10	1.05	1.05	1.00

注 1：特殊组合Ⅰ适用于施工情况、检修情况及校核洪水位情况。
注 2：特殊组合Ⅱ适用于地震情况。

表 5.2-3 岩基上沿闸室基底面抗滑稳定安全系数的允许值

荷载组合	按公式 $K_c=\frac{f\cdot\sum G}{\sum H}$ 计算			按公式 $K_c=\frac{f'\sum G+C'A}{\sum H}$ 计算
	水闸级别			
	1	2、3	4、5	
基本组合	1.10	1.08	1.05	3.00
特殊组合Ⅰ	1.05	1.03	1.00	2.50

续表

<table>
<tr><td rowspan="3">荷载组合</td><td colspan="3">按公式 $K_c=\frac{f\cdot\sum G}{\sum H}$ 计算</td><td rowspan="3">按公式 $K_c=\frac{f'\sum G+C'A}{\sum H}$ 计算</td></tr>
<tr><td colspan="3">水闸级别</td></tr>
<tr><td>1</td><td>2、3</td><td>4、5</td></tr>
<tr><td>特殊组合Ⅱ</td><td>1.00</td><td>1.00</td><td>1.00</td><td>2.30</td></tr>
</table>

注1:特殊组合Ⅰ适用于施工情况、检修情况及校核洪水位情况。
注2:特殊组合Ⅱ适用于地震情况。

五、建筑物合理使用年限及耐久性分析

(1) 合理使用年限

燃灯寺水库的工程等别为三等,大坝、泄洪闸等主要建筑物的级别为3级。根据《水利水电工程合理使用年限及耐久性设计规范》(SL 654—2014),新建泄洪闸、东放水涵、北放水涵永久性水工建筑物的合理使用年限为50年。

(2) 耐久性分析

根据《水利水电工程合理使用年限及耐久性设计规范》(SL 654—2014),泄洪闸、东放水涵、北放水涵等的环境类别为三类,闸室上部启闭机房室内正常环境类别为一类,排架与框架结构等的环境类别为二类。

1) 减轻环境影响的构造要求

①为保证水利水电工程结构耐久性的必要构造,要求应包括下列措施:

a. 应隔绝或减轻环境因素对混凝土、钢结构、水工金属结构、土石结构等的作用。

b. 应控制混凝土结构、土石结构的裂缝和结构构造缝、间隙。

c. 应为钢筋提供足够厚度的混凝土保护层,为钢结构、水工金属结构提供足够厚度的防腐层和合适的防腐蚀措施。

②施工缝、变形缝、诱导缝等的设置宜避开局部环境作用不利的部位,以防止有害物质的渗入。

③混凝土结构在不同环境条件下钢筋主筋、箍筋和分布筋的混凝土保护层厚度应满足钢筋防锈、耐火以及与混凝土之间黏结力传递的要求,且混凝土保护层厚度设计值不应小于钢筋的公称直径,同时也不应小于粗骨料最大粒径的1.25倍。

2) 材料要求

本工程的原材料选用应符合规范《水利水电工程合理使用年限及耐久性设计规范》(SL 654—2014)附录A的规定。混凝土耐久性基本要求宜满足表5.2-4规定,同时,泄洪闸、东放水涵、北放水涵等主要建筑物还应满足:①混凝土中的氯离子含量不应大于0.06%;②未经论证,混凝土不应采用碱活性骨料。

表 5.2-4 配筋混凝土耐久性的基本要求

环境类别	混凝土最低强度等级	最小水泥用量(kg/m³)	最大水胶比	最大氯离子含量(%)	最大碱含量(kg/m³)
一	C20	220	0.60	1.0	不限制
二	C25	260	0.55	0.3	3.0
三	C25	300	0.50	0.2	3.0

3）钢筋的混凝土保护层厚度及混凝土裂缝控制要求

混凝土结构的耐久性设计中，碳化环境条件下，应控制大气作用下混凝土碳化引起的钢筋锈蚀。

①合理使用年限为 50 年的水工结构钢筋的混凝土保护层最小厚度见表 5.2-5。

表 5.2-5 混凝土保护层最小厚度 单位：mm

项次	类别	环境类别一	环境类别二	环境类别三
1	板、墙	20	25	30
2	梁、柱、墩	30	35	45
3	截面厚度不小于 2.5 m 的底板及墩墙	—	40	50

②在荷载作用下，环境类别为一类的混凝土构件正截面的表面最大裂缝宽度计算值不应超过 0.4 mm，环境类别为二类的混凝土构件正截面的表面最大裂缝宽度计算值不应超过 0.3 mm，环境类别为三类时，最大裂缝宽度计算值不应超过 0.25 mm。

4）建筑物防冻分析

水工建筑物结构和构件的混凝土抗冻等级应根据气候分区、冻融循环次数、表面局部小气候条件、水分饱和程度、结构构件重要性和检修条件等确定。根据各建筑物不同部位的要求，确定建筑物各部位混凝土抗渗、抗冻和强度等级，见表 5.2-6。

表 5.2-6 混凝土抗渗、抗冻和强度等级表

序号	部位	强度等级	抗渗等级	抗冻等级
1	泄洪闸底板、闸墩	C25	W4	F100
2	东、北放水涵洞身	C25	W4	F100
3	排架、启闭机房	C30	—	F100
4	垫层	C15	—	—

5.3 工程加固情况分析

2004 年水库加固的主要内容如下：

（1）大坝：坝基防渗采用高压旋喷墙，坝身防渗采用黏土井柱，上游护坡重新翻修，下游加厚坝坡并设抗震平台，改建坝后排水沟及草皮护坡，修复坝顶混凝土路面。

(2) 泄洪闸:上游空箱挡土墙拆除重建,闸墩以上拆除重建,陡坡浆砌块石挡土墙拆除重建,陡坡和挑流鼻坎加 25.0 cm 钢筋混凝土面层。鼻坎下排架用 80.0 cm 厚混凝土封闭,两边用浆砌块石封闭,冲坑下开挖到最终底高程为 17.0 m,用 50.0 cm 钢筋混凝土护砌,用锚筋锚固于基岩中,冲坑后护砌长度 50.0 m 与原渠道连接。

(3) 非常溢洪道:加宽浆砌块石堰,重新加宽加高砌筑自溃坝,当库水位超过 100 年一遇时,采用人工爆破方式启用非常溢洪道。

(4) 北放水涵:在洞内喷射钢筋网混凝土,洞外沿洞壁做两道黏土灌浆,更换闸门与启闭机,洞身在坝后接长 12.0 m。(据管理人员介绍,该涵洞内钢筋混凝土衬砌最终未实施,仅喷射一层丙乳砂浆。)

(5) 东放水涵:更换主闸门与启闭机,重新浇筑钢筋混凝土检修门,更换启闭机,增加干砌块石护砌上下游各 20.0 m。

(6) 大坝增设安全监测及自动化设施。主要设有表面变形观测、渗流压力监测、上游水位监测、坝址降雨量监测、渗流量监测等。

5.4 水库安全鉴定主要结论分析

一、原有建筑物的主要检测结论

(1) 大坝断面尺寸检测

燃灯寺水库大坝坝顶高程大于设计高程,坝顶宽度均大于或等于设计宽度,迎水侧坡比检测 20 个点,其中大于或等于设计坡比共 19 个点,合格率为 95%;背水侧坡比检测 27 个点,其中大于或等于设计坡比共 24 个点,合格率为 88.9%。

(2) 大坝压实度检测

燃灯寺大坝坝体填筑土料钻芯取样检测压实度值共取 20 个土样,压实度大于等于 96%的有 15 个,合格率为 75.0%,不满足规范要求;燃灯寺大坝黏土井柱填筑土料钻芯取样检测压实度值共取 20 个土样,压实度大于等于 96%的有 15 个,合格率为 75.0%,不满足规范要求。

(3) 防渗墙无损检测

根据高密度电法测试成果,黏土井柱防渗墙均匀性略差;高喷防渗墙均匀性、连续性较好。

(4) 北放水涵洞控制闸

1) 放水隧洞控制闸主体为浆砌石结构,该建筑物整体结构外观质量基本良好,未发现影响结构安全的破损和异常变形。放水涵洞控制闸及出口段局部质量缺陷如下:

① 放水涵洞控制闸栈桥柱、板混凝土表面老化严重,局部存在钢筋锈胀。

② 放水涵洞出口段护坡多处开裂，最大缝宽约 3 cm，水位变化区域尤为严重。

2）回弹法抽检的控制闸栈桥柱、板的混凝土现龄期抗压强度推定值分别为 33.6 MPa 和 31.3 MPa，出口段右岸护坡混凝土现龄期抗压强度推定值为 29.3 MPa。

3）抽检的栈桥柱、栈桥板测点碳化深度均值大于混凝土保护层厚度，局部钢筋存在锈蚀隐患，现场检测发现栈桥柱、板局部存在锈胀缝。

4）抽检的放水涵洞侧墙砌筑砂浆抗压强度推定值为 10.1 MPa～10.5 MPa。

（5）溢洪道

1）浆砌石翼墙、闸墩外观良好，无砂浆、砌石脱落等外观缺陷。溢流面平整，消力池完整，无明显外观质量缺陷。

2）交通桥老化严重，外观质量缺陷如下：

① 交通桥右岸护坡多处开裂，最大缝宽约 5 cm。

② 交通桥桥墩挡墙老化、开裂。交通桥拱圈桁架弦杆多处锈胀，拱圈钢筋局部锈胀。交通桥板局部开裂。

3）分洪闸外观质量缺陷如下：

① 闸门止水老化失效、多处漏水。

② 闸门区格梁老化、钢筋锈胀，局部混凝土脱落。

③ 排架柱局部箍筋锈胀、露筋。

4）抽检的交通桥拱圈混凝土现龄期抗压强度推定值为 35.2 MPa～36.3 MPa，桥墩混凝土现龄期抗压强度推定值为 36.1 MPa。抽检的分洪闸排架柱混凝土现龄期抗压强度推定值为 36.5 MPa～38.3 MPa。

5）抽检的交通桥拱圈、桥墩和分洪闸排架柱测点碳化深度均值大于混凝土保护层厚度，局部钢筋存在锈蚀隐患，现场检测发现交通桥拱圈、桥墩和分洪闸排架柱局部存在锈胀缝及露筋现象。

（6）大坝迎水面护坡

迎水面护坡为干砌石结构，防浪墙为浆砌石结构，整体结构外观质量基本良好。混凝土防浪墙局部存在开裂现象，缝宽约 5 mm，干砌护坡水位变化区域普遍存在砌缝拉大现象，缝宽约 5 cm。干砌护坡局部存在块石缺失现象。

二、水库安全鉴定主要结论

2018 年 11 月，凤阳县水务局组织专家对燃灯寺水库进行安全鉴定，形成了《大坝安全鉴定报告书》。根据《大坝安全鉴定报告书》，燃灯寺水库的安全鉴定结论如下：

（1）复核洪水标准为 100 年一遇设计，5 000 年一遇校核，坝顶高程满足规范要求。

（2）根据《中国地震动参数区划图》(GB 18306—2015)，水库坝址区地震动峰值加速度为 0.10 g，相应地震基本烈度为 7 度。大坝局部坝段下游坝坡抗震稳定安全系数不满足规范要求,泄洪闸闸室及放水涵均为圬工结构,不满足结构抗震安全要求。

(3) 经计算,大坝渗流稳定性满足规范要求;由于下游坝坡未设反滤体,下游坝脚出现多处渗水点。

(4) 经抗滑稳定分析,大坝下游坝坡局部抗滑稳定安全系数不满足规范要求。

(5) 大坝坝体沉降基本正常,部分坝顶路面局部开裂;防浪墙局部砂浆抹面脱落、墙体局部开裂、倾斜;上游干砌石护坡局部缺损松动;大坝背水坡发现白蚁活动迹象。

(6) 泄洪闸闸门不能正常启闭,影响洪水安全下泄。

(7) 大坝安全监测与管理设施不完善。

(8) 非常溢洪道为浆砌石低堰结构,上游护坦偏短,下游消能设施不完善,无海漫等防冲设施;两侧顺水流方向岸坡未护砌;非常溢洪道与东涵之间的隔堤低矮;出水口不畅。

5.5 加固工程总体布置方案研究

除险加固后,燃灯寺水库工程总体布置基本保持不变。水库枢纽仍由大坝、泄洪闸、非常溢洪道、放水涵洞等组成。

大坝为均质土坝,全长 1 360.0 m,坝顶宽为 6.0 m,最大坝高 25.5 m,坝顶高程为 47.50 m,防浪墙顶高程为 48.70 m,大坝迎水坡为干砌石护坡,坡比为 1.0∶3.0～1.0∶3.5,背水坡一级马道高程为 38.90 m,马道以上坡比为 1.00∶2.75,马道以下坡比为 1.0∶3.5,桩号 0+600～0+870 段设压重平台。背水坡均为草皮护坡。大坝上游对破损的干砌石护坡(高程 45.00 m 以上)维修加固。

泄洪闸位于大坝东端,原址处拆除重建,重建闸室采用钢筋混凝土开敞式结构,3 孔一联整体式底板,顺水流向长 21.0 m,垂直水流向宽 21.0 m。闸底板顶高程为 36.50 m,底板厚 1.5 m。采用平板钢闸门挡水,闸室上游侧设置检修门槽。闸墩顶高程为 47.50 m,中墩厚 1.5 m,边墩厚 1.5 m。闸室顶部布置检修桥、启闭机房和交通桥等。闸室上游侧设钢筋混凝土铺盖,顺水流向长 15.0 m,厚 0.5 m,顶面高程为 36.50 m。根据现状地形,上游翼墙采用不对称布置,上游左岸翼墙分为 3 段。第一段为钢筋混凝土为扶壁空箱式结构,墙顶高程为 47.50 m～43.50 m;第二段为钢筋混凝土扶壁式结构,墙顶高程为 43.50 m;第三段为钢筋混凝土为悬臂式结构,墙顶高程为 43.50 m;上游右岸翼墙采用钢筋混凝土空箱扶壁式结构,墙顶高程为 47.50 m～45.20 m。闸室下游接 C25 钢筋混凝土泄槽及挑流消能工,泄槽坡比为 1.0∶6.0,底板厚 0.6 m,底部设置锚筋,梅花形布置,长 8.0 m。挑流鼻坎挑角为 35°,半径为 12.0 m。泄槽两侧为"一"字形翼墙,墙顶高程为 33.70 m。翼墙根据高度不同分为钢筋混凝土扶壁式、悬臂式结构,翼墙与泄槽底板之间缝宽 20 mm,缝内设两道紫铜片止水。

泄洪闸闸室两侧不设岸墙，边墩直接挡土，回填土料与大坝一致。桥头堡布置在闸室右侧，采用灌注桩基础。桥头堡3层，平面尺寸为8.1 m×10.0 m。桥头堡主要用于柴油发电机室、电气设备室、办公室、值班室等。闸上交通桥顶高程为47.50 m，桥面净宽为6.0 m。启闭机房地面高程为56.10 m，宽为5.4 m，总长为21.0 m。房内布置3台启闭机和相应的电气设备。启闭机主梁采用"π"形预制钢筋混凝土结构，梁高1.0 m。工作闸门采用平面钢闸门挡水，闸门尺寸为5.0 m×5.5 m(宽×高)，门顶高程为42.80 m，高于正常蓄水位0.5 m。闸门采用QP-2×320 kN卷扬式启闭机启闭，闸门、启闭机共3台套。闸室设钢质叠梁式检修闸门，检修闸门采用移动式卷扬启闭机，悬挂于启闭机排架伸出的牛腿上。

非常溢洪道位于水库东岸，该除险加固设计基本维持现状，在堰顶的均质土坝上、下游增设浆砌石护坡，上游接长浆砌石护底15.0 m，下游接长浆砌石护底30.0 m。同时，堰体两岸上、下游均增设浆砌石护坡，上游长40.0 m，下游长60.0 m。该除险加固增设的浆砌石护坡、护底厚度均为0.4 m，下设碎石垫层0.1 m。

北放水涵洞于原址拆除重建，设计流量4.0 m^3/s，单孔钢筋混凝土结构，孔口尺寸为2.0 m×2.5 m(宽×高)。涵洞全长40.7 m，由进口连接段、控制闸段、洞身段、出口连接段组成。

东放水涵洞于原址拆除重建，设计流量2.5 m^3/s，单孔钢筋混凝土结构，孔口尺寸为2.0 m×2.0 m(宽×高)。涵洞全长27.8 m，由进口连接段、控制闸段、洞身段、出口连接段组成。

5.6 主要建筑物加固方案研究

一、大坝加固方案研究

(1) 下游坝坡加固方案

针对大坝主要为下游局部坝坡(0+600～0+870)抗滑稳定安全系数偏小等问题，常用的加固措施是采用抗滑桩或者培厚坝体，放缓边坡。培厚放缓坝坡的部位应靠近坝高的下部，最危险滑动面滑出点上下一定范围内。从坝体排水的角度来说，加固培厚土料的透水性应不小于原坝体，否则应设排水层，将原坝体渗水顺畅地导出坝外。培厚加固的布置应兼顾整体稳定和局部稳定，并不得降低原坝体的稳定安全度。

燃灯寺水库曾发生过局部浅层滑坡。根据地质勘探成果，坝体填筑土料多样，压实质量不均匀。该除险加固对下游坝坡采取压重或搅拌桩处理，同时清除表层1.5 m～2.0 m，重新培厚，坝顶宽度维持6.0 m宽不变。

下游坝体表层土含砂砾料较多，为节省工程投资，考虑将大部分表层土重新翻压后仍用作坝体下游填筑料，且利于坝体排水。料场土料黏粒含量不宜太高，如黏粒含量大于25%，可考虑将料场土与坝坡土拌和均匀后再填筑坝体。下游坝体填筑料的压实度不小于0.96。

1）加固方案选择

如前所述，下游坝坡局部段(0＋600～0＋870)抗滑稳定安全系数不满足规范要求，较规范值小10.0%～16.9%。该除险加固方案拟采取坝脚设压重平台(方案一)和搅拌桩(方案二)进行比较。

方案一：坝脚设压重平台

由于坝脚处第④层的厚度较大，力学参数指标较小，在大坝桩号0＋600～0＋870段设置压重平台，压重平台高程36.00 m，顶宽12.0 m，边坡1.0∶3.5。坝脚下游填塘宽度8.0 m，边坡1.0∶3.5。

压重平台布置的剖面图见图5.6-1。

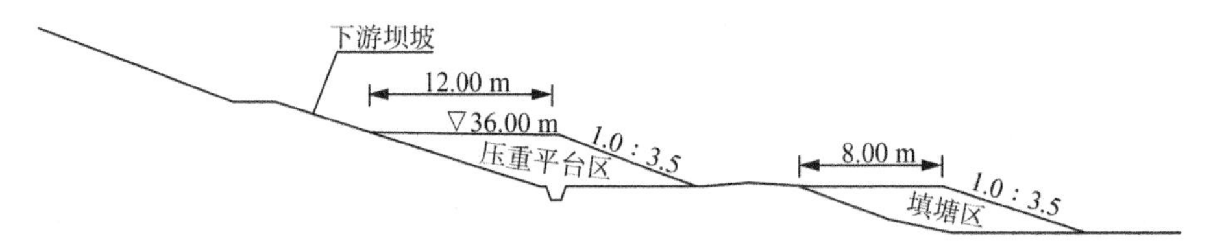

图5.6-1　压重平台布置图

经复核计算，坝坡稳定安全系数见表5.6-1，满足规范要求。

表5.6-1　坝坡稳定计算成果表(压重平台方案)

运用条件	计算工况	上游坝坡安全系数	下游坝坡安全系数	抗滑稳定系数允许最小值
正常运用	正常蓄水位稳定渗流期	1.48	1.36	1.30
	设计洪水位稳定渗流期	1.48	1.36	
非常运用条件Ⅰ	校核洪水位稳定渗流期	1.54	1.37	1.20
	校核洪水位降至汛限水位	1.38	—	
	汛限水位降至正常蓄水位	1.20	—	
非常运用条件Ⅱ	正常蓄水位遇地震	1.26	1.15	1.15

方案二：搅拌桩加固土体

坝脚处第④层中粉质壤土的力学参数指标较小，拟采用水泥土搅拌桩加固土体，提高该层土的力学指标。搅拌桩桩径0.5 m，间距1.2 m，正三角形布置。搅拌桩布置9排，平均桩长11.0 m，桩端深入第⑤层粉质黏土1.0 m。相关计算见表5.6-2。

表 5.6-2 搅拌桩加固土体计算成果表

	第③层	第④层	备注
土层黏聚力 c_1(kPa)	35	10	
土层内摩擦角 Φ_1(°)	9	8	
搅拌桩直径 d(m)	0.5	0.5	
搅拌桩间距 s(m)	1.2	1.2	
搅拌桩置换率 $m=d^2/d_e^2$	15.75%	15.75%	
搅拌桩的黏聚力 c_2(kPa)	200	200	一般取无侧限抗压强度的 20%～30%
搅拌桩的内摩擦角 Φ_2(°)	20	20	一般为 20°～30°
综合黏聚力 $c_3=mc_2+(1-m)c_1$(kPa)	61.0	39.9	
综合内摩擦角 $\Phi_3=m\varphi_2+(1-m)\varphi_1$(°)	10.7	9.9	
黏聚力采用值 c_4(kPa)	45.7	29.9	取计算值的 75%
内摩擦角采用值 φ_4(°)	9.7	8.9	取计算值的 90%

搅拌桩布置的剖面图见图 5.6-2。

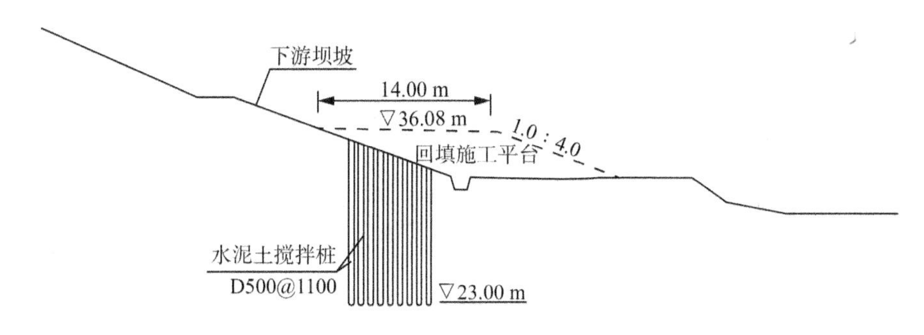

图 5.6-2 搅拌桩布置图

经复核计算，坝坡稳定安全系数见表 5.6-3，满足规范要求。

表 5.6-3 坝坡稳定计算成果表(搅拌桩加固方案)

运用条件	计算工况	上游坝坡安全系数	下游坝坡安全系数	抗滑稳定系数允许最小值
正常运用	正常蓄水位稳定渗流期	1.48	1.32	1.30
	设计洪水位稳定渗流期	1.51	1.32	
非常运用条件Ⅰ	校核洪水位稳定渗流期	1.54	1.32	1.20
	校核洪水位降至汛限水位	1.38	—	
	汛限水位降至正常蓄水位	1.20	—	
非常运用条件Ⅱ	正常蓄水位遇地震	1.26	1.16	1.15

两种方案主要技术经济比较见表 5.6-4。

表 5.6-4　坝体抗滑稳定处理方案技术经济比较表

项目	坝脚设压重平台	坝下游搅拌桩加固
优点	① 施工工艺简单，工期短 ② 总投资较小	① 不改变坝下交通，不增加工程占地，对周围环境影响小 ② 基本不改变下游坝坡现状，坝坡较平顺
缺点	① 改变了现状坝下交通，对附近居民出行影响较大；且坝脚紧邻池塘，需填塘处理，增加工程占地，对周围环境有影响 ② 下游坝坡呈现多种坡比，与相邻坝段连接较复杂，坝体美观性较差	① 施工工艺较复杂，工期长 ② 搅拌桩加固土体的力学指标提高值难以准确确定 ③ 投资增加较多
可比投资(桩号0＋600～0＋870)	土方开挖 0.54 万 m^3，土方填筑 3.92 万 m^3，道路增加约 100 m，工程占地约 21.0 亩，可比投资约 109.3 万元	搅拌桩直径 0.5 m，间距 1.1 m，平均桩长 11.0 m，共 9 排，可比投资约 162.0 万元

从表中可以看出，压重平台方案投资节省 52.7 万元。搅拌桩方案施工工艺较复杂、工期长，压重平台方案施工工艺简单、工期短、投资少，因此推荐采用压重平台方案。

2）压重平台布置

在大坝桩号 0＋600～0＋870 段设置压重平台，压重平台高程为 36.00 m，顶宽 12.0 m，边坡比 1.0∶3.5。坝脚下游填塘宽度 8.0 m，边坡比 1.0∶3.5。压重平台及填塘的填土压实度不小于 0.93。

3）老河槽段坝坡加固方案

大坝老河槽段长度约 210.0 m(坝轴线方向)，现状坝脚高程约为 28.50～29.00 m，坝坡分三级，一级马道高程为 38.80 m，二级马道高程为 35.00 m。坝下道路高程起伏较大，行车不便。为了改善下游交通，同时使加固后的下游坝坡平顺、美观，结合大坝压重平台布置，考虑调整老河槽段下游坝坡布置，抬高坝脚高程至 33.00 m 与压重平台坡脚基本一致。平台宽 10.0 m，以 1.0∶3.5 的边坡与现状地面顺接。

老河槽段坝坡加固剖面图见图 5.6-3。

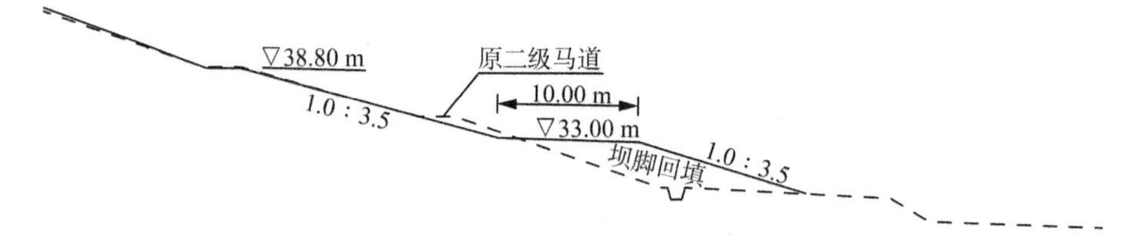

图 5.6-3　老河槽段坝坡加固布置图

4）坝坡加固加固方案

加固后的下游坝坡设一级马道，高程分别为 38.80 m，桩号 0＋600～0＋870 段设置压重平台，平台顶高程为 36.00 m，宽 18.0 m。马道宽 3.0 m，马道以上坡比为 1.00∶2.75，以下坡比为 1.0∶3.5。大坝背水坡均为草皮护坡。

马道上游侧设纵向排水沟，尺寸为 0.3 m×0.5 m(宽×高)。坝脚排水沟深 1.0 m，上游侧为干砌石，护底、下游侧为现浇混凝土。横向排水沟尺寸为 0.3 m×0.5 m(宽×高)，每隔 100.0 设置一道。

(2) 坝顶加固方案

现状坝顶挡浪墙为浆砌石和砌砖混合结构，外表面砂浆抹面，挡浪墙存在表面裂缝、局部前倾等问题。现状坝顶道路为混凝土结构，表面裂缝较多，破损严重。该除险加固拟考虑对挡浪墙和坝顶道路进行维修加固和拆除重建两个方案进行比选。

方案一：挡浪墙局部开裂段及前倾段拆除重建，其余段维修加固

经现场检查，挡浪墙开裂、前倾段约 300.0 m，道路严重破损段约 200.0 m。下游坝坡翻压加固时，现状坝顶道路右侧 3.0 m 在坝坡开挖影响范围内。本方案具体内容为：

① 拆除坝坡翻压影响范围内的坝顶道路；

② 拆除坝坡挡浪墙开裂、前倾段；

③ 加固其余坝顶道路破损严重段；

④ 挡浪墙拆除段新建钢筋混凝土挡浪墙，剩余段表面砂浆凿毛、喷环氧砂浆；

⑤ 恢复拆除部分的坝顶道路，加铺沥青层。

方案二：挡浪墙、坝顶道路全部拆除重建

拆除现状挡浪墙和坝顶道路，新建挡浪墙为 C25 钢筋混凝土结构，高 4.0 m，底宽 2.5 m，立墙厚 0.3 m，底板厚 0.4 m，挡浪墙顶高程为 48.70 m。坝顶道路改建为沥青混凝土路面，宽 6.0 m，沥青层厚 0.1 m，下设水泥稳定料厚 0.2 m，级配碎石底基层厚 0.2 m。

两个方案主要技术经济比较见表 5.6-5。

表 5.6-5　坝顶道路及挡浪墙加固方案技术经济比较表

项目	方案一	方案二
优点	① 总工程量小，投资节省	① 坝顶挡浪墙结构统一，整体美观度较好 ② 坝顶道路基础一致，后期不易产生裂缝
缺点	① 挡浪墙分为混凝土、浆砌石、砖砌石三种结构，外立面不统一，整体美观度差 ② 新做路面位于回填土上，与原有路面的地基不均匀，后期容易产生裂缝	投资有所增加
投资	挡浪墙：155.4 万元 坝顶道路：187.9 万元 环氧砂浆：50.0 万元 拆除工程：20.0 万元 投资合计：413.3 万元	挡浪墙：301.9 万元 坝顶道路：351.0 万元 拆除工程：30.0 万元 投资合计：682.9 万元

从表 5.6-5 中可以看出，采用加固方案虽然投资会节省 269.6 万元，但是挡浪墙结构型式多样，整体外观不统一，且坝顶道路加固后容易发生不均匀沉降而产生裂缝，坝顶总体加固效果较差。因此推荐方案二，即拆除现状坝顶挡浪墙和混凝土路面，新建钢筋混凝土结构挡浪墙和沥青混凝土路面。

新建挡浪墙为C25钢筋混凝土结构，高4.0 m，底宽2.5 m，立墙厚0.3 m，底板厚0.4 m，挡浪墙顶高程48.70 m。坝顶道路改建为沥青混凝土路面，厚0.1 m，下设水泥稳定料厚0.2 m，级配碎石底基层厚0.2 m。坝顶宽度为6.0 m，下游侧设0.3 m×0.9 m(宽×高)的路缘石。为有效排除坝顶积水，坝顶路面倾向下游横坡为2%，同时在坝顶设Φ100 mm铸铁管，间距5 m，与纵向Φ150 mm铸铁管连接，汇水至大坝横向排水沟内。

加固后的坝顶挡浪墙及道路见图5.6-4。

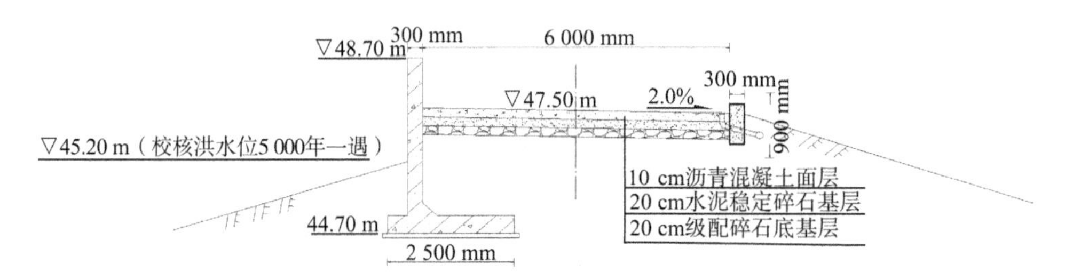

图5.6-4 加固后挡浪墙和坝顶道路图

坝顶挡浪墙稳定计算见表5.6-6、表5.6-7。

表5.6-6 挡浪墙稳定复核工况及荷载组合表

荷载组合	计算工况	水位(m)		荷载						备注
		墙前	墙后	自重	水重	静水压力	扬压力	土压力	地震荷载	
基本组合	完建期	无水	无水	√	—	—	—	√	—	
特殊组合	校核洪水期	45.20	45.20	√	√	√	√	√	—	
	地震期	无水	无水	√	√	√	√	√	√	

表5.6-7 挡浪墙稳定计算成果表

荷载组合	计算工况	抗滑稳定安全系数		基底应力(kPa)				基底应力不均匀系数	
		计算值	允许值	σ	σ_{max}	σ_{min}	[σ]允许值	计算值	允许值
基本组合	完建期	1.60	1.25	54.5	67.2	41.8	100	1.61	2.00
特殊组合	校核洪水期	1.41	1.15	50.4	63.2	37.0		1.71	2.50
	地震期	1.12	1.05	54.5	73.9	35.1		2.10	2.50

从表中可以看出，挡浪墙的抗滑稳定安全系数、基底应力及不均匀系数均满足规范要求，拟定的挡浪墙断面合理。

(3) 上游坝坡加固方案

上游坝坡现状为干砌石护坡，根据鉴定结论，上游干砌石护坡局部缺损松动。该除险加固方案对护坡局部破损处(高程45.00 m以上)重新翻修，干砌石厚0.3 m，下设碎石垫层0.1 m。目前库水位以上部位干砌石护坡长度约12.5 m，该除险加固按20%的破损率暂列工程量，即顺坡向长 2.5 m，沿坝轴线方向全长布置。

(4) 大坝防渗布置

根据大坝 2004 年加固设计资料，大坝坝基防渗采用高压旋喷墙，范围 0＋350～1＋000，共 650.0 m，顶高程为 33.80 m，底高程为 21.54 m～23.20 m。坝身采用黏土井柱防渗，范围 0＋000～1＋285，共 1 285.0 m。黏土井柱的顶高程为 47.30 m，底高程为 32.80 m，井柱直径 1.5 m，间距 1.07 m。

根据现场注水试验，黏土套井的渗透系数为 10^{-5} cm/s，高压旋喷墙的渗透系数为 10^{-6} cm/s，均满足均质土坝渗透系数不大于 1×10^{-4} cm/s 的要求。

根据现场查勘，下游坝脚排水沟基本无渗水，局部可见少许水渍。分析其原因，可能为下游坝坡表层土较松散，降水时容易滞水，该表层滞水最终流入排水沟导致出现局部水渍。

根据渗流计算结果，各计算断面的出逸比降较小，计算值在 0.13～0.31 之间，小于坝身、坝基土的允许出逸比降 0.4～0.5，坝坡可不设贴坡反滤。

综合上述分析，可认为坝体防渗基本满足规范要求，该除险加固设计不再新增坝体截渗措施，亦不再增设贴坡反滤体。

(5) 白蚁防治

由于燃灯寺水库发生过白蚁危害，针对白蚁危害特点，结合大坝除险加固工程，加固方案决定对大坝进行全面综合防治。全面综合防治措施是针对白蚁危害大坝安全的途径、特点和过程设计而成，必须首先清除坝体内白蚁和白蚁巢体系统，然后对已经除去白蚁的大坝进行白蚁预防，最后进行环境灭蚁，给大坝创造一个没有白蚁危害的安全环境，确保在一段时期内没有能够通过迁移、分飞等途径危害大坝的白蚁源。这些步骤相辅相成，如有缺失将会大大降低白蚁防治的效果。

① 利用白蚁巢穴探测仪检查整个大坝，用于初步探测蚁巢位置；

② 挖取每个蚁巢需要在坝面上挖掘长度为 40 m 的探测沟，每条探测沟深 2 m，宽 2 m；

③ 在探测沟沟壁上检查，如发现蚁道，立刻向主巢方向追挖下去，直到挖出主蚁巢、副巢及空腔等。

对于距离大坝左右两端和坝脚 50 m 范围内进行白蚁灭治，灭治周期共需三年，前两年为主要灭治期，第三年为巩固期。通过三年的灭治，即可很大程度地降低大坝周围环境中的白蚁危害程度。

二、泄洪闸、非常溢洪道加固方案研究

(1) 加固方案比选

燃灯寺水库的洪水下泄通道为大坝东端的泄洪闸及库区右侧的非常溢洪道，其中非

常溢洪现状泄洪闸(下游)见图 5.6-5。道启用标准为百年一遇,启用方式为人工爆破。

图 5.6-5 现状泄洪闸(下游)

根据现场检测及安全鉴定结论,结合调洪演算成果,该除险加固初拟两个方案。

方案一:泄洪闸、非常溢洪道均维持原设计规模与启用标准,泄洪闸拆除重建,非常溢洪道拆除重建。

泄洪闸:新建泄洪闸共 3 孔,单孔 5.0 m。闸室采用钢筋混凝土开敞式结构,3 孔一联整体式底板,顺水流向长 21.0 m,垂直水流向宽 21.0 m。闸底板顶高程为 37.30 m,底板厚 1.5 m。采用平板钢闸门挡水,闸墩上游侧设置检修门槽。闸墩顶高程为 47.50 m,中墩厚 1.5 m,边墩厚 1.5 m。闸室顶部布置检修桥、启闭机房和交通桥等。闸室上游侧设钢筋混凝土铺盖,顺水流向长 15.0 m,厚 0.5 m,顶面高程为 36.80 m(末端 1.0∶10.0 与底板衔接)。闸室下游接 C25 钢筋混凝土泄槽及挑流消能工,泄槽坡比为 1.0∶6.0,底板厚 0.6 m,设置锚筋,梅花形布置,长 8.0 m。挑流鼻坎挑角为 35 度,半径为 12.0 m。泄槽两侧为"一"字形翼墙。

非常溢洪道:在原址拆除重建,堰顶高程仍维持原高程 42.30 m,与水库正常蓄水位一致。宽顶堰采用钢筋混凝土结构,宽 10.0 m,厚 0.6 m,堰顶高程同正常蓄水位 42.30 m,垂直水流向长 90.0 m。宽顶堰上、下游边坡比均为 1.0∶5.0。上游河底高程为 40.60 m,采用混凝土和浆砌石护底,分别长 10.0 m、20.0 m。下游接消力池,池深 1.0 m,池长 20.0 m,底板厚 0.8 m,下设反滤层。消力池末端接浆砌石海漫,长 30.0 m,厚 0.4 m,下设碎石垫层 0.1 m。海漫末端接抛石防冲槽,深 1.5 m。

宽顶堰顶设均质挡水坝,坝顶高程同 100 年一遇洪水位 43.78 m。坝顶两端与两侧道路以 1.0∶10.0 坡比顺接,坝顶路面宽 3.5 m,从上至下依次为沥青混凝土 10 cm、水泥稳定碎石基层 15 cm、级配碎石底基层 15 cm。坝坡上、下游坡比均为 1.0∶2.0,上游采用浆砌块石护坡，下游采用草皮护坡。

非常溢洪道启用标准为一百年一遇（即库区水位达到43.78 m并继续上涨时），启用方式为人工爆破。

方案二：鉴于现状非常溢洪道顶部已成为连接两岸村村通公路的一部分，且非常溢洪道启用频率低，爆破方式启用难度大，考虑非常溢洪道基本维持现状，通过调洪演算，库区洪水主要从泄洪闸下泄，遭遇大洪水时，洪水从非常溢洪道顶部溢流。

泄洪闸：新建泄洪闸共3孔，单孔5.0 m。闸室采用钢筋混凝土开敞式结构，3孔一联整体式底板，顺水流向长21.0 m，垂直水流向宽21.0 m。闸底板顶高程为36.50 m，底板厚1.5 m。采用平板钢闸门挡水，闸墩上游侧设置检修门槽。闸墩顶高程为47.50 m，中墩厚1.5 m，边墩厚1.5 m。闸室顶部布置检修桥、启闭机房和交通桥等。闸室上游侧设钢筋混凝土铺盖，顺水流向长15.0 m，厚0.5 m，顶面高程为36.50 m。闸室下游接C25钢筋混凝土泄槽及挑流消能工，泄槽坡比为1.0∶6.0，底板厚0.6 m，设置锚筋，梅花形布置，长8.0 m。挑流鼻坎挑角为35度，半径为12.0 m。泄槽两侧为“一”字形翼墙。

非常溢洪道：堰身维持现状，在现状均质土堰上、下游增设浆砌石护坡。非常溢洪道上游增设浆砌石护底、护坡，下游增设浆砌石海漫、抛石防冲槽等。

非常溢洪道顶部维持现状，高程约为43.80 m，顶宽3.5 m。堰身上、下游浆砌石护坡厚0.4 m，下设碎石垫层0.1 m。上游增设浆砌石护坡、护底长20.0 m，厚0.4 m，下设碎石垫层0.1 m。下游接浆砌石海漫，长30.0 m，厚0.4 m，下设碎石垫层0.1 m。海漫末端接抛石防冲槽，深1.5 m。下游增设护坡长50.0 m，厚0.4 m，下设碎石垫层0.1 m。

根据以上两个加固方案，其主要优缺点见表5.6-8。

表5.6-8 泄洪闸、非常溢洪道加固方案技术经济比较表

项目	方案一	方案二
优点	① 不改变水库现状调度运用方式； ② 非常溢洪道改建为混凝土结构，耐久性好	① 库区洪水主要通过泄洪闸下泄，调度运用相对简单，管理方便； ② 总体投资相对较省
缺点	① 非常溢洪道启用困难，管理不便； ② 总体投资有所增加	① 改变了水库现状调运方式； ② 泄洪闸泄量增加，下游河道消能防冲要求高
可比投资	2 250.0万元	2 133.0万元

从表中可以看出，采用方案二可减少投资约117.0万元。鉴于非常溢洪道启用频率低，方案二对工程管理较为便利，且投资较省，因此推荐方案二，即泄洪闸拆除重建，降低堰顶高程，非常溢洪道维修加固，大洪水时从堰顶溢流。

（2）泄洪闸加固设计

1）闸槛高程选择

泄洪闸具有蓄水、泄洪等功能，闸槛高程的选择，应在满足上述功能的前提下，根据现状场区地形、水流、工程地质条件等，综合考虑消能防冲要求，选择合适的过闸单宽流量，进行技术经济比较后确定。

闸孔规模主要与过闸单宽流量的选择及闸下的消能防冲设计有关。若闸槛高程定得太高，虽然可以防止淤积影响，但不利于泄洪，并且增大闸孔规模；若闸槛高程降低，可以减小闸孔规模，但增加了岸、翼墙的工程量，且闸槛高程过低，闸室内易产生泥沙淤积。泄洪闸位于大坝右坝肩处，闸墩顶（坝顶）高程为 47. 50 m。老闸拆除后，基面高程为 34. 70 m 左右，下游河床高程约为 26. 80 m，高差近 8. 0 m。泄洪闸为拆除重建工程，地基为岩基，新闸的建基面宜结合拆除后的开挖面。综合考虑上述因素，结合调洪演算成果，本工程闸底板顶高程确定为 36. 50 m，比现状堰顶高程低 0. 8 m。

2）闸孔孔径确定

泄洪闸的总净宽为 15. 0 m，由于总净宽较小，在闸孔数量比较少的情况下闸孔数宜采用单数，因此可选择闸孔为单孔 15. 0 m 或者 3 孔 5. 0 m。如选择单孔 15. 0 m，则底板、闸墩内力较大，同时闸门启门力大，因此闸孔孔径选择 3 孔 5. 0 m。

3）闸室布置方案

泄洪闸位于大坝东端，闸室采用钢筋混凝土开敞式结构，3 孔一联整体式底板，顺水流向长 21. 0 m，垂直水流向宽 21. 0 m。闸底板顶高程 36. 50 m，底板厚 1. 5 m。采用平板钢闸门挡水，闸墩上游侧设置检修门槽。闸墩顶高程为 47. 50 m，中墩厚 1. 5 m，边墩厚 1. 5 m。闸室顶部布置检修桥、启闭机房和交通桥等。闸室上游侧设钢筋混凝土铺盖，顺水流向长 15. 0 m，厚 0. 5 m，顶面高程为 36. 50 m。根据现状地形，上游翼墙采用不对称布置，上游左岸翼墙分为 3 段。第一段为钢筋混凝土为扶壁空箱式结构，墙顶高程 43. 30 m～47. 50 m；第二段为钢筋混凝土扶壁式结构，墙顶高程 43. 50 m；第三段钢筋混凝土悬臂式结构，墙顶高程 43. 50 m；上游右岸翼墙为钢筋混凝土空箱扶壁式结构，墙顶高程 45. 20 m～47. 50 m。闸室下游接 C25 钢筋混凝土泄槽及挑流消能工，泄槽坡比为 1∶6，底板厚 0. 6 m，设置锚筋，梅花形布置，长 8. 0 m。挑流鼻坎挑角为 35 度，半径为 12. 0 m。泄槽两侧为“一”字形翼墙，墙顶高程为 33. 70 m。翼墙根据高度不同分为钢筋混凝土扶壁式、悬臂式结构，翼墙与泄槽底板之间缝宽 20 mm，缝内设两道紫铜片止水。

泄洪闸闸室两侧不设岸墙，边墩直接挡土，回填土料与大坝一致。桥头堡布置在闸室右侧，采用灌注桩基础。桥头堡 3 层，平面尺寸为 8. 1 m×10. 0 m。桥头堡主要用于闸门门库、电气设备室、办公室、值班室等。闸上交通桥顶高程为 47. 50 m，桥面净宽 6. 0 m。启闭机房地面高程 56. 10 m，宽 5. 4 m，总长 21. 0 m。房内布置 3 台启闭机和相应的电气设备。启闭机主梁采用“π”形预制钢筋混凝土结构，梁高 1. 0 m。工作闸门采用平面钢闸门挡水，闸门尺寸为 5. 0 m×5. 5 m（宽×高），门顶高程为 42. 80 m，高于正常蓄水位 0. 5 m。闸门采用 QP－2×320 kN 卷扬式启闭机启闭，闸门、启闭机共 3 台套。闸室设钢质叠梁式检修闸门，检修闸门采用移动卷扬式启闭机，悬挂于启闭机排架伸出的牛腿上。

4）防渗排水布置方案

闸室、泄槽底板位于强风化砂砾岩上，岩基的抗渗稳定满足规范要求。

为防止发生侧向绕渗，该方案在两侧边墩上分别设一道刺墙。刺墙与闸墩固结，长 2.0 m，厚 0.8 m。闸室两侧回填 10%水泥土，顶高程高于校核洪水位 0.5 m。

为有效排除泄槽底部渗水，在泄槽底板下面布置纵横向排水沟，通过软式排水管排至泄槽下游。

5）泄槽布置方案

泄洪闸下游接泄槽，底板起点顶高程平闸底板高程为 36.50 m，坡比为 1.0∶6.0，采用直线段接挑流消能反弧段布置，底板厚 0.6 m。泄槽底板位于全风化砂砾岩上，为增强底板的稳定性，底板上设锚筋，长 8.0 m，间距 2.0 m，呈梅花形布置。

泄槽及挑流消能段顺水流向总长 48.2 m。泄槽段长度为 31.5 m，分三段布置，分别长 10.0 m、10.0 m、11.5 m，末端设钢筋混凝土重力式挡墙，以维持泄槽底部基岩的稳定性。挑流消能反弧段半径为 12.0 m，挑流角为 35.0 度。反弧段切角为 9.46 度，最低点高程 29.84 m，挑坎尾端高程为 32.01 m。泄槽两侧挡墙根据计算水深和墙后挡土要求，第一、第二段采用扶壁式翼墙，和悬臂式结构，墙顶高程由 46.10 m 渐变至 36.50 m。

挑流消能反弧段顺水流向长度为 16.7 m，墙顶高程为 36.50 m，底板建基面高程为 24.90 m，位于全风化砂砾岩上。为增强反弧段的整体稳定性，泄槽底板、闸墩、重力式挡墙均为固结，泄槽底板以下两侧边墩厚度为 1.5 m，中墩厚度为 1.2 m，边墩、中墩之间设两道纵梁拉结，宽 1.2 m，高 1.0 m。泄槽底板以上边墩厚度为 1.2 m，为悬臂式结构。为与泄槽两侧坝坡及下游河道衔接，反弧段两侧设“一”字形挡土墙，均为钢筋混凝土扶壁式结构，位于全风化砂砾岩上，左、右岸长度分别为 18.7 m、22.3 m。

6）消能方式比选

泄洪建筑物常用的消能工型式有挑流消能、面流消能、消力戽消能及底流消能，各消能工型式针对本工程的适用性分析如下：

① 底流消能

底流消能适用于中、低水头坝（闸），是通过水跃，将泄水建筑物泄出的急流变为缓流，以消除多余动能的消能方式，具有流态稳定、对地质条件和尾水位变幅适应性强的特点，且出池水流为缓流，对河床和两岸的冲刷均较小。但本工程泄洪闸堰顶至下游河床高差较大（约 10.0 m），如采用底流消能，消力池池深较大，池长较长，岩石开挖量大，且池后余能仍较大，对下游河道、边坡冲刷仍较严重，因此底流消能不适用于本工程。

② 面流消能

面流消能适用于下游尾水较深，流量变化范围小，水位变幅不大，河床和两岸在一定范围内有较高抗冲能力的工程。本工程下游河床水位低且水深变幅较大，河床表层第四系覆盖层及两岸抗冲能力差，不具备采用面流消能的条件。

③ 消力戽消能

消力戽消能是利用淹没挑水坎将水流挑向水面，形成旋滚和涌浪，适用于下游尾水较深(大于跃后水深)且变幅小，以及下游河床和两岸有一定抗冲能力的河道。本工程下游河床水位低且水深变幅较大，河床表层第四系覆盖层及两岸抗冲能力差，不具备采用消力戽消能的条件。

④ 挑流消能

挑流消能适用于坚硬岩石上的高坝、中坝，是利用泄水建筑物出口处的挑流鼻坎，将下泄急流抛向空中，然后落入离建筑物较远的河床，与下游水流相衔接的消能方式。本工程泄洪闸堰顶高程 36.50 m，泄洪时下游最高水位 29.00 m，具备布置挑流鼻坎和形成安全挑距所需的挑流空间，因此挑流消能适合本工程。

综上所述，底流消能、面流消能及消力戽消能均不适合本工程，而挑流消能方案从总体上与泄水建筑物的地形、地质及水流条件和枢纽布置较适应，因此本工程推荐以挑流方案作为下游消能防冲方案。

7) 消能防冲布置方案

根据水力计算，下游消能采用挑流消能，挑流鼻坎挑角为 35.0 度，反弧段半径为 12.0 m，满足要求。

为防止下泄水流对下游的冲刷，现状消力池末端护底接长 30.0 m，采用现浇混凝土结构，厚 0.6 m，分块尺寸 2.0 m×2.0 m。两岸护坡接长 30.0 m，采用现浇混凝土结构，厚 0.4 m，下设碎石垫层 0.1 m。

8) 水力计算

① 泄流能力计算

泄洪闸泄流能力按堰流公式计算：

$$Q=\sigma_s\sigma_c\, mB(2g)^{1/2}H_0^{\ 3/2}$$

式中：

Q——流量；

σ_s——淹没系数，当泄洪闸为自由出流，σ_s 取 1.0；

σ_c——侧收缩系数，取 0.92；

m——流量系数；

B——泄洪闸总净宽；

H_0——计入行近流速水头的堰上总水头。

各工况下洪水下泄流量见表 5.6-9。由计算结果可知，在设计洪水位、校核洪水位时，泄洪闸下泄流量均满足要求，且略有富余。

表 5.6-9 泄洪闸过流能力计算表

工况	库水位(m)	σ_s	σ_c	B	H	m	计算值 $Q(m^3/s)$	设计值 $Q(m^3/s)$	备注
正常蓄水	42.300	1.0	0.92	15.0	5.80	0.385	336.0	/	敞泄
30 年一遇洪水	42.948	1.0	0.92	15.0	6.45	0.385	395.1	377.1	大 4.8%
设计洪水	43.581	1.0	0.92	15.0	7.08	0.385	453.2	434.0	大 4.4%
校核洪水	45.113	1.0	0.92	15.0	8.61	0.385	609.7	582.1	大 4.7%

② 泄槽段水面线及掺气水深计算

泄槽水面线根据能量方程用分段求和法计算，计算公式如下：

$$\Delta L_{1-2}=\frac{\left(h_2\cos\theta+\frac{\alpha_2 v_2^2}{2g}\right)-\left(h_1\cos\theta+\frac{\alpha_1 v_1^2}{2g}\right)}{i-\overline{J}}$$

$$\overline{J}=\frac{n\overline{v}^2}{\overline{R}^{4/3}}$$

式中：ΔL_{1-2}——分段长度，m；

h_1、h_2——分段始、末断面水深，m；

v_1、v_2——分段始、末断面平均流速，m/s；

α_1、α_2——流速分布不均匀系数，取 1.05；

θ——泄槽底坡角度，(°)；

i——泄槽底坡，$i=\tan\theta$；

$\overline{J}$——分段内平均摩阻坡降；

n——泄槽槽身糙率系数；

$\overline{v}$——分段平均流速，m/s；

$\overline{R}$——分段平均水力半径，m。

起始计算断面水深 h_1 按下式计算：

$$h_1=\frac{q}{\varphi\sqrt{2g(H_0-h_1\cos\theta)}}$$

式中：q——起始计算断面单宽流量，$m^3(s\cdot m)$；

H_0——起始计算断面渠底以上总水头，m；

φ——起始计算断面流速系数，取 0.95。

泄槽段水流掺气水深 h_b 按下式计算：

$$h_b=\left(1+\frac{\zeta v}{100}\right)h$$

式中：h——泄槽计算断面的水深，m；

h_b——泄槽计算断面的掺气水深，m；

ζ——修正系数，可取为(1.0～1.4)s/m，流速大者取大值；

v——不掺气情况下泄槽计算断面的流速。

分别选取校核洪水、设计洪水位和设计消能、正常蓄水四种工况计算堰后各控制段水深及掺气水深，计算结果详见表5.6-10。

表5.6-10　溢洪道堰后泄槽各控制段水深及掺气水深表

工况		正常蓄水	30年一遇洪水	设计洪水	校核洪水
桩号0+000	断面水深(m)	2.09	3.72	4.08	4.97
	掺气水深(m)	2.31	3.99	4.38	5.38
桩号0+020	断面水深(m)	1.54	1.95	2.19	2.81
	掺气水深(m)	1.77	2.22	2.50	3.21
桩号0+040	断面水深(m)	1.31	1.60	1.81	2.34
	掺气水深(m)	1.54	1.87	2.36	3.08

由表中可知，溢洪道泄槽边墙设计顶高程满足要求。

③ 消能计算

A　挑距计算

根据《溢洪道设计规范》(SL 253—2018)，挑流水舌外缘挑距可按下式计算：

$$L=\frac{1}{g}\left[v_1^2\sin\theta\cos\theta+v_1\cos\theta\sqrt{v_1^2\sin^2\theta+2g(h_1 g\cos\theta+h_2)}\right]-h_1 g\sin\theta$$

式中：L——自挑坎末端算起至挑流水舌外缘与下游水面交点的水平距离，m；

θ——挑流水舌水面出射角，近似可取用挑坎挑角，$\theta=35°$；

h_1——坎顶末端法向水深，m；

h_2——坎顶至下游水面高差，m；

v_1——挑坎坎顶水面流速，m/s，可按挑坎处平均流速v的1.1倍计。

挑坎平均流速v按下式计算：

$$v=\varphi\sqrt{2gZ_0}$$

$$\varphi^2=1-\frac{h_f}{Z_0}-\frac{h_j}{Z_0}$$

$$h_f=0.014S^{0.767}Z_0^{1.5}/q$$

式中：v——挑坎末端断面平均流速，m/s；

Z_0——坎顶末端断面水面以上的水头，m；

φ——流速系数；

h_f——泄槽沿程损失水头，m；

h_j——泄槽各项局部损失水头之和，m，可取 h_j/Z_0，为 0.05；

S——泄槽流程长度，m；

q——泄槽单宽流量，$m^3/(s \cdot m)$。

计算过程及结果见表 5.6-11。

表 5.6-11 挑流水舌挑距计算表

工况	库水位(m)	坎顶铅直方向水深 h_1(m)	坎顶水面水速 v_1(m/s)	挑距 L(m)
正常蓄水	42.30	1.50	12.48	21.39
30 年一遇洪水	42.948	1.72	12.78	22.36
校核条件(百年一遇洪水)	43.581	1.93	13.07	23.31

B 冲刷坑最大水垫深度计算：

$$T = kq^{1/2}Z^{1/4}$$

式中：T——自下游水面至坑底最大水垫深度，m；

q——挑坎末端断面单宽流量，$m^3/(s \cdot m)$；

Z——上下游水位差，m；

k——综合冲刷系数，参见《溢洪道设计规范》(SL 253—2018)表 A.4.2，k 取 1.2。

冲刷坑最大深度计算过程及结果见表 5.6-12。

表 5.6-12 下游冲坑深度计算成果

工况	库水位(m)	最大水垫深度 T(m)	下游水位(m)	池深(m)	备注
正常蓄水	42.30	8.89	28.50	11.7	池深>最大水垫深度，满足规范要求
30 年一遇洪水	42.948	9.98	28.90	12.1	
校核条件(百年一遇洪水)	43.581	10.69	29.50	12.7	

由以上计算结果可知，挑流消能下游消能池的池深、池长布置合理，消能满足规范要求。

9) 稳定计算

① 闸室稳定计算

计算各种运行工况下的抗滑稳定系数和基底应力，闸室基底应力按偏心受压公式计算。闸室稳定计算公式如下：

抗滑稳定安全系数抗剪公式：$K_c = \dfrac{f \cdot \sum G}{\sum H}$；

偏心距 $e=\frac{L}{2}-\frac{\sum M}{\sum G}$；

基底应力 $\sigma_{\min}^{\max}=\frac{\sum G}{A}\left(1\pm\frac{6e}{L}\right)\leqslant[R]$；

荷载组合分为基本组合和特殊组合，根据工程建设和运行条件，基本组合取完建期、正常蓄水期、设计洪水期，特殊组合取校核洪水期、检修期、地震期。

各工况荷载组合见表 5.6-13，计算结果见表 5.6-14。

表 5.6-13 闸室稳定复核工况及荷载组合表

荷载组合	计算工况	水位(m)		荷载					备注
		闸上	闸下	自重	水重	静水压力	扬压力	地震荷载	
基本组合	完建期	无水	无水	√					
	正常蓄水期	42.30	无水	√	√	√	√		
	设计洪水期	43.78	无水	√	√	√	√		
特殊组合	检修期	42.30	无水	√	√	√	√		
	校核洪水期	45.20	无水	√	√	√	√		
	地震期	42.30	无水	√	√	√	√	√	

表 5.6-14 闸室稳定计算成果表

荷载组合	计算工况	σ (kPa)	σ_{max} (kPa)	σ_{min} (kPa)	$[\sigma]$	η	$[\eta]$	K_c	$[K_c]$
基本组合	完建期	130.5	130.6	130.5	280	1.00	2.00	—	1.25
	正常蓄水期	120.7	122.2	119.3	280	1.02	2.00	3.78	1.25
	设计洪水期	122.1	124.5	119.6	280	1.04	2.00	2.60	1.25
特殊组合	检修期	114.9	117.3	112.4	280	1.02	2.00	3.59	1.10
	校核洪水期	132.0	124.5	114.6	280	1.15	2.00	1.93	1.10
	地震期	120.7	139.8	101.6	180	1.38	2.50	1.82	1.05

计算结果表明，各种工况下闸室基底应力满足地基承载力要求，闸室抗滑稳定安全系数满足规范要求。

② 翼墙稳定计算

翼墙稳定计算公式如下：

A 抗滑稳定安全系数 $K_c=\frac{f\cdot\sum G}{\sum H}\geqslant[K_c]$；

B 偏心距 $e=\frac{L}{2}-\frac{\sum M}{\sum G}$；

C　基底压力$\sigma=\frac{\sum G}{A}\left(1\pm\frac{6e}{L}\right)\leqslant[R]$；

D　基底压力不均匀系数$\eta=\frac{\sigma_{max}}{\sigma_{min}}\leqslant[\eta]$。

式中：f——基础底面与地基土之间的摩擦系数，对强风化砂砾岩取0.38，对原状黏土或壤土层取0.35。

各工况荷载组合见表5.6-15、表5.6-16，计算结果见表5.6-17、表5.6-18。

表5.6-15　上游翼墙稳定复核工况及荷载组合表

荷载组合	计算工况	水位(m)		荷载						备注
		墙前	墙后	自重	水重	静水压力	扬压力	土压力	地震荷载	
基本组合	完建期	无水	无水	√				√		
	正常蓄水期	42.30	42.30	√	√	√	√	√		
	设计洪水期	43.78	43.78	√	√	√	√	√		
特殊组合	校核洪水期	45.20	45.20	√	√	√	√	√		
	检修期	42.30	42.30	√	√	√	√	√		
	地震期	42.30	42.30	√	√	√	√	√	√	

表5.6-16　下游翼墙稳定计算工况及荷载组合表

荷载组合	计算工况	水位(m)		荷载						备注
		墙前	墙后	自重	水重	静水压力	扬压力	土压力	地震荷载	
基本组合	完建期	无水	无水	√				√		
	正常蓄水期	无水	42.30	√	√	√	√	√		墙前、墙后考虑1.0 m水头差
	设计洪水期	43.78	43.78	√	√	√	√	√		
特殊组合	校核洪水期	45.20	45.20	√	√	√	√	√		
	检修期	无水	42.30	√	√	√	√	√		
	地震期	无水	42.30	√	√	√	√	√	√	

表5.6-17　上游翼墙稳定计算成果表

荷载组合		计算工况	抗滑稳定安全系数		基底应力(kPa)				基底应力不均匀系数	
			计算值	允许值	σ	σ_{max}	σ_{min}	$[\sigma]$允许值	计算值	允许值
上游第一段翼墙	基本组合	完建期	2.27	1.25	207.3	232.5	182.1	280	1.33	2.00
		蓄水期	1.59	1.25	151.5	152.8	150.1		1.02	2.00
		设计洪水期	1.42	1.25	121.3	129.1	113.6		1.17	2.00
	特殊组合	校核洪水期	1.43	1.15	102.8	115.1	90.5		1.31	2.50
		检修期	1.59	1.15	151.5	152.8	150.1		1.02	2.50
		地震期	1.14	1.05	151.5	174.8	88.2		1.98	2.50

续表

荷载组合		计算工况	抗滑稳定安全系数		基底应力(kPa)				基底应力不均匀系数	
			计算值	允许值	σ	σ_{max}	σ_{min}	[σ]允许值	计算值	允许值
上游左岸第二段翼墙	基本组合	完建期	2.15	1.25	168.2	177.1	159.2	280	1.11	2.00
		蓄水期	1.57	1.25	125.9	156.2	95.5		1.57	2.00
		设计洪水期	1.62	1.25	107.7	130.1	85.3		1.53	2.00
	特殊组合	校核洪水期	1.76	1.15	99.7	115.2	84.3		1.37	2.50
		检修期	1.57	1.15	125.9	156.2	95.5		1.57	2.50
		地震期	1.30	1.05	125.9	169.5	82.3		2.06	2.50
上游左岸第三段翼墙	基本组合	完建期	1.73	1.25	117.4	138.2	96.5		1.07	2.00
		蓄水期	1.57	1.25	95.9	116.2	75.5		1.57	2.00
		设计洪水期	1.40	1.25	85.2	107.2	63.1		1.83	2.00
	特殊组合	校核洪水期	1.41	1.15	73.5	94.8	52.2		1.82	2.50
		检修期	1.57	1.15	95.9	116.2	75.5		1.57	2.00
		地震期	1.20	1.05	95.9	127.2	64.6		1.97	2.50

从表5.6-17中可以看出，上游翼墙的抗滑稳定安全系数、基底应力及不均匀系数均满足规范要求，拟定的翼墙断面合理。

表5.6-18　下游翼墙稳定计算成果表

荷载组合		计算工况	抗滑稳定安全系数		基底应力(kPa)				基底应力不均匀系数	
			计算值	允许值	σ	σ_{max}	σ_{min}	[σ]允许值	计算值	允许值
泄槽段翼墙	基本组合	完建期	1.75	1.25	129.1	152.2	106	280	1.44	2.0
		蓄水期	1.43	1.25	105.4	125.5	85.3		1.47	2.0
		设计洪水期	1.37	1.25	94.8	116.2	73.4		1.58	2.0
	特殊组合	校核洪水期	1.39	1.15	88.6	109.7	67.5		1.63	2.5
		检修期	1.43	1.15	105.4	125.5	85.3		1.47	2.5
		地震期	1.19	1.05	105.4	142.2	68.6		2.07	2.5
出口段翼墙	基本组合	完建期	1.83	1.25	223.1	262.3	183.9		1.43	2.0
		蓄水期	1.37	1.25	206.2	258.1	154.3		1.67	2.0
		设计洪水期	1.38	1.25	195.6	249.9	141.3		1.77	2.0
	特殊组合	校核洪水期	1.5	1.15	182.7	238.2	127.2		1.87	2.5
		检修期	1.37	1.15	206.2	258.1	154.3		1.67	2.5
		地震期	1.18	1.05	206.2	283.6	128.8		2.20	2.5

从表5.6-18中可以看出，下游翼墙的抗滑稳定安全系数、基底应力及不均匀系数均满足规范要求，拟定的翼墙断面合理。

10）结构计算

泄洪闸位于基岩上，底板内力分析采用基床系数法。

选取完建期、正常蓄水期、地震期并以闸门为界，取整联闸室下游侧计算，考虑不平衡剪力在闸底板和闸墩的分配，内力计算成果见表 5.6-19。为分析拟定的底板尺寸是否合适，对底板又进行了配筋计算与限裂验算。经计算，闸室底板裂缝开展宽度满足规范要求，其各种工况下的配筋率都在经济配筋率范围内，底板结构尺寸合适。

表 5.6-19　闸室底板内力计算成果表

内力值		弯矩(kN·m)	配筋率(%)
完建期	支座	473	0.32
	跨中	237	0.21
蓄水期	支座	439	0.32
	跨中	220	0.21
地震期	支座	483	0.32
	跨中	242	0.21

11）地基处理

泄洪闸闸室位于全风化砂砾岩上，地基承载力满足要求。原闸室拆除后，建基面局部低洼处采用 C15 混凝土回填。

泄槽底板位于全风化砂岩上，地基承载力满足要求。为增强泄槽底板的稳定性，底板增设锚筋。锚筋采用直径 25 mm 的螺纹钢筋，长度为 8.0 m，呈梅花形布置，间距为 2.0 m。

(3) 非常溢洪道加固方案

根据前文比选内容，非常溢洪道主要用来宣泄较大洪水，设计采用维修加固方案。现状非常溢洪道剖面图见图 5.6-6。

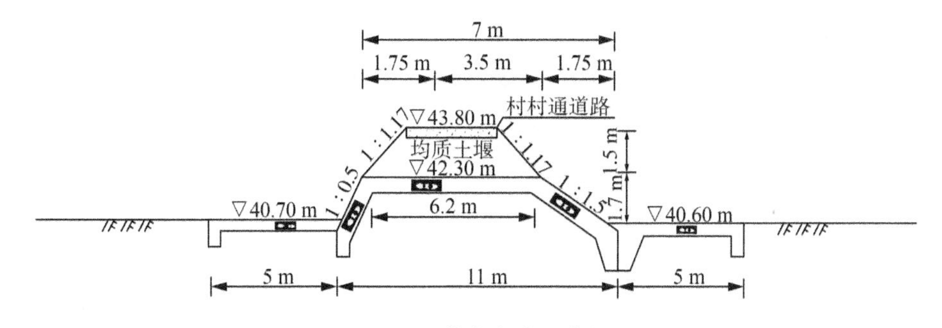

图 5.6-6　现状非常溢洪道剖面图

1）非常溢洪道加固方案

非常溢洪道原设计为浆砌石宽顶堰，堰顶高程为 42.30 m。堰顶上部填筑均质土坝，高

1.5 m，坝顶为村村通公路，宽 3.5 m。该除险加固设计基本维持现状，在堰顶的均质土坝上、下游增设浆砌石护坡，上游接长浆砌石护底 15.0 m，下游接长浆砌石护底 30.0 m。同时，堰体两岸上、下游均增设浆砌石护坡，上游长 40.0 m，下游长 60.0 m。该除险加固增设的浆砌石护坡、护底厚度均为 0.4 m，下设碎石垫层 0.1 m。浆砌石主要来源于泄洪闸的拆除量。

非常溢洪道加固后，堰顶土坝不再爆破启用，直接堰顶超泄运用。

2）过流能力计算

非常溢洪道泄流能力按折线型低堰过流公式计算：

$$Q=\sigma_s mB(2g)^{1/2}H_0^{3/2}$$

式中：

Q——流量；

σ_s——淹没系数；

m——流量系数，取 0.34；

B——溢流堰总净宽；

H_0——计入行近流速水头的堰上总水头。

溢流堰下游地势较低，过流时，校核洪水的过堰落差按 0.4 m 考虑，洪水下泄流量见表 5.6-20。由计算结果可知，在校核洪水位时，非常溢洪道的下泄流量满足要求，且略有富余。

表 5.6-20 非常溢洪道过流能力计算表

工况	库水位(m)	H	过堰落差 Δz	σ_s	B	m	计算值 Q(m^3/s)	设计值 Q(m^3/s)
校核洪水位	45.20	2.90	0.4	0.94	82.6	0.34	186.8	177.2

3）消能防冲方案

非常溢洪道为无闸门控制宽顶堰结构，最大单宽流量为 2.26 m^3/(s·m)。现状堰体下游布置长 5.0 m 的浆砌石护底，由于过堰体的单宽流量很小，该除险加固设计接长浆砌石海漫长 30.0 m，厚 0.4 m，下设碎石垫层 0.1 m。

海漫末端防冲槽可按构造设置，取 1.5 m。

防冲槽末端河道蜿蜒，最终注入泄洪闸下游约 500.0 m 处。该段河道需清淤清障，确保洪水流入泄洪闸下游河道。

4）非常溢洪道与东放水涵之间隔堤加固方案

鉴定报告指出，非常溢洪道与东涵之间的隔堤低矮；出水口不畅。非常溢洪道与东放水涵之间的隔堤现状高程上游约为 40.70 m～42.60 m，下游约为 40.40 m～42.50 m。燃灯寺水库的正常蓄水位为 42.30 m，百年一遇水位为 43.581 m。

① 上游侧隔堤加固方案

隔堤现状高程约为 40.70 m～42.60 m，大部分隔堤堤顶高程低于正常蓄水位。如若把隔堤顶高程加高较多，则东放水涵进水渠边坡较陡，连接困难。该除险加固设计隔堤顶高程取为 42.60 m，高于正常蓄水位 0.3 m。库水位超过 42.60 m 时，非常溢洪道及左岸高地、东放水涵及西侧高地形成防洪封闭圈，满足防洪要求。

② 下游侧隔堤加固方案

隔堤现状高程约为 40.40 m～42.50 m，如若把隔堤顶高程加高较多，则东放水涵出水渠边坡较陡，连接困难。该除险加固考虑到非常溢洪道启用概率低，隔堤水毁后易于修复等特点，隔堤顶高程从非常溢洪道至东放水涵抛石防冲槽末端取为 42.60 m，同上游隔堤一致。抛石防冲槽末端以下维持现状高程。当非常溢洪道启用时，洪水沿着沟渠注入泄洪闸下游河道约 500.0 m 处。

三、东放水涵洞加固方案研究

东放水涵洞为混凝土及浆砌石混合结构，位于非常溢洪道南侧，紧邻非常溢洪道布置。涵洞进口底高程为 35.80 m，设计流量 2.5 m^3/s。东放水涵为 1988 年 11 月改建工程，洞身底板为 0.6 m 厚素混凝土结构，两侧为浆砌块石结构，厚度为 0.4 m～1.0 m，顶板为 0.2 m 厚预制混凝土拱圈。放水涵洞处现状坝顶高程约 44.20 m，略高于非常溢洪道坝顶高程。

经现场查勘，东放水涵的主要问题为：闸前淤积严重，启闭机螺杆锈蚀严重，混凝土闸门破损漏水，启闭困难，启闭机房经多次维修仍破损严重。考虑将东放水涵洞于原址处拆除重建。现状东放水涵断面图见图 5.6-7。

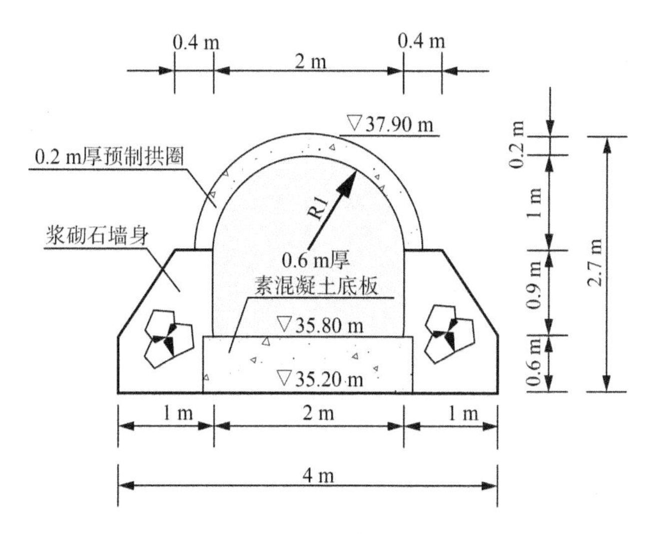

图 5.6-7 现状东放水涵断面图

(1) 规划特征参数

设计参数维持现状，设计流量为 2.5 m^3/s，上游灌溉引水水位 38.97 m，水位差按 0.1 m 考虑。

(2) 工程布置

新建放水涵闸由上游铺盖段、控制闸、洞身和下游消能防冲设施等部分组成。洞身采用单孔钢筋混凝土箱型结构，尺寸为 2.0 m×2.0 m(宽×高)，总长 27.8 m，共分 3 节。涵洞底板顶高程为 37.80 m，不设纵坡。涵洞洞身顶板、侧墙、底板厚均为 0.5 m，底板下设 0.1 m 厚素混凝土垫层。涵洞进口处设防洪控制闸，闸上设启闭机房，启闭机房地面高程为 46.10 m，启闭机房平面尺寸 3.6 m×5.5 m，在启闭机房与堤顶之间设宽 1.50 m、长 6.6 m 的钢筋混凝土梁板式便桥。工作闸门选用潜孔式平面滚动钢闸门，启闭机设计采用 QL－160 kN 手电两用螺杆式启闭机；检修闸门选用平面滑动钢闸门，启闭机设计采用 QL－50 kN 手电两用螺杆式启闭机。

东放水涵孔口尺寸较小，进、出口翼墙采用 U 型槽结构，上游翼墙顺水流长为 10.0 m，下游翼墙顺水流长为 10.0 m。

涵洞出口采用挖深式消力池，涵洞出口以 1.0∶4.0 坡与消力池底板连接，消力池长度 10.0 m，池深 0.5 m，底板采用 C25 钢筋混凝土，厚 0.6 m。下游消力池后设 10 m 长混凝土护坡、护底。涵洞下游混凝土护坡厚 0.12 m、混凝土护底厚 0.4 m，下铺均为 0.1 m 厚碎石垫层。

现状涵洞底板顶高程为 35.80 m，进、出口处渠底高程均为 37.80 m 左右，洞内淤积严重。该除险加固设计为减小涵洞淤积，新建涵洞底板顶高程取与渠底高程一致，为 37.80 m。新建涵洞建基面为 37.10 m，较原涵洞建基面抬高约 1.9 m，下卧层为砂砾岩，地基采用回填水泥土处理，水泥掺量为 8%，压实度不小于 0.96。

为便于管理运用及积累资料，本工程设有水位、沉降等观测项目。在涵洞进、出口翼墙上各设水位标尺 1 组，共 2 组，用于观测上、下游水位。

(3) 过流能力计算

灌溉设计水位 38.97 m，考虑过涵落差 0.1 m，设计流量 2.5 m^3/s，涵底板顶高程 37.80 m。

流态判别：$H=38.97-37.80=1.17$ m；

$D=2.0$ m；

$h=38.87-37.80=1.07$ m。

$H=1.17$ m$<1.2D=2.4$ m 且 $h<D$，故为无压流。

按照无压流计算，计算公式如下：

$$Q=\sigma\varepsilon mB\sqrt{2g}H_0^{3/2}$$

经计算 $Q=3.03$ m^3/s，涵洞过流能力满足 2.5 m^3/s 要求。

(4) 防渗长度计算

闸基防渗长度按《水闸设计规范》公式 4.3.2 进行初步估算。

涵洞水位组合取库内校核洪水位 45.20 m、灌溉渠内侧水位相对较低水位 38.50 m，

$\Delta H=6.7$ m，允许渗径系数值 $C=5.0$，因此 $C\times\Delta H=33.5$ m，而穿堤涵的防渗长度 $L=40.8$ m，实际布置防渗长度满足要求。

(5) 消能防冲计算

1) 消力池池深、池长计算

消能设计计算选取最不利的工况进行计算，即上游水位取灌溉设计水位 38.97 m，下游水位取平消力坎顶，随着闸门开度的逐渐增大，分级试算。

消力池深、跃后水深、收缩水深及消力池长度采用以下公式计算：

$$d=\sigma_0 h''_c-h_t-\Delta z$$

$$h_c-T_0 h_c+\frac{\alpha q^2}{2g\varphi^2}=0$$

$$h''_c=\frac{h_c}{2}\left(\sqrt{1+\frac{8\alpha q^2}{gh_c^3}}-1\right)\left(\frac{b_1}{b_2}\right)^{0.25}$$

$$\Delta z=\frac{\alpha q^2}{2g\varphi^2 h_t}-\frac{\alpha q^2}{2gh''_c}$$

$$L_{sj}=L_s+\beta L_j$$

$$L_j=6.9(h''_c-h_c)$$

式中：d——消力池深度，m；

h_t——出口河床水深，m；

T_0——由消力池底板顶面算起的总势能；

$\triangle Z$——出池落差，m；

α——水动能校正系数，取 1.05；

φ——流速系数，取 0.95；

q——过涵单宽流量，m^3/s；

b_1——消力池首端宽度，m；

b_2——消力池末端宽度，m；

h_c——收缩水深，m；

h''_c——跃后水深，m；

L_{sj}——消力池长度，m；

L_s——消力池斜坡段水平投影长度，m；

β——水跃长度修正系数；

L_j——水跃长度，m。

经计算并结合以往工程实际经验确定，消力池池深采用 0.5 m，池长为 10.0 m，底板厚 0.6 m。

2）海漫长度计算

根据《水闸设计规范》，海漫长度按下式确定：

$$L_p = K_s\sqrt{q_s\sqrt{\Delta H}}$$

式中：L_p——海漫的长度，m；

q_s——消力池末端单宽流量，m^3/s；

K_s——海漫长度计算系数，由《水闸设计规范》查得。

经计算并结合以往工程实际经验，海漫采用长均为 10.0 m 的混凝土海漫，厚 0.4 m，下设碎石垫层厚 0.1 m。

3）河床冲刷深度的计算

河床冲刷深度采用下式进行计算：

$$d_m = 1.1\frac{q_m}{[v_0]} - h_m$$

式中：d_m——海漫末端河床冲刷深度，m；

q_m——海漫末端单宽流量，m^3/s；

$[v_0]$——河床土质允许不冲流速，m/s；

h_m——海漫末端河床水深，m。

经计算并结合以往工程实际经验，海漫末端设 1.5 m 深抛石防冲槽。

（6）稳定计算

涵洞各建筑物抗滑稳定计算包含抗滑稳定安全系数及地基承载力等。

在分析了涵洞各建筑物的特性后，选取涵洞洞身进行基底应力计算，选取防洪闸及进出口翼墙进行抗滑稳定及基底应力计算。

1）洞身基底应力计算

① 荷载的计算

按最不利情况，选取坝下涵洞按照完建工况时计算箱涵基底最大应力；

完建工况：洞内无水，地下水位位于涵洞底板以下；

恒载的计算：恒载计算上部垂直土压力和侧向土压力，以及结构自重；

活载的计算：堤顶汽车荷载等级采用公路-Ⅱ级车道荷载效应的 0.8 倍设计。

② 涵洞基底应力计算

取堤顶下涵洞一延米洞身进行计算，计算结果得基底平均应力为 124.8 kPa，地基承载力满足基底应力要求。

2）防洪闸闸室稳定计算

① 计算工况

稳定计算水位组合见表 5.6-21。

表 5.6-21　稳定计算水位组合表

组合条件	设计洪水组合(m)	
	库内	库外
完建工况	无水	无水
校核洪水工况	45.20	38.50
地震工况	42.30	38.50

② 闸室基底应力计算

闸室基底应力计算成果见表 5.6-22。从表中可以看出闸室地基承载力及不均匀系数均满足规范要求。

表 5.6-22　闸室基底应力计算成果表

计算工况	抗滑稳定安全系数	允许抗滑稳定安全系数	基底应力(kPa)			允许地基承载力(kPa)	不均匀系数	不均匀系数允许值
			σ_{max}	σ_{min}	$\sigma_{平均}$			
完建工况	/	1.25	82.9	77.2	80.1	200	1.07	2.5
校核洪水工况	5.23	1.25	86.3	60.2	73.3	200	1.43	2.5
地震工况	4.95	1.10	95.2	58.7	77.0	200	1.62	3.0

四、北放水涵洞加固方案研究

北放水涵位于大坝西端，设计流量为 4.0 m^3/s，为单孔圆拱结构，侧墙为浆砌石结构，圆拱为素混凝土结构。上次加固时洞内衬砌未实施，仅喷一层丙乳砂浆。考虑将北放水涵洞原址拆除重建。现状北放水涵断面图见图 5.6-8。

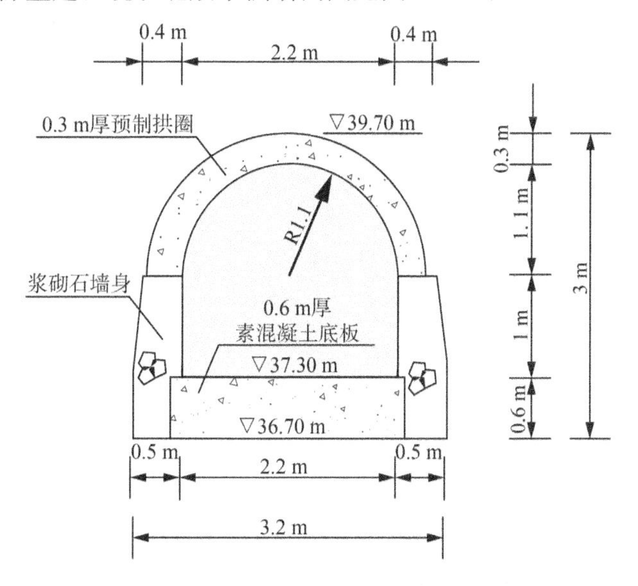

图 5.6-8　现状北放水涵断面图

(1) 规划设计参数

设计参数维持现状,设计流量为 4.0 m^3/s,上游灌溉引水水位为 38.97 m,水位差按 0.1 m 考虑。

(2) 工程布置

新建放水涵闸由上游铺盖段、控制闸、洞身和下游消能防冲设施等部分组成。洞身采用单孔钢筋混凝土箱型结构,尺寸为 2.0 m×2.5 m(宽×高),总长 40.70 m,共分 4 节。涵洞底板顶高程为 37.30 m,不设纵坡。涵洞洞身顶板、侧墙、底板厚均为 0.5 m 底板下设 0.1 m 厚素混凝土垫层。涵洞进口处设防洪控制闸,闸上设启闭机房,启闭机房地面高程为 47.50 m,启闭机房平面尺寸 3.6 m×7.5 m,在启闭机房与堤顶之间设宽 1.50 m、长 11.9 m 的钢筋混凝土梁板式便桥。工作闸门选用潜孔式平面滚动钢闸门,启闭机设计采用 QL－160 kN 手电两用螺杆式启闭机;检修闸门选用平面滑动钢闸门,启闭机设计采用 QL－50 kN 手电两用螺杆式启闭机。

北放水涵孔口尺寸较小,进、出口翼墙采用 U 型槽结构,上游翼墙顺水流长为 10.0 m,下游翼墙顺水流长为 10.0 m。

涵洞出口采用挖深式消力池,涵洞出口以 1.0∶4.0 坡与消力池底板连接,消力池长度为 8.0 m,池深 0.5 m,底板采用 C25 钢筋混凝土,厚 0.6 m。下游消力池后设 10 m 长混凝土护坡、护底。涵洞下游混凝土护坡厚 0.12 m、混凝土护底厚 0.4 m,下铺均为 0.1 m 厚碎石垫层。

为便于管理运用及积累资料,本工程设有水位、沉降等观测项目。在涵洞进、出口翼墙上各设水位标尺 1 组,共 2 组,用于观测上、下游水位。

现状北放水涵闸门后面有一连通管至燃西电灌站前池,主要用于前池高水位时,为防止淹没电灌站厂房,将前池水排至北放水涵下游。拆除重建仍保留此功能,闸门后面侧墙设钢管与现状连通管相接,长度暂列 10.0 m。

(3) 过流能力计算

灌溉设计水位为 38.97 m,考虑过涵落差 0.1 m,设计流量 4.0 m^3/s,涵底板顶高程为 37.30 m。

流态判别:$H=38.97-37.30=1.67$ m;

$D=2.5$ m;

$h=38.87-37.30=1.57$ m。

$H=1.67$ m$<1.2D=3.0$ m 且 $h<D$,故为无压流。

经计算 $Q=4.6$ m^3/s,涵洞过流能力满足 4.0 m^3/s 要求。

(4) 防渗长度计算

涵洞水位组合取库内校核洪水位 45.20 m、灌溉渠内侧水位相对较低水位 37.80 m,$\Delta H=7.4$ m,允许渗径系数值 $C=5.0$,因此 $C\times\Delta H=37.0$ m,而穿堤涵的防渗长度

$L=53.0$ m，实际布置防渗长度满足要求。

(5) 消能防冲计算

① 消力池池深、池长计算

消能设计计算选取最不利的工况进行计算，即上游水位取灌溉设计水位 38.97 m，下游水位取平消力坎顶，随着闸门开度的逐渐增大，分级试算。

经计算并结合以往工程实际经验确定，消力池池深采用 0.5 m，池长为 10.0 m，底板厚 0.6 m。

② 海漫长度计算

根据《水闸设计规范》，海漫长度按下式确定：

$$L_p=K_s\sqrt{q_s\sqrt{\Delta H}}$$

经计算并结合以往工程实际经验，海漫采用长均为 10.0 m 的混凝土海漫，厚 0.4 m，下设碎石垫层厚 0.1 m。

③ 河床冲刷深度的计算

河床冲刷深度采用下式进行计算：

$$d_m=1.1\frac{q_m}{[v_0]}-h_m$$

经计算并结合以往工程实际经验，海漫末端设 1.5 m 深抛石防冲槽。

(6) 稳定计算

涵洞各建筑物抗滑稳定计算包含抗滑稳定安全系数及地基承载力等。

在分析了涵洞各建筑物的特性后，选取涵洞洞身进行基底应力计算，选取防洪闸及进出口翼墙进行抗滑稳定及基底应力计算。

1) 洞身基底应力计算

① 荷载的计算

按最不利情况，选取坝下涵洞按照完建工况时计算箱涵基底最大应力。

完建工况：洞内无水，地下水位位于涵洞底板以下；

恒载的计算：恒载计算上部垂直土压力和侧向土压力，以及结构自重；

活载的计算：堤顶汽车荷载等级采用公路-Ⅱ级车道荷载效应的 0.8 倍设计。

② 涵洞基底应力计算

取堤顶下涵洞一延米洞身进行计算，计算结果得基底平均应力为 195.4 kPa，持力层为第⑤层粉质黏土，承载力为 180 kPa，修正后地基承载力满足基底应力要求。

2) 防洪闸闸室稳定计算

① 计算工况

稳定计算水位组合见表 5.6-23。

表 5.6-23 稳定计算水位组合表

组合条件	设计洪水组合(m)	
	库内	库外
完建工况	无水	无水
校核洪水工况	45.20	38.50
地震工况	42.30	38.50

② 闸室基底应力计算

闸室基底应力计算成果见表 5.6-24。从表中可以看出闸室地基承载力及不均匀系数均满足规范要求。

表 5.6-24 闸室基底应力计算成果表

计算工况	抗滑稳定安全系数	允许抗滑稳定安全系数	基底应力(kPa)			允许地基承载力(kPa)	不均匀系数	不均匀系数允许值
			σ_{max}	σ_{min}	$\sigma_{平均}$			
完建工况	/	1.25	107.8	100.4	104.1	180	1.07	2.5
校核洪水工况	4.86	1.25	112.2	72.24	92.2	180	1.55	2.5
地震工况	3.91	1.10	123.8	70.4	97.1	180	1.76	3.0

五、安全监测加固方案研究

燃灯寺水库大坝为 3 级建筑物，最大坝高 25.5 m，地形地质条件比较复杂，坝轴线全长 1 360.0 m，需要设置必要的监测项目及相应的设施。

(1) 大坝安全监测现状

大坝现状设有水尺，设置了 35 根测压管，现能使用 20 根，但测量的数据紊乱，无变形观测设施。

(2) 存在的问题

燃灯寺水库大坝原有安全监测设施对揭示大坝运行状态与存在问题、保证大坝安全运行发挥了一定的作用，但在观测项目、设备与观测手段等方面仍存在明显缺陷，主要表现为：

① 观测项目不全，观测设施不完善，无渗流量等观测设施，也缺少对泄、输水建筑物的监测，无表面变形监测；

② 现有的浸润线测压管不能准确观测浸润线，更无法分析大坝内部运行状态；

③ 观测手段落后。测压管水位、库水位、库区降水量等监测项目均为人工观测，观测工作量大，精度低且不及时；

④ 资料整编不完善，不能及时、充分、有效地发挥观测设施在大坝安全运行管理中的作用。

(3) 安全监测布置原则

燃灯寺水库工程安全监测的主要任务是及时发现和预报工程在除险加固施工期和运行期有可能出现的安全隐患,以便及时采取工程措施。根据这一要求,并参照有关监测规范以及类似工程的经验,同时考虑到本工程具体的地质、结构和环境情况,特提出如下监测设计原则:

监测布置要突出重点,兼顾全局,关键部位的关键项目应作为重点集中布设;以监测建筑物的安全为主,监测项目的设置和测点的布设满足监测工程安全运行需要,各种监测项目的布设要互相结合,在进行仪器监测的同时,要重视人工巡视检查工作,以互相补充;对所有的监测资料应及时整理、分析,以便及时发现不安全因素,采取有效的工程处理措施。

(4) 监测项目的确定

根据规程规范、工程地质、结构设计等确定监测项目。安全监测包括巡视检查和仪器监测,作为 3 级建筑物,本坝进行以下项目监测:

变形监测:坝体的表面变形,包括水平位移、垂直位移监测;

渗流监测:坝体渗流量、渗流压力等监测;

水文气象监测:上、下游水位,气温,降水量监测等。

巡视检查,是建筑物安全监测的重要手段,它包括施工期和运行期的巡视检查,施工期主要对坝区的边坡稳定等表面现象进行检查,运行期主要为在蓄水期大坝有无异常、坝肩和坝基渗漏等现象进行的巡视检查。

(5) 安全监测布置

根据《土石坝安全监测技术规范》(SL 551—2012)和《水利水电工程安全监测设计规范》(SL 752—2016),大坝安全监测项目主要包括巡视检查、变形监测、渗流监测、库水位等。

1) 巡视检查

土石坝的巡视检查分为日常巡视检查、年度巡视检查和特别巡视检查三类。

日常巡视检查。根据本工程的具体情况和特点,制定切实可行的巡视检查制度,具体规定巡视检查的时间、部位、内容和要求,并确定日常的巡回检查路线和检查顺序,由有经验的技术人员负责进行。检查次数:在施工期每周检查 1~2 次,且每月不得少于四次;在水位上升期间,每天或每两天一次,具体次数视水位上升或下降速度而定;在汛期高水位时应增加次数,特别是出现大洪水时,每天应至少一次。

年度巡视检查:在每年的汛前汛后、用水期前后等,由管理单位负责人组织领导,对大坝进行比较全面或专门的巡视检查。检查次数每年不少于两次。

特别巡视检查:当遇到严重影响安全运用的情况(如发生暴雨、大洪水、有感地震、以及库水位骤升骤降或持续高水位等)、发生比较严重的破坏现象或出现其他危险迹象时,应由主管单位负责组织特别检查,必要时应组织专人对可能出现险情的部位进行连续监视。

检查项目包括坝顶、上下游坝坡、坝基、坝趾附近、坝端岸坡等部位是否出现异常裂缝、异常变形、渗水等异常现象。

2）大坝监测

① 变形监测

变形监测包括竖向位移和水平位移监测。

竖向位移采用水准仪测量，水平位移采用全站仪测量。沿坝轴线选取 8 个横剖面，每个剖面设置 4 个点，在上游 44.00 m 高程、下游坝肩、下游 1/2 坝高、下各选一个点。大坝两侧各布置 2 个基准点。

② 渗流监测

渗流监测包括渗流量、渗流压力监测。

为了了解大坝防渗体和坝基在运用期间的渗透情况，在坝体和坝基内埋设浸润线监测管，进行浸润线和渗流压力监测。浸润线测压管的布设，按最大坝高，不同地质，共选择 4 个横断面，每个横断面设 5 根管；坝体 2 个，坝基 3 个。每个监测管内同时布设振弦式渗压计。

③ 水位监测

大坝上游布置一个水位标尺。在溢洪闸上游布置水位计进行库水位自动监测。

3）溢洪闸监测

① 变形监测

表面竖向位移采用水准仪测量，水平位移采用全站仪测量。在闸室四个角点各布置 1 个测点进行沉降监测，在每节翼墙上布置 2 个沉降测点，在闸室上布置 2 个水平位移测点。

② 渗流监测

在闸室下面布置 1 个渗流监测断面，布置 4 个测点，闸室两侧各布置 1 个绕渗监测断面，每个断面 3 个测压管，每个监测管内同时布设振弦式渗压计。

③ 水位监测

在闸上游布置 1 个水位标尺。

4）东放水涵监测

① 竖向位移监测

在每节翼墙上布置 2 个沉降测点，合计 24 个。

② 水位监测

在闸室上下游各布置 1 个水位标尺。

5）北放水涵监测

① 竖向位移监测

在每节翼墙上布置 2 个沉降测点，合计 24 个。

② 水位监测

在闸室上下游各布置 1 个水位标尺。

6) 非常溢洪道监测

非常溢洪道上游布置一个水位标尺。

六、道路工程加固方案研究

(1) 进场道路

燃灯寺水库进场道路为县道 X060 至西坝头，长约 3.0 km，宽 4.0 m。其中混凝土路面长约 1.0 km，砂石路面长约 2.0 km。路面现状破损严重，该除险加固设计拟考虑施工期结束后，将路面改建为沥青混凝土结构，原路面破碎后作为底基层，新设水泥稳定碎石基层厚 0.2 m，沥青混凝土面层厚 0.1 m。

(2) 坝下道路

坝下道路为泥结石路面，由于水库管理的需要，坝顶道路封闭，因此坝下道路是附近村庄来往行人和车辆主要的交通道路。由于车辆通行频繁，路面长期得不到养护，坑洼不平，积水及损坏严重。遇到冬季路面结冰，行人和车辆无法通行，存在严重的安全隐患。该除险加固设计拟将原路面拆除后改建为沥青混凝土结构，宽 3.0 m，路面结构由下至上为级配碎石底基层厚 0.15 m，水泥稳定碎石基层厚 0.15 m，沥青混凝土面层厚 0.1 m。

第二部分
樵子涧水库除险加固技术研究及应用

6 大坝运行及工程质量分析评价

6.1 工程概况

樵子涧水库位于安徽省五河县朱顶镇境内，距五河县城南 4 km，地理位置为东经 118°01′48″，北纬 32°55′9″，处于江淮丘陵区北缘，属淮河流域，水库下游位于淮河右岸，集水面积为 39.7 km^2，是一座具有防洪、灌溉、养殖等综合利用效益的多年调节中型水库。水库原设计灌溉面积 3.0 万亩，有效灌溉面积 1.5 万亩，有可养水面 0.56 万亩，水库下游保护范围 45 km^2，包含了村庄 15 座，人口 5 万人，耕地 5 万亩，道路 43 km，104 国道，初级中学 1 所，五河县看守所及宁徐高速公路。

水库工程等别为Ⅲ等，工程规模为中型，主要永久性水工建筑物级别为 3 级。水库原设计防洪标准：按 50 年一遇洪水标准设计，1 000 年一遇洪水校核，设计洪水位 19.35 m（56 黄海高程系，下同），校核洪水位 20.31 m，正常蓄水位 18.5 m，汛限水位 18.00 m，死水位 15.10 m，水库总库容 2 530 万 m^3，防洪库容 640 万 m^3，兴利库容 1 150 万 m^3，死库容 350 万 m^3。

一、水库枢纽工程现状

水库枢纽工程由主坝、副坝、溢洪闸、溢洪道、防洪闸、放水底涵、溢洪渠道和放水干渠等组成。

（1）主坝：坝型为均质土坝，坝顶高程 20.83 m～21.22 m，防浪墙（砖砌）顶高程为 22.00 m，最大坝高 8.0 m，坝顶宽度 6.21 m～6.30 m，坝长 1 280.0 m（桩号 0＋700～1＋980，其中 0 桩号设在左副坝左坝端）。迎水坡坡比为 1.00∶2.75～1.00∶3.37，高程为 15.50 m～18.00 m 为干砌石护坡，高程 18.00 m～21.00 m 为 10 cm 厚现浇混凝土护坡；背水坡坡比为 1.00∶2.30～1.00∶3.03，在高程 18.0 m 处设一戗台，宽 4.69 m～5.49 m。

（2）副坝：为均质土坝，左副坝长 700 m，桩号 0＋000～0＋700；右副坝长 270 m，桩号 1＋980～2＋250。

（3）溢洪闸：位于左副坝上，底板高程为 17.00 m，闸墩、侧墙和翼墙均为砌石结构，共 2 孔，每孔高×宽为 2.50 m×4.00 m。钢筋混凝土平板直升式闸门，10 t 手摇螺杆式启闭机。

（4）溢洪道：为开敞式宽顶堰，堰顶为浆砌石结构。堰顶上布置有10孔简易生产桥，每孔4.0 m，堰顶高程为19.0 m，最大泄量85.5 m^3/s。

（5）防洪闸：该闸与淮河香浮段堤防连接，距溢洪闸1.95 km，防洪闸闸墩与侧墙均为砌石结构，底板高程为15.30 m，共2孔，每孔高×宽为2.70 m×4.00 m。钢筋混凝土平板直升式闸门，10 t手摇螺杆式启闭机。

（6）放水底涵：为坝下埋涵，位于主坝右侧桩号1+750处，涵管为混凝土有压圆涵，直径为0.9 m，底高程13.5 m，长度46 m。涵洞闸门为钢筋混凝土结构（宽1.04 m，高1.14 m），配5 t手摇螺杆式启闭机，最大泄量4.4 m^3/s。

（7）溢洪渠道：全长3.49 km，其中从溢洪道到防洪闸长1.95 km，防洪闸以下至淮河。渠底高程从17.0 m至15.3 m，溢洪渠道道两侧堤防顶高程18.50 m～19.00 m。

（8）放水干渠：干渠沿背水侧坝脚布置，设计灌溉面积3.0万亩，因水库蓄水一直不足，现仅能灌溉1.5万亩。

二、水库兴建及加固过程

水库由安徽省水利电力学校设计，五河县水利局与当地政府组织民工施工。1958年10月动工兴建，至1959年10月大坝竣工。主体工程是在“边勘察、边设计、边施工”的状况下兴建。由于水库大坝采用肩挑、人抬的人海战术，施工时只注重进度，不注重质量，导致其工程设计、建设管理和质量控制都十分落后，给工程留下诸多隐患。

1987年以后对水库进行了局部除险加固，主要加固项目有：①水库大坝背水坡土方加戗；②水库大坝进行部分坝段锥探灌浆；③溢洪闸维修，更换启闭机，增建启闭机房；④维修放水底涵；⑤104国道桥反拱底板维修；⑥将大坝迎水面高程18.0 m以上的原干砌石护坡全部拆除，坝体还土夯实后现浇10 cm厚的混凝土护坡；⑦坝顶新建砖砌防浪墙；⑧配置水位观测、降雨量观测设备。

在上述有限的加固维修项目中，因经费原因部分项目至今仍未实施，该水库大坝仍存在很多质量隐患。

6.2 大坝运行管理评价

一、大坝运行管理

（1）运行管理机构及相关设施

水库管理所成立于1977年，隶属五河县水利局，管理所现有管理人员16人，从事水库日常管理工作，对水库各建筑物及设施进行经常性的检查、维护和白蚁防治，同时还须做好水库的汛期观测水位及报汛工作等。水库管理所无正常的维修经费，多年来一直无管理房和办公房，管理人员寄住民宅，直接影响管理水平。

水库无大坝安全监测、通讯预报等现代化管理设施，也没有防汛物资储备库，仅有水位观测尺和雨量计。

(2) 运行调度管理情况

水库每年汛期按批准的控制运行计划进行防洪调度。水库运行时，严格按上级防汛指挥部门的要求调度蓄滞洪峰，保证了水库及下游河道、两岸人民生命财产的安全。

(3) 防洪调度

防洪调度的原则：樵子涧水库是一座综合利用水库，担负灌溉、防洪、水产养殖功能。防洪调度的原则是：在确保大坝安全的前提下，充分发挥水库的综合效益，即优先保证防洪安全，其次是农业灌溉，具体采取以下措施：

由于水库大坝存在诸多隐患，一直降低水位运行。在汛期来临时要求降低水位至 17.00 m 运行。

1) 非汛期水库一周一报水情并加强日常管理；

2) 临汛前及时腾出库容。汛前密切注意天气变化，有中等以上降雨时，水库提前将水位降至 17.00 m；

3) 当汛期水位达到或超过 17.00 m 时，及时打开溢洪闸泄洪；

4) 如受淮河水位顶托，溢洪困难时，关闭防洪闸，及时组织人员上坝巡逻，一旦发现险情，立即组织抢险；

5) 当水库水位达到 19.00 m 及以上时，溢洪闸和溢洪道同时泄洪，行洪区内人员及财产的迁安与香浮段行洪撤迁安置工作中统一安排。

(4) 水库应急预案

水库枢纽工程存在严重的安全隐患，近年来，一直降低水位运行。每年汛前，五河县人民政府成立防汛指挥领导小组，召开水库防汛专题会议，组织防汛抢险队伍，准备防汛物资、照明和通信设备，在汛期实行 24 小时值班，制定防汛抢险预案，一旦出现险情立即用电话或发信号的方式向上级汇报，通知抢险队员，组织保护区群众按预定的路线转移。

二、大坝加固与维修

由于水库在建设时期先天不足，施工质量较差，致使水库蓄水后大坝渗漏严重，输泄水建筑物也存在质量隐患，严重影响水库运用安全。1987 年五河县水利局编报了《樵子涧水库续建配套与加固工程初步设计》，1999 年 10 月五河县水利局编报《安徽省蚌埠市五河县樵子涧水库(中型)除险加固规划报告》，两次主要加固项目有：

(1) 水库大坝背水坡土方加戗；

(2) 水库大坝进行部分锥探灌浆；

(3) 溢洪闸进行维修，更换启闭机，增建启闭机房；

(4) 维修水库放水底涵；

(5) 104 国道桥反拱底板维修；

(6) 将大坝迎水面高程 18.0 m 以上的原干砌石护坡全部拆除，坝体还土夯实后现浇 10 cm 厚的混凝土护坡；

(7) 坝顶新建防浪墙；

(8) 对坍塌的迎水面底脚齿墙进行修补；

(9) 配置水位观测、降雨量观测设备；

(10) 增建渔业设施；

(11) 大坝白蚁防治。

上述加固维修项目中，因经费原因部分项目至今仍未实施。

三、存在的问题及险情

(1) 存在问题

水库投入运行近五十年来，虽然经历了多次洪水的考验，发挥了较大的防洪和灌溉效益，但同时也暴露出很多问题，枢纽工程也曾出现了多次险情。樵子涧水库除险加固后，部分工程得到加固处理，安全状况有所改善，但由于重要加固项目未实施，使该水库一些病险问题仍未能彻底消除，至今仍存在很多隐患，已经严重影响大坝运行安全。目前存在主要问题如下：

1) 大坝坝基渗漏严重、坝坡有大面积散浸，并且无排渗设施，大坝稳定安全已受到威胁。

2) 溢洪闸位于副坝左侧，浆砌石挡墙、闸墩砂浆脱落、开裂，进口段堵水，出口段消能设施损坏。

3) 放水底涵为坝下埋涵，基础坐落在软土层上，涵管开裂漏水严重，出口段挡墙开裂、消能毁坏；闸门止水不严，漏水严重。

4) 防洪闸启闭机梁露筋、拉杆锈蚀严重，闸门老化、变形，消能防冲设施损坏。

5) 护坡块石严重风化和破碎，混凝土护坡裂缝沉陷，防洪墙开裂、砂浆剥落。

6) 溢洪道堰顶浆砌石开裂严重，进口段未开挖至设计高程，下游无消能防冲设施，严重影响防洪安全。

7) 水库的水位观测现仍采用最原始的观测方法，且大坝安全监测设施，不能满足防洪调度的需要。无通信设备。

8) 溢洪渠道穿越 104 国道，向淮河泄洪，断面窄小，渠上三座桥梁阻水严重，下游右岸堤身单薄，渠道淤塞，泄洪时，泄量严重不足。

2) 曾出现的险情

水库投入运行近五十年以来多次出现险情，特别是 1991 年淮河流域发生特大洪水时,该水库遭遇建库以来最高水位 19.36 m,主坝背水坡坡面和坡脚出现大面积散浸和渗漏,当地政府投入大量人力物力进行抢险。其后当地防汛指挥部门要求在汛前水库必须降低水位至 17.00 m 控制运行。

(3) 其他问题

水库目前尚无水文测报设施,下游尚未建立有效防洪预警系统。坝顶道路为土路,凸凹不平,防洪闸无道路,车辆人员无法通行,严重影响防汛抢险。水库一直无备用电源,一旦在防汛抢险紧急关头出现断电,将会给防汛抢险带来很大不便,甚至造成损失。水库无管理房,工作人员无法正常办公。

五、大坝运行管理综合评价

水库始建于 20 世纪 50 年代,是“大跃进”时代的产物,工程质量较差,经历近五十年的运行,存在着较多的隐患,多年来一直采取主汛期降低水位运行的模式,高水位时险情和隐情时有发生,对工程的安全构成威胁。由于长期低水位运行,对灌溉、养殖都有负面影响,直接影响工程效益的发挥。

水库投入运行近五十年来,曾在灌溉、防洪、养殖等方面产生了很大的效益。运行管理单位虽在工程维护方面做了不少努力,但由于工程先天不足,以及其他种种原因,大坝及其他枢纽工程未得到全面彻底的维修加固,工程存在较多安全隐患:大坝渗漏严重,坝坡散浸现象严重,全坝段坝脚有多处积水坑;放水涵出口处管壁混凝土老化严重,涵洞两侧壁存在接触渗漏等,启闭机底座锈蚀严重,止水不严,启闭机启闭不灵;溢洪道堰顶砌石开裂,进口段阻水,无消能防冲设施;溢洪渠道(沟)淤堵严重、渠道堤防断面不足,104 国道桥和 3 座生产桥阻水严重,生产桥过水流量不足 5 m^3/s,严重影响泄洪安全;溢洪闸、防洪闸启闭机梁混凝土碳化严重,两侧浆砌石挡墙砂浆脱落,启闭机锈蚀,螺杆弯曲,开启困难,闸底板人为损坏严重,止水橡皮老化;坝顶道路为土路,凸凹不平,防洪闸无道路,车辆人员无法通行,严重影响防汛抢险;防浪墙砂浆剥落、墙体开裂;白蚁危害严重问题;大坝无安全监测设施、管理用房、电源及通信设施。

综上所述,对照《水库大坝安全评价导则》,樵子涧水库运行管理综合评价为差。

6.3 工程质量评价

根据《水库大坝安全评价导则》(SL 258—2017)规定,结合水库大坝工程现状和历史上曾出现的险情,对水库大坝安全评价按如下工作步骤进行:①工程质量现场安全检查,包括对水库大坝历史资料进行分析,收集工程运行期质量事故有关处理情况等;②根据现场安全检查结果,对水库大坝进行工程地质勘察,了解大坝运行后工程地质和水文变化情况;③根据现场安全检查结果,委托检测单位对水库大坝枢纽建筑物现状质量进行检测；④根据以上工作成果，对水库大坝进行综合评价。

一、工程质量检查

根据《水库大坝安全鉴定办法》（水建管〔2003〕271号）和《水库大坝安全评价导则》（SL 258—2017），五河县水利局于2007年4月2日组织了樵子涧水库大坝安全鉴定现场安全检查工作。按照水利部颁布的《水库大坝安全鉴定办法》（水建管〔2003〕271号）的规定，结合樵子涧水库大坝的实际情况，制定了《樵子涧水库现场安全检查提纲》。检测单位按照检查提纲及检查表所列内容，于2007年4月2日对樵子涧水库工程管理、水库调度、安全监测、大坝、溢洪道、放水涵、溢洪闸、防洪闸、溢洪渠道、防汛道路及白蚁活动情况进行全面系统检查；根据现场安全检查，发现大坝存在以下问题：

（1）大坝坝基渗漏，坝坡散浸严重，并且无排渗排水设施，坝脚无导渗及排水设施，未划定保护范围，坝脚多处有水塘；大坝存在严重白蚁危害；迎水侧护坡块石严重风化和破碎，混凝土护坡开裂、塌陷；背水坡为草皮护坡，雨淋沟严重；防浪墙砂浆脱落、墙体开裂。

（2）溢洪闸浆砌石挡墙、闸墩等砂浆脱落、开裂，进口段阻水，出口段消能防冲设施损坏。

（3）放水底涵为坝下埋涵，涵管断裂并渗漏水严重，出口段挡墙开裂、消能防冲设施损坏；闸门止水不严，漏水严重。启闭机螺杆、底座锈蚀严重，开启困难。

（4）防洪闸启闭机梁混凝土碳化严重、钢筋裸露，两侧浆砌石翼墙砂浆脱落和裂缝，启闭机锈蚀，螺杆弯曲，开启困难。闸底板损坏严重，止水橡皮老化。

（5）溢洪道堰顶浆砌石开裂严重，进口段未切滩至设计高程，下游无消能防冲设施，严重影响防洪安全。

（6）水库通过溢洪渠道向淮河泄洪，渠道不仅断面窄小，而且渠上有四座桥梁阻水严重；右岸堤身单薄，渠道淤塞，致使泄流量严重不足。

（7）灌溉引水干渠设在坝脚，渗漏水严重。

（8）防汛道路损坏严重。

二、大坝工程质量评价

（1）坝基和岸坡处理

主体工程系在“边勘察、边设计、边施工”的状况下兴建。根据调查，建坝时为赶工期，坝基淤泥未清除，植物未除净，直接在淤泥上填土。另根据本次勘察：大坝坐落在②层腐殖土层，其层厚0 m～1.0 m，灰色，软塑状态，有腥臭味，含有贝壳和未完全腐烂的植物根茎。根据以上所述，可以认为樵子涧水库在坝基和岸坡处理上不符合现行规范要求。

（2）坝身填筑

大坝施工由于历史原因，部分坝段有不合格土料上坝，坝身填筑情况无施工记录和竣工资料记载。通过对当时施工人员的调查了解，筑坝是采用人工挑土填筑，填筑范围内各社、队交接处存在“交界沟”。由于施工水平及施工条件落后，其施工质量不满足规范要求，填筑质量差。这从水库蓄水后的运行情况及本次检测试验资料也得到验证。根据坝体填筑质量检测成果：坝身填土压实度≥96%的合格率为13.3%，不满足现行规范要求。注水试验得出填土的渗透系数为：$2.17\times10^{-4}\sim5.45\times10^{-3}$ cm/s，从注水试验成果可见有部分坝段的渗透系数已大于《碾压式土石坝设计规范》(SL 274—2020)对均质坝土料的渗透系数的要求。另据调查在水库大坝中还存在白蚁的危害现象。

（3）坝顶防浪墙

坝顶防浪墙为砖砌，砂浆抹面。经检测和检查，防浪墙多处墙体开裂，砂浆脱落。

（4）大坝护坡

大坝迎水坡高程15.5 m～18.0 m为干砌石护坡，经检查和检测：护坡块石大小不规则，块石破损严重、龟裂和风化；砌筑厚度为80 mm～310 mm，大部分存在叠砌；普遍存在通缝、浮塞、空洞现象；大部分砌石尺寸较小，砌筑时排列不紧密、间隔较大，块石大小、缝宽和平整度合格率分别为76.5%、2.8%和70.7%；护坡下无垫层。在坝坡土体沉降及风浪的淘刷作用下，易造成砌石局部塌陷和松动等质量问题。

高程18.0 m～21.0 m为混凝土护坡，混凝土护坡厚10 cm，目前已有裂缝及塌陷。

三、建筑物工程质量评价

（1）放水底涵

放水底涵为坝下埋涵，涵管裂缝渗水明显，混凝土老化严重，涵管与周边填土之间存在接触渗漏，闸门止水老化；出口段处挡墙砌缝砂浆开裂、脱落，砂浆与块石胶结较差，有蜂窝、孔洞现象，经检测砌体砂浆强度推定值为4.7 MPa，下游消能防冲设施损坏；启闭机底座严重锈蚀；启闭机梁混凝土强度推定值为14.5 MPa～22.3 MPa，混凝土碳化深度大于钢筋的保护层厚度，钢筋处于锈蚀状态。建议放水底涵拆除重建。

（2）溢洪道

溢洪道进口段未切滩到设计高程，堰顶浆砌石开裂，砂浆脱落，出口段无消能防冲设施，影响泄洪安全。建议进行加固处理。

（3）溢洪闸

溢洪闸挡墙砌缝砂浆脱落、不密实，砂浆与块石胶结较差，有蜂窝、孔洞现象；上游阻水；闸门止水老化；下游消能防冲设施损坏。溢洪闸启闭机大梁存在裂缝，混凝土老化严重。经检测现龄期砂浆强度推定值为5.13 MPa～6.13 MPa，启闭机梁混凝土强度推定值为19.0 MPa～22.2 MPa，混凝土碳化深度大于钢筋的保护层厚度。建议溢洪闸拆除重建。

（4）防洪闸

防洪闸闸墩、挡墙为浆砌石结构，砌缝砂浆脱落，砂浆与块石胶结较差，有蜂窝、孔洞现象；上下游消能防冲设施损毁。防洪闸启闭机梁钢筋外露、锈蚀严重，混凝土老化严重，启闭机底座严重锈蚀。经检测现龄期砂浆强度推定值为 6.0 MPa～7.15 MPa，启闭机梁混凝土强度推定值为 15.9 MPa～22.1 MPa，混凝土碳化深度大于钢筋的保护层厚度。建议防洪闸拆除重建。

（5）溢洪渠道

溢洪渠道过水断面不满足泄洪要求，淤塞严重，且右堤断面单薄，四座桥梁阻水严重。建议增大渠道过水断面，对四座桥采取措施增加流量，确保洪水安全下泄。

四、工程质量综合评价

樵子涧水库是在特定的历史条件下修建，经多次续建和加固后建成现在规模，几十年来自然侵蚀、人畜破坏、工程老化等问题表现较为突出。经检测、现场检查和勘察表明大坝存在诸多严重质量问题：

（1）大坝清基不彻底，主坝坝基有较厚淤泥质土层，岸坡与坝身的接触部位未经严格处理；坝体填筑接缝处理不规范，碾压不密实，存在松散层；存在严重白蚁危害；迎水侧块石护坡存在块石破损、龟裂、风化、叠砌，块石尺寸小，砌缝宽度大，护坡下无垫层等质量问题；迎水侧混凝土护坡存在裂缝及塌陷；大坝背水侧草皮护坡不均，雨淋沟严重；坝顶防浪墙开裂、砂浆脱落。

（2）放水底涵为坝下埋涵，涵管裂缝渗水明显，混凝土老化严重，涵管与周边填土之间存在接触渗漏，闸门止水老化；出口段处挡墙砌缝砂浆开裂、脱落，砂浆与块石胶结较差，有蜂窝、孔洞现象；混凝土碳化深度大于钢筋的保护层厚度，钢筋处于锈蚀状态。

（3）溢洪道进口段未切滩到设计高程，堰顶浆砌石开裂，砂浆脱落，出口段无消能防冲设施，影响泄洪安全。

（4）溢洪闸挡墙砌缝砂浆脱落、不密实，砂浆与块石胶结较差，有蜂窝、孔洞现象；上游阻水；闸门止水老化；下游消能防冲设施损坏。溢洪闸启闭机大梁存在裂缝，混凝土老化严重；混凝土碳化深度大于钢筋的保护层厚度。

（5）防洪闸闸墩、挡墙砌缝砂浆脱落，砂浆与块石胶结较差，有蜂窝、孔洞现象；上、下游消能防冲设施损毁。启闭机梁钢筋外露、锈蚀严重，混凝土老化严重，启闭机底座严重锈蚀。

（6）溢洪渠道过水断面不满足泄洪要求，淤塞严重，且右堤断面单薄，四座桥梁阻水严重。按照现行规范要求，水库大坝的实际施工质量未达到规定的要求，工程运行中也暴露出一些严重的质量问题，工程质量评定为不合格。

7 大坝安全分析及评价

7.1 防洪标准复核

一、水库概况

樵子涧水库位于淮河中下游五河段堤防右岸，坐落在安徽省蚌埠市五河县朱顶镇境内。该水库枢纽工程兴建于1958年，工程质量差，且配套工程缺项。建库多年来未能发挥应有效益，一直处于病险库状态。该水库是一座具有防洪、灌溉、养殖等综合利用效益的多年调节中型水库。原设计灌溉面积3.0万亩，有效灌溉面积1.5万亩。有可养水面0.6万亩，水库下游保护范围45 km^2，包含村庄15座、人口5万人、耕地5万亩、道路43 km，104国道穿行其间，有初级中学1所以及五河县看守所，和拟建中的徐明高速公路。

工程等别为Ⅲ等，工程规模为中型，主要永久性水工建筑物级别为3级。水库原设计防洪标准：按50年一遇洪水标准设计，1 000年一遇洪水校核，设计洪水总量935万m^3，校核洪水总量1 753.万m^3，设计洪峰流量432.8 m^3/s，设计洪水位19.35 m，校核洪水位20.31 m，正常蓄水位18.5 m，汛限水位18.00 m，死水位15.10 m，水库总库容2 530万m^3，防洪库容640万m^3，兴利库容1 150万m^3，死库容350 m^3。

二、流域基本特征参数复核

由于水库大坝原设计资料缺失，水库部分特征指标较为混乱，为了樵子涧水库大坝防洪安全及安全鉴定需要，本次对该水库大坝防洪标准进行复核，该项工作以《防洪标准》《安徽省暴雨参数等值线图、山丘区产汇流分析成果和山丘区中、小面积设计洪水计算办法》及五河县水利局提供的水库库容-面积曲线、水位特征值为基础资料。

本次核算采用的流域的特征值如下：主河道平均坡降为1.86‰；水库流域形状系数为0.335；流域平均宽度为3.65 km；水库流域面积为39.7 km^2。

水库高程-面积-容积关系复核中，由于无库区实测现状地形图，故仍采用原库区地形图。根据原库区地形图，复核了水库水位-面积关系，复核结果同五河县水利局提供的原始数据基本吻合，因此樵子涧水库水位-面积-库容关系采用原值，见图7.1-1。

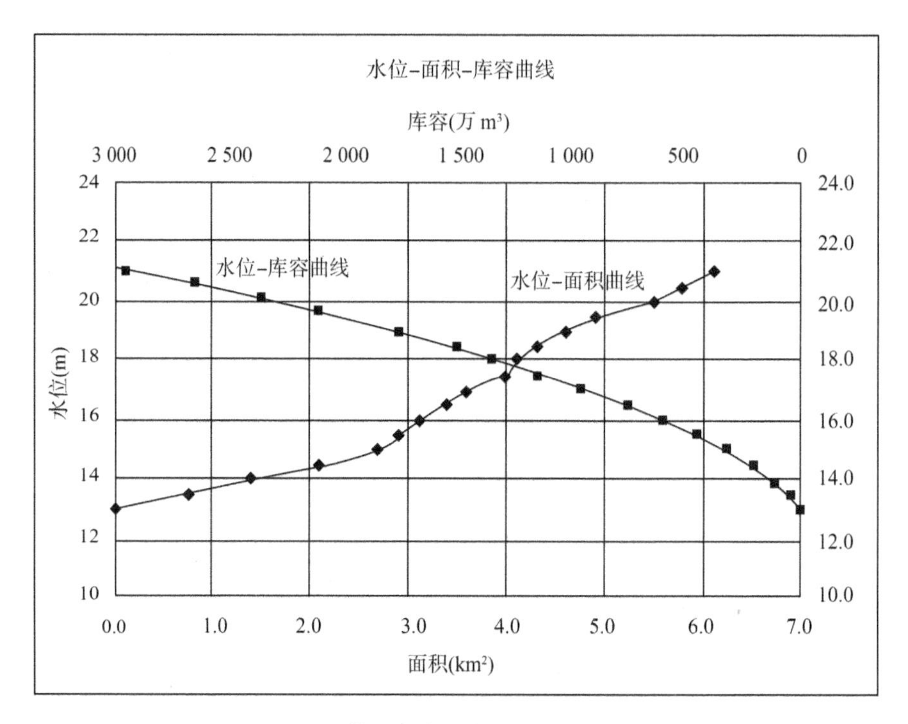

图 7.1-1　樵子涧水库水位-面积-库容曲线

三、设计洪水复核

(1) 设计洪水过程

水库缺少实测降雨资料，本身也没有长系列水位测量记录，因此，洪水过程计算根据安徽省水利勘察设计院 1984 年 5 月编制的《安徽省暴雨参数等值线图、山丘区产汇流分析成果和山丘区中、小面积设计洪水计算办法》(以下简称"84 办法")。

水库位于五河县朱顶镇境内，根据"84 办法"中附图 1-4 查得年最大 24 小时、1 小时点雨量均值分别为 110 mm、50 mm，年最大 24 小时、1 小时点雨量变差系数分别为 0.6、0.5。结合 P-Ⅲ型曲线模比系数表可计算出 50 年一遇 24 小时、1 小时点暴雨量分别为 303.6 mm、121.0 mm，1 000 年一遇 24 小时、1 小时点暴雨量分别为 508.2 mm、189.0 mm。点面折算系数按 0.98 考虑，计算 50 年一遇 24 小时、1 小时面暴雨量分别为 297.5 mm、118.6 mm，1 000 年一遇 24 小时、1 小时面暴雨量分别为 498.4 mm、185.2 mm。江淮地区丘陵区蓄满产流次降雨损失量重现期大于等于 50 年一遇时为 60 mm，重现期小于等于 20 年一遇时为 80 mm。因此，樵子涧水库 50 年一遇最大 24 小时净雨量 237.5 mm；1 000 年一遇最大 24 小时净雨量 438.4 mm。

(2) 洪水过程

根据上述设计暴雨分析成果，采用"84 办法"中纳希瞬时单位线模型来推求樵子涧水库的洪水过程线。在江淮地区，纳希模型中两个主要参数 N 取 3.0，k 值按下式计算：

$$k = 1.13 \times \left(\frac{F}{J^2}\right)^{0.24} \times \left(\frac{R_3}{30}\right)^{-0.34 \times \left(\frac{F}{J^2}\right)^{-0.12}}$$

式中 F 为流域面积，单位 km^2；J 为主河道平均坡度，以‰计；R_3 为最大 3 小时设计净雨量，单位 mm；可由"84 办法"中表 6 查算得到。

由"84 办法"中表 6 根据最大 1 小时面雨量同最大 24 小时面雨量的比值可查算出相应频率的暴雨衰减指数 n。在确定了 n、k 之后即可查算出相应频率的洪水流量模及洪水过程。中间过程各参数的值见表 7.1-1，洪水流量过程及洪水过程略。

表 7.1-1 樵子涧水库洪水设计参数取值($\frac{F}{J^2} = 0.11$)

参数	50 年一遇	1 000 年一遇
k	0.30	0.25
n	0.71	0.69
R_1(mm)	121.0	189.0
R_3(mm)	163.6	259.2
R_{24}(mm)	237.5	438.4
$\frac{F \cdot R}{1\,000}$	9.429	17.404

(3) 泄流计算

1) 溢洪闸泄流计算

水库溢洪闸底板高程为 17.00 m，闸门顶高程为 19.50 m，闸孔 2 孔×4 m，泄流公式采用：

$$Q = mB\varepsilon\sqrt{2g}H_0^{3/2}$$

式中：B——过流面积，m^2；

m——流量系数，取 0.365；

ε——水流收缩系数；

H_0——闸上游行近水头，m。

2) 溢洪道泄流计算

溢洪道堰顶高程 19.00 m，底宽 40.0 m。溢洪道泄流量计算公式：

$$Q = \sigma_\varepsilon mb\sqrt{2g}H_0^{3/2}$$

式中：Q——泄流量，m^3/s；

m——流量系数；

b——堰顶净宽，m；

σ_ε——侧收缩系数；

H_0——包括行近流速水头的堰前水头，m。

由上述公式计算得水库溢洪道的泄流量计算成果略。

(4) 调洪演算

樵子涧水库汛限水位为18.00 m，溢洪闸的底板高程17.00 m，溢洪道堰顶高程为19.00 m。当汛期库水位达到18.00 m时开启溢洪闸闸门开始泄水，故起调水位定在18.00 m。根据以上计算所得洪水过程线，通过调洪演算推求最高洪水位。调洪演算采用水量平衡方程式计算。

$$\frac{(I_{前}+I_{末})}{2}-\frac{(Q_{前}+Q_{末})}{2}=\frac{(V_{末}-V_{前})}{dt}$$

式中：$V_{末}$、$V_{前}$——时段t末、初的水库蓄水量，万m^3；

$Q_{前}$、$Q_{末}$——时段t初、末的泄水量，m^3/s；

$I_{前}$、$I_{末}$——时段t初、末的来水量，m^3/s。

通过对樵子涧水库50年、1 000年一遇标准洪水进行调洪演算，得到调洪成果略。

(5) 调洪演算成果

通过对樵子涧水库调洪演算复核，其成果列于表7.1-2中。

表7.1-2　樵子涧水库调洪演算成果表

频率	最高库水位(m)	相应库容(万m^3)	入库洪峰流量(m^3/s)	最大泄量(m^3/s)
50年一遇	19.37	1 986.1	792.5	52.5
1 000年一遇	20.25	2 514.7	1 499.4	137.3

四、防洪标准复核

樵子涧水库属中型水库，工程等别为Ⅲ等。根据《防洪标准》(GB 50201—2014)，樵子涧水库设计洪水标准可取50年一遇，校核洪水标准取1 000年一遇。

根据以上调洪演算结果，樵子涧水库50年一遇设计洪水位为19.37 m，相应库容为1 986.1万m^3；1 000年一遇校核洪水位为20.25 m，相应库容为2 514.7万m^3。

五、泄洪安全分析

樵子涧水库溢洪道和溢洪闸均存在质量问题，并且溢洪道下游缺少消能防冲设施、溢洪闸消能防冲设施已损坏，均不能够正常泄洪。根据现场检查和检测，溢洪道进口未按设计实施，溢洪闸浆砌块石风化、砂浆脱落、开裂严重，影响大坝泄洪安全。

六、防洪复核结论

(1) 本次复核根据《防洪标准》(GB 50201—2014)规范要求，设计洪水标准取50年一遇，设计洪水位为19.37 m，相应库容为1 986.1万m^3；校核洪水标准取1 000年一遇，校核洪水位为20.25 m，相应库容为2 514.7万m^3。

(2) 坝顶高程复核表明，大坝现状坝顶高程不满足防洪要求。

(3) 泄洪建筑物存在质量问题，溢洪道下游缺少消能防冲设施，溢洪闸消能防冲设施已损坏，下游渠道不通畅，毁坏严重。

(4) 水库将正常溢洪道和溢洪闸所设位置集中，同时泄洪影响安全。

综合分析大坝坝顶高程、泄洪能力及泄洪安全等因素，樵子涧水库防洪安全性建议评定为C级。

7.2 渗流安全评价

一、工程运行和现场检查情况

水库大坝虽经几次续建和加固，但运行状况一直不理想。大坝填筑质量差，施工时未清基，导致坝基渗漏严重，坝坡散浸，并且无排渗排水设施，全坝段渗流出逸点较高，坝坡有湿软现象。坝脚无导渗及排水设施，未划定保护范围，坝脚多处有水塘。

二、渗流分析计算

通过有限元分析得出浸润线、等势线。各种工况计算结果见表7.2-1。

表7.2-1 各种工况计算结果汇总表

位置	计算工况		渗漏单宽流量[m^3/(s·m)]	坝坡出逸点高程(m)	下游坝脚高程(m)	渗透比降	
						坝坡出逸点出逸比降	坝内最大比降
1+000	正常蓄水位		5.66×10^{-6}	14.98	14.00	0.576	0.602
	设计洪水位		1.07×10^{-5}	15.90	14.00	0.604	0.606
	校核洪水位		1.53×10^{-5}	18.26	14.00	0.617	0.642
	水位骤降	上游	流进：1.14×10^{-6}	16.75	14.00	0.457	0.654
		下游	流出：1.09×10^{-5}	15.25	14.00	0.653	
1+700	正常蓄水位		7.87×10^{-6}	14.66	13.48	0.516	0.581
	设计洪水位		1.40×10^{-5}	15.90	13.48	0.620	0.630
	校核洪水位		1.93×10^{-5}	18.49	13.48	0.638	0.656
	水位骤降	上游	流进：1.56×10^{-6}	16.61	13.48	0.784	0.870
		下游	流出：1.13×10^{-5}	14.67	13.48	0.562	

三、渗透稳定计算

(1) 浸润线出逸点处的渗透稳定性复核

浸润线出逸点处的临界比降可用以下公式进行计算：

$$J_c = \frac{\gamma'}{\gamma}(\tan\varphi - \tan\beta)\cos\beta + \frac{C}{\gamma}$$

式中 γ'为坡面土的浮容重；γ 为水的容重；β 为出逸点所在坡面的坡角；φ 为坝坡坡面土层的内摩擦角；C 为坝坡坡面土层单位土体(单宽为 1 m)的凝聚力，单位为 kPa。计算参数为：$\gamma=9.8\ \text{kN/m}^3$，$\gamma'=9.8\ \text{kN/m}^3$，$\varphi=14.9°$，$C=39.0\ \text{kPa}$，$\beta_{1+000}=22°$，$\beta_{1+700}=24°$。由于浸润线出逸点以下坝坡坡面有渗水逸出，所以会使坡面土软化，使其凝聚力减少，计算中，C 值根据相关文献结合现场情况取 8.0 kPa。代入上式经计算得出：浸润线出逸点处的临界比降 $J_{c1+000}=0.688$，$J_{c1+700}=0.653$。

允许比降计算时考虑到以下因素：樵子涧水库大坝是在特定的条件下采用人工挑抬填筑而成；各施工段之间存在界沟界墙，坝身填筑不够密实等质量问题；对大坝现场检查与检测的结果表明，大坝施工存在诸多质量问题，如清基不彻底、岸坡处理不规范、部分筑坝土料不符合要求，以致坝体多处散浸。另外还存在着严重的白蚁危害，工程运行中也暴露出一些严重的质量问题，总体而言，该工程质量是不合格的。综合考虑各方面的影响因素，计算时取其安全系数为 1.5，即得出浸润线出逸点处的允许比降 $J_{\text{允许}1+000}=0.459$，$J_{\text{允许}1+700}=0.435$。

根据计算，以上四种工况下 1+000 和 1+700 两个断面坝坡出逸点处的渗透比降均大于其允许渗透比降，浸润线出逸处渗透稳定性不安全。

(2) 坝身内部渗透稳定复核

根据《勘察报告》，坝身内部土的允许渗透比降为 0.858。本次计算中，坝身内部渗透比降均小于 0.858，坝身内部渗透稳定性是安全的。

(3) 下游坝基渗透安全性校核

坝基表层②层的渗透系数大于其下层③层的渗透系数，故下游坝基表层渗透稳定性是安全的。

四、两坝端与山坡接合部接触渗透稳定性评价

大坝两侧坝肩坐落在上太古界下五河亚群西堌堆组 Ar_2x 岩层，其岩性有花岗片麻岩、角闪岩、浅粒岩、大理岩、混合岩，呈现强风化及中风化。根据地质测绘及坑探表明，坝两侧坝肩均位于山坡突出部位，另根据现场调查和检查，施工时两坝端与山坡接合部未进行有效清基，坝端与山坡接合部的接触渗透稳定性不安全。

五、放水底涵的渗流稳定计算

放水底涵底板地基建在②层腐殖土层，软塑状，含大量植物根茎。涵洞两侧和上部的回填土为①层人工填土：以重粉质壤土、黏土及粉质黏土为主，压实状况差，按《水闸设计规范》(SL 265—2016)，基底防渗长度应大于下式计算的 L 值。

$$L = C \cdot \Delta H$$

经计算，$L=C \cdot \Delta H=7\times 5.02=35.14$ m，即基底防渗长度应大于 35.14 m，放水底涵洞身实际长度为 46.0 m，满足防渗要求。

上述计算结果是考虑回填土按设计及规范进行压实前提下得出的，但根据现场检查和工程运用实际情况可知底涵接触渗流较为严重，涵身断裂，可以认为放水底涵渗流性态不安全。

六、其他建筑物渗透稳定分析

各建筑物由于没有设计详图，对其渗流稳定性难以进行计算复核。由于施工时回填土未压实，以致其渗径长度缩短，造成建筑物与坝体渗漏水现象严重。上述情况说明各建筑物与周围土体存在接触渗漏现象。可以认为各建筑物与周围土体的接触渗透稳定性不安全。

七、渗流安全综合评价

(1) 根据渗流分析计算结果可得，下游坝坡浸润线出逸处的渗透稳定性不安全，坝身内部渗透比降较大，且出逸点较高。结合大坝在实际运行中由于清基不彻底、坝身填筑不密实、不均匀，存在严重的白蚁危害，导致局部渗漏严重，坝坡出现湿软现象，坝脚有多处池塘，可认为大坝的坝身及坝基渗流性态不安全。

(2) 经现场检查和工程运用情况表明，涵洞洞身、溢洪闸和防洪闸接触渗流严重，危及大坝安全。

综合以上因素，可认为大坝的渗流性态不安全，大坝渗流安全性评为 C 级。

7.3 结构安全评价

一、安全评价依据及标准

(1) 设计水位及建筑物级别

樵子涧水库设计水位为 19.37 m，校核水位为 20.25 m，其对应的库容分别为 1 986.1 万 m^3、2 514.7 万 m^3。根据《水利水电工程等级划分及洪水标准》(SL 252—2020)的有关规定，按水库总库容、保护农田面积和灌溉面积划分，樵子涧水库工程等别为Ⅲ等，工程规模为中型，主要永久性水工建筑物级别为3级。

（2）采用的主要技术规范和标准

《水利水电工程等级划分及洪水标准》（SL 252—2017）；

《防洪标准》（GB 50201—2016）；

《水库大坝安全评价导则》（SL 258—2017）；

《碾压式土石坝设计规范》（SL 274—2020）。

二、大坝结构安全评价

（1）坝顶高程复核

根据《碾压式土石坝设计规范》（SL 274—2020），坝顶在静水位以上的超高为：

$$y = R + e + A$$

式中：y——坝顶超高，m；

R——最大波浪在坝上的爬高，m；

e——最大风壅水面高度，m；

A——安全加高，设计取0.70 m，校核取0.40 m。

樵子涧水库洪水期间坝址的多年平均最大风速取14.8 m/s，正常设计运用情况下按规范取多年平均年最大风速的1.5倍。根据1∶10 000地图计算设计水位、校核水位和正常蓄水位下的风区长度D为4 000 m。平均水深H_m，现状条件下，50年一遇、1 000年一遇和正常蓄水位下平均水深分别为4.0 m、4.9 m和2.6 m。计算结果见表7.3-1。

表7.3-1　坝顶超高计算表

项目	水库静水位（m）	风壅高度e（m）	平均波高h_m（m）	平均波长L_m（m）	平均波浪爬高R_m（m）	波浪爬高R（m）	安全加高A（m）	超高y（m）	地震涌浪高度（m）	坝顶高程（m）
50年一遇	19.37	0.09	0.53	16.28	0.90	2.19	0.70	2.98	—	22.35
1 000年一遇	20.25	0.03	0.37	11.40	0.60	1.45	0.40	1.98	—	22.13
地震作用	18.50	0.12	0.50	15.22	0.84	2.04	0.70	2.86	0.50	21.86

由上表可知：大坝在设计水位50年一遇、校核水位1 000年一遇和正常运用条件下考虑地震荷载坝顶高程分别为22.35 m、22.13 m和21.86 m。樵子涧水库大坝现状坝顶高程为20.83 m～21.22 m，防浪墙顶高程为22.00 m，不能满足防洪要求。

（2）大坝坝坡抗滑稳定复核

1）计算断面选取

根据《勘察报告》，结合地形条件、坝身高度、老河槽及坝基、坝身填筑条件及现场调查情况选取最大坝高断面（1＋700）和典型断面（1＋000）作为代表性断面进行分析。

2）分析意义、分析方法、计算断面与计算指标

稳定分析计算的目的在于保证坝体与坝基在自重、各种运用条件的孔隙水压力和外荷载作用下，具有足够的稳定性，不致发生通过坝体和坝基的整体滑动破坏。根据规范《碾压式土石坝设计规范》(SL 274—2020)的要求采用简化毕肖普法计算，抗剪强度指标为有效应力指标。

稳定分析的计算断面同渗流分析。各土层计算指标除基岩外，其他土层均取《勘察报告》中建议值，具体指标见表 7.3-2。

表 7.3-2　坝坡稳定稳定分析计算参数表

参数	湿容重(kN/m^3)	浮容重(kN/m^3)	凝聚力 c(kPa)	内摩擦角 Φ(°)
①层素填土层	18.1	9.8	24.4	14.9
②层腐殖土层	18.6	8.6	11.0	8.9
第③层淤泥质粉质黏土层	17.1	7.7	8.9	6.3
第④层粉质黏土层	20.0	10.0	34.8	17.1

由于该坝早已建成，所以没有计算施工期的稳定安全系数。根据该坝体的实际情况，针对以下四种工况进行计算：①上游正常蓄水位 18.50 m 下的下游坡与坝基的稳定性；②上游设计洪水位 19.37 m 下的下游坡与坝基的稳定性；③上游校核洪水位 20.25 m 下的下游坡与坝基的稳定性；④库水位由校核洪水位 20.25 m 骤降至不利水位(1/3 坝高)时上游坡稳定性。坝坡抗滑稳定最小安全系数按《碾压式土石坝设计规范》(SL 274—2020)选取，并与上述各工况下计算得出的稳定安全系数比较，判断坝坡抗滑稳定的安全性。

3）各工况下坝坡抗滑稳定安全系数计算成果

各工况下坝坡抗滑稳定计算成果见表 7.3-3。

表 7.3-3　大坝坝坡抗滑稳定最小安全系数计算成果表

位置	计算工况	最危险滑弧参数		抗滑稳定最小安全系数	
		圆心坐标	半径	计算值(规范允许值)	
		(x,y)	R(m)		
1+700	正常蓄水位	下游坡	(43.1,33.0)	26.3	1.218(1.30)
	设计水位	下游坡	(43.6,32.1)	26.3	1.147(1.30)
	校核水位	下游坡	(42.5,29.8)	24.4	1.089(1.20)
	水位骤降	上游坡	(10.1,27.3)	21.1	1.022(1.20)
1+000	正常蓄水位	下游坡	(41.3,38.7)	29.4	1.224(1.30)
	设计水位	下游坡	(41.3,38.7)	29.4	1.150(1.30)
	校核水位	下游坡	(41.8,38.4)	29.2	1.123(1.20)
	水位骤降	上游坡	(8.0,31.7)	23.3	1.060(1.20)

4）计算成果分析

根据计算结果，水库上游坝坡抗滑稳定安全系数小于规范允许值。下游坝坡抗滑稳定安全系数小于规范允许值。

（3）近坝库岸稳定分析

根据上文分析，库区两岸多为强—中风化的岩石和呈可塑—硬塑状的第四系覆盖层组成。经调查未发现库区有明显的滑坡、崩塌等迹象；库区地形较缓、植被发育，不良地质现象不发育。库岸现状是稳定的，即使局部失稳也不会对大坝产生严重影响。

三、各建筑物结构安全评价

（1）过流能力复核

1）放水涵洞过流能力复核

放水涵洞底板高程 13.5 m，直径 0.9 m 钢筋混凝土有压圆涵，闸前水位为 20.25 m。计算得半有压流至有压流的临界值 $K_{2m}=3.41$，$H/a=3.9$，因此，按照有压涵洞淹没出流计算放水涵洞流量，计算公式如下：

$$Q=\mu_H\sigma\sqrt{2g(H_0+iL-h_t)}$$

$$\mu_H=\frac{1}{\sqrt{\zeta_z+\sum\zeta+\frac{2gL}{C^2R}}}$$

式中：Q——过闸流量，m^3/s；

μ_H——淹没出流的流量系数；

σ——过水断面面积，m^2；

g——重力加速度，取 9.81 m^2/s；

H_0——上游静水头，m；

i——涵洞坡率；

L——涵洞长度，m；

h_t——以出口洞底为标高的出口水位，m；

ζ_z——涵洞出口局部水头损失系数；

$\sum\zeta$——从进口到出口（不包括出口）的各种局部水头损失系数之和；

C——谢才系数；

R——水力半径，m。

经计算，放水涵洞流量为 4.34 m^3/s，不能满足设计要求。

2）溢洪闸过流能力复核

溢洪闸过流能力按宽顶堰计算，闸前水位取 19.37 m，闸底高程为 17.0 m，闸室净宽为 8.0 m，设计过闸流量 $Q=52.0$ m^3/s。

经计算 $h_s/H_0=0.87<0.90$，属自由出流，按下式计算闸孔总净宽：

$$B_0=\frac{Q}{\tan\sqrt{2g}H_0^{3/2}}$$

计算得闸孔总净宽 B_0 为 8.40 m，实际闸孔净宽为 8.0 m，因此，溢洪闸过流能力不满足设计要求。

3）溢洪道过流能力复核

溢洪道计算结果见防洪标准复核相关内容。

(2) 下游消能防冲复核

经现场检测发现，水库穿坝建筑物历经长年的运行，出水口消能防冲设施现已毁坏殆尽，若不进行及时处理，势必影响穿坝建筑物的正常运行，危及大坝的安全，因此，可以认为穿坝建筑物的消能防冲设施不能满足规范要求。

(3) 强度复核

1）溢洪闸

溢洪闸为浆砌块石拱式结构，底板高程为 17.00 m，拱顶填土厚度 $H=0.6$ m。

拱圈基本尺寸为：净跨 $L_0=4.0$ m，净矢高 $f_0=0.6$ m，拱圈厚度 $t=0.4$ m，拱半中心角 $\alpha=53°$，拱外径 $D=5.2$ m。

建筑材料：拱涵采用 100 号水泥砂浆块石砌筑，容许压应力$[\sigma_a]=1.8$ MPa，容许弯曲拉应力$[\sigma_{wl}]=0.16$ MPa，填土重度 $\gamma=19$ kN/m^3，填土内摩擦角 $\Phi=30°$，重度 $\gamma_s=22$ kN/m^3，基底置于硬塑黏土上。

计算参数：计算跨度 $L=L_0+t\sin53°=4.32$ m，计算矢高 $f=f_0+t/2=0.8$ m，矢跨比 $f/L=0.2$。

a. 荷载计算

垂直土压力计算：

垂直土压力 $G_B=\gamma HD=41.04$ kN，

垂直土压力强度 $q_B=G_B/D=11.4$ kN/m，

拱背填土重力 $G_1=0.04313\gamma L^2=6.06$ kN，

拱圈自重 $q_z=\gamma_s t=8.8$ kN/m；

侧向土压力计算：

拱顶处侧向土压力强度 $q_1=\gamma Htg^2(45°-\Phi/2)=3.80$ kN/m，

拱脚处侧向土压力强度 $q_2=\gamma(H+f_0+t/2)tg^2(45°-\Phi/2)=10.13$ kN/m。

b. 内力计算

内力计算采用查表法进行，计算结果略。

c. 拱圈的强度、偏心矩和稳定验算

① 强度验算：

拱顶处：

偏心矩 $e_0=M_C/N_C=0.01$ m，

截面中心至偏心方向的截面边缘距离 $y=t/2=0.2$ m，

塑性影响系数 $K=1+1.5e_0/y=1.1$，

弯曲压应力 $\sigma_a=N_C/A+M_C/W$，

其中 A 为计算截面面积 $A=0.4\times1=0.4$ m²，

W 为截面抵抗矩 $W=0.027$ m³，

得 $\sigma_a=102.13$ kN/m² $=0.102$ MPa $<K[\sigma_a]$，

弯曲拉应力 $\sigma_{wl}=M_C/W-N_C/A=-7.85\times10^{-2}$ MPa $<[\sigma_{wl}]$。

拱脚处：

拱脚压力 $N_A=H_A\cos\alpha+V_A\sin\alpha=55.92$(kN)，

偏心矩 $e_0=M_A/N_A=0.02$ m，

$K=1+1.5e_0/y=1.15$，

弯曲压应力 $\sigma_a=N_A/A+M_A/W=0.18$ MPa $<K[\sigma_a]$，

弯曲拉应力 $\sigma_{wl}=M_A/W-N_A/A=-96.19$ kN/m² $=-9.62\times10^{-2}$ MPa $<[\sigma_{wl}]$。

故拱顶及拱脚强度均满足要求。

② 偏心矩验算

因在上述荷载作用下，弯曲拉应力未出现正值，故偏心矩不予验算。

③ 稳定性验算

拱顶处：

拱的纵向弯曲计算长度 $L_0=0.36$ s $=1.13$ m，$L_0/t=2.8<4$，

查表得纵向弯曲系数 $\zeta=1$，$\sigma_a=N_C/(\zeta A)=88.99$ kN/m² $<[\sigma_a]$。

拱脚处：

$N=H_A/\cos\Phi_m=37.77$ kN，$\sigma_a=N/(\zeta A)=94.43$ kN/m² $<[\sigma_a]$。

故稳定性满足要求。

2）放水涵

放水涵为有压圆涵基本参数：平基敷管，基底座于软土上，管底高程 13.5 m，内径 $D_1=0.9$ m，壁厚 $t=0.1$ m，填土厚度 $H=7.5$ m，填土重度 $\gamma=19$ kN/m³，填土内摩擦角 $\Phi=10.8°$，凝聚力为 30.9 kPa。管身为 150 号钢筋混凝土，单层配筋，Ⅰ级钢，纵向钢筋 12Φ6，环向钢筋 11Φ12，保护层厚度 $a=4.4$ cm。

a. 荷载计算

垂直土压力 $G_B=C_k\gamma D^2$，其中 C_k 为计算系数，D 为涵管外径。

$D=D_1+2t=1.1$ m，由 H/D 值查得 $C_k=7.0$，则 $G_B=160.93$ kN；

胸腔土重 $G_n=0.1075\gamma D^2=2.47$ kN，

涵管自重 $G=\gamma_c\pi(D^2-D_1{}^2)/4=7.85$ kN，

侧向土压力 $G_\sigma=q_\sigma a_0 D$，

其中 a_0 为突出比，$a_0=1$，q_σ 为侧向土压力强度，

$q_\sigma=\gamma H_0 tg^2(45°-\Phi/2)$，

$H_0=H+D/2=8.05$ m，

计算得 $q_\sigma=104.5$ kN/m，$G_\sigma=115.0$ kN。

b. 内力计算

设管底为1断面，过管中心的水平断面为2断面，管顶为3断面，采用查表法计算各控制断面的弯矩 M 和轴力 N。计算结果略。

c. 强度、抗裂度及裂缝开展宽度计算

① 强度验算

断面1所受弯矩最大，选择断面1作为控制断面。

$M_1=20.76$ kN·m，$N_1=70.08$ kN，$t_0=t-a=5.6$ cm，

偏心矩 $e_0=M_1/N_1=29.6$ cm$>0.3t_0=1.68$ cm，

为大偏心受压构件。

计算 $A_0=KM_1/(bt_0{}^2R_w)$，

其中 K 为混凝土构件强度安全系数，$K=1.5$，b 为计算单宽，$b=1$ m，R_w 为混凝土弯曲抗压设计强度，150号混凝土 $R_w=10.51$ MPa。

经计算所需钢筋截面积 A_g 为 23.41 cm^2，实际钢筋截面积 $A_{g0}=12.44$ cm^2，$A_g>A_{g0}$。

故强度不满足要求。

② 抗裂度验算

抗裂安全系数 $K_f=1.10$，150号混凝土抗裂设计强度 $R_f=1.3$ MPa，Ⅰ级钢筋弹模 $E_g=2.1\times105$ MPa，150号混凝土弹模 $E_h=2.3\times104$ MPa。

弹模比 $n=E_g/E_h=9.13$，圆涵以断面1弯矩 $M_1=20.76$ kN·m 最大，对此断面进行抗裂计算。

折算断面惯性矩为 8.337×107 mm^4，受拉区塑性影响系数 $\gamma=1.55G_{h0}=1.7$，

抗裂弯矩 $M_f=J_0\gamma Rf/(t-x_f)=3.71$ kN·m，$K_f M_1=20.76>M_f$。

故抗裂度不满足抗裂要求。

③ 裂缝开展宽度验算

取计算系数 $\alpha_1=0.06$，$\alpha_2=0.25$，钢筋形状系数 $v=1.0$，钢筋初始应力 $\alpha_0=20$ MPa，实际配筋率 $\mu_0=A_{g0}/bt_0=2.22\%$，钢筋直径 $d=1.2$ cm，平均裂缝间距 $L_f=(6+\alpha_1 d/\mu_0)v=9.24$ cm。

经计算裂缝最大开展宽度 $\delta_{fmax}=2[(\psi(\sigma_g-\sigma_0)/E_g-0.7\times10^{-4})]L_f=0.35$ mm

>0.3 mm。

即裂缝最大开展宽度大于最大允许裂缝开展宽度，不满足限裂要求。

(4) 稳定复核

本次主要针对溢洪闸和放水涵洞的稳定性进行复核。

由于放水涵埋于大坝内，不存在抗滑稳定问题。主要结构的抗滑稳定问题指放水涵洞洞身内无水状态，下游出水口两侧翼墙的抗滑稳定，以及上游放空水库或维修时，进水口翼墙的抗滑稳定问题和溢洪闸闸室段抗滑稳定。根据其截面形式，考虑不同荷载组合复核基底应力。进、出水口段翼墙为直立式浆砌石结构，墙后填土主要为粉质黏土和黏土，地表水一般不会渗入墙后填土中，墙上未设置排水口，因此，建筑物放水时，不考虑墙前水进入墙后填土，故涵洞内无水情况决定出水口翼墙的稳定性。翼墙墙后填土土压力计算按《水闸设计规范》(SL 265—2016)附录D要求进行，计算荷载的类型建筑物自重、土压力、水压力等。填土的内摩擦角 Φ 取 30°，填土与墙之间摩擦角 $\delta=\frac{1}{2}\Phi=15°$，填土重度 19.5 kN/m^3，浆砌石重度 23 kN/m^3，混凝土重度 25 kN/m^3。

1) 翼墙抗滑稳定计算

翼墙抗滑稳定计算，按《水闸设计规范》(SL 265—2016)中附录D计算土压力，按公式7.3.6-1计算抗滑稳定安全系数，按表7.3.10的规定，选定相关计算参数。穿坝建筑物翼墙抗滑稳定安全系数 k_c 按下式计算：

$$k_c=\frac{f\sum G}{\sum H}$$

放水涵和溢洪闸进出口翼墙抗滑稳定系数计算成果见表7.3-4。

表7.3-4 进出口翼墙抗滑稳定安全系数成果

部位荷载组合	放水涵		溢洪闸	
	进口翼墙	出口翼墙	进口翼墙	出口翼墙
基本组合	1.27	1.24	1.30	1.21
特殊组合	1.18	1.06	1.13	1.05

按照《水闸设计规范》的规定，穿坝建筑物的等级为3级，建筑物基底面抗滑安全系数的允许值：基本组合为1.25，特殊组合为1.10。因此，放水涵和溢洪闸的出水口处翼墙抗滑稳定不能满足规范要求。

2) 翼墙基底应力计算

穿坝建筑物进出口翼墙基底应力按《水闸设计规范》(SL 265—2016)中公式7.3.4-1计算，具体公式为：

$$P_{\substack{max \\ min}} = \frac{\sum G}{A} \pm \frac{\sum M}{W}$$

经计算得放水涵和溢洪闸进出水口翼墙基底应力见表 7. 3-5。

表 7. 3-5　放水涵和溢洪闸进出水口翼墙基底应力计算成果表

建筑物	荷载组合	基底应力最大值 P_{max}(kPa)		基底应力最小值 P_{min}(kPa)		基底应力平均值 P_m(kPa)		最大、最小值比值	
		进水口	出水口	进水口	出水口	进水口	出水口	进水口	出水口
放水涵	基本组合	68. 6	70. 4	32. 5	33. 1	50. 6	51. 8	2. 11	2. 13
	特殊组合	74. 7	77. 2	29. 3	30. 6	52. 0	53. 9	2. 55	2. 52
溢洪闸	基本组合	59. 4	67. 0	27. 6	29. 3	43. 5	48. 2	2. 15	2. 29
	特殊组合	63. 2	69. 0	26. 1	27. 5	44. 7	48. 3	2. 42	2. 51

根据工程地质勘察报告，地基土为黏土，放水涵和溢洪闸地基承载力标准值分别为 80 kPa、150 kPa，由上表计算结果表明，基底应力没有超过地基承载力标准值，但穿坝建筑物基底应力最大值与最小值的比值偏大，超过《水闸设计规范》第 7. 3. 5 条规定的允许值。

3）溢洪闸闸室稳定分析

① 闸室抗滑稳定分析

翼墙抗滑稳定计算，按《水闸设计规范》(SL 265—2016)中附录 D 计算土压力，按公式 7. 3. 6-1 计算抗滑稳定安全系数，按表 7. 3. 10 的规定，基底的摩擦系数 f。穿坝建筑物闸室抗滑稳定安全系数 K_c 按下式计算：

$$K_c = \frac{f \sum G}{\sum H}$$

溢洪闸闸室抗滑稳定系数计算成果见表 7. 3-6。

表 7. 3-6　闸室抗滑安全系数成果

部位荷载组合	闸室段	
	计算值	允许值
基本组合	1. 32	≥1. 25
特殊组合	1. 20	≥1. 05

按照《水闸设计规范》(SL 265—2016)中表 7. 3. 13 的规定，穿坝建筑物的等级为 3 级，建筑物基底面抗滑安全系数的特殊组合为地震荷载作用下情况。根据计算结果，溢洪闸闸室抗滑稳定满足规范要求。

② 闸室基底应力计算

闸室基底应力按《水闸设计规范》(SL 265—2016)中公式 7.3.4-1 计算，具体公式为：

$$P_{\substack{max \\ min}}=\frac{\sum G}{A}\pm\frac{\sum M}{W}$$

经计算得溢洪闸闸室基底应力见表 7.3-7。

表 7.3-7　闸室底板基底应力计算成果表

建筑物	荷载组合	基底应力最大值 P_{max}(kPa)	基底应力最小值 P_{min}(kPa)	基底应力平均值 P_m(kPa)	最大、最小值比值
溢洪闸	基本组合	14.3	5.0	9.7	2.87
	特殊组合	15.2	4.7	10.0	3.20

根据工程地质勘察报告，地基土为黏土，地基承载力标准值为 150 kPa，由上表计算结果表明，基底应力没有超过地基承载力标准值，但穿坝建筑物基底应力最大值与最小值的比值偏大，超过《水闸设计规范》第 7.3.5 条规定的允许值。

四、结构安全评价

(1) 大坝

1) 大坝现状坝顶高程不满足安全鉴定拟定的防洪标准。

2) 坝坡在设计水位时抗滑稳定安全系数不满足现行规范要求。大坝近坝库岸是稳定的。

(2) 泄洪闸

1) 按照安全复核确定的运行条件，泄洪闸现有过流能力不满足安全鉴定确定水库正常运用标准的需要。

2) 泄洪闸结构强度能够满足要求，翼墙出口段不满足抗滑要求

3) 翼墙和闸室基底应力最大值与最小值的比值不满足规范要求。

4) 消能防冲设施完全损坏，影响建筑物的正常运行。

5) 溢洪闸浆砌石砂浆脱落、裂缝等质量问题不满足工程需要。

(3) 放水涵

1) 按照安全复核确定的运行条件，放水涵过流能力不能满足设计过流能力的要求。

2) 放水涵结构强度不满足要求。

3) 出口段翼墙不满足抗滑要求，基底应力不均匀系数不满足规范要求。

4) 放水涵两侧浆砌石挡墙存在砂浆脱落、裂缝等严重质量问题；启闭机梁混凝土存在老化严重，受力钢筋处于锈蚀等问题。

5) 经过多年运行，消能防冲设施完全损坏，影响建筑物的正常运行。

（4）结构安全综合评价

综合考虑大坝现状、坝坡抗滑稳定性及各建筑物的工程质量状况和复核结果，樵子涧水库大坝结构安全性评为C级。

7.4 抗震安全复核

一、地震烈度

根据《中国地震动参数区划图》（GB 18306—2015）坝址区域的地震动峰值加速度为0.15 g，相应地震基本烈度为7度，根据《水库大坝安全评价导则》（SL 258—2017）第7.1.3条的规定，复核后设防烈度取7度。

由于各建筑物没有施工详图，因此抗震复核时仅对大坝坝身及坝基进行复核。

二、大坝抗震安全复核

计算断面、方法以及参数的选取均同大坝坝身及坝基边坡稳定分析。计算时地震动峰值加速度取0.15 g。计算结果见表7.4-1。计算方法为拟静力法。

表7.4-1 大坝坝坡抗滑稳定最小安全系数计算成果表

位置	计算工况		最危险滑弧参数		抗滑稳定最小安全系数
			圆心坐标 (x,y)	半径 R(m)	计算值 (规范允许值)
1+700	正常蓄水位	下游坡	(42.1,34.5)	28.2	1.024(1.15)
1+000	正常蓄水位	下游坡	(41.3,38.7)	29.4	1.126(1.15)

三、大坝抗震安全综合评价

综合上述计算分析，水库大坝在正常工作条件加7度地震惯性力作用下，水库坝坡稳定安全系数小于规范要求。对照《水库大坝安全评价导则》（SL 258—2017）附录B表B3-1，大坝抗震安全性偏低，可评定为C级。

7.5 金属结构安全评价

一、金属结构现状

（1）溢洪闸：位于左副坝上，2孔，启闭设备为10 t螺杆式启闭机。

（2）防洪闸：2孔，启闭设备为10 t螺杆式启闭机。

（3）放水底涵：1孔，启闭设备为5 t螺杆式启闭机。

二、安全检测与评价

溢洪闸、防洪闸、放水底涵启闭机螺杆锈蚀严重，螺杆变形；启闭机底座锈蚀；启闭设备老化；启闭机开启困难。

三、金属结构评价意见与建议

樵子涧水库建筑物启闭机螺杆锈蚀严重，底座严重锈蚀，启闭设备老化，止水不严，存在着严重的安全隐患。因此，金属结构部分应评为C级。

7.6 大坝安全综合评价

一、大坝安全综合评价

（1）本次复核根据《防洪标准》（GB 50201—2014）规范要求，设计洪水标准取50年一遇，设计洪水位为19.37 m，相应库容为1 986.1万 m^3；校核洪水标准取1 000年一遇，校核洪水位为20.25 m，相应库容为2 514.7万 m^3。坝顶高程复核表明，大坝现状坝顶高程不满足防洪要求，泄洪建筑物现状质量差，溢洪道上下游阻水严重，下游无消能防冲设施；溢洪闸消能防冲设施已损坏，溢洪渠道不通畅，渠上桥梁阻水严重。水库溢洪道和溢洪闸所设位置集中，同时泄洪影响安全。综合分析大坝坝顶高程、泄洪能力及泄洪安全等因素，樵子涧水库防洪安全性评定为C级。

（2）大坝无施工记录和竣工资料；大坝清基不彻底，主坝坝基有较厚淤泥质土层，岸坡与坝身的接触部位未经严格处理；坝体填筑接缝处理不规范，碾压不密实，存在松散层；存在严重白蚁危害；迎水侧块石护坡存在块石破损、龟裂、风化、叠砌，块石尺寸小，砌缝宽度大，护坡下无垫层等质量问题；迎水侧混凝土护坡存在裂缝及塌陷；大坝背水侧草皮护坡质量较差，雨淋沟严重；坝顶防浪墙开裂、砂浆脱落。

（3）水库虽有一套较完整的运行调度原则和管理制度，但大坝虽经多次续建和除险加固，问题未能彻底解决；观测设施损坏严重，无大坝安全监测设施，相关观测记录、资料缺乏，水库无管理房和防汛物资仓库，防汛道路路况差，水库运行管理评定为差。

（4）大坝现状坝顶高程不满足安全鉴定拟定的防洪标准，坝坡在各工况下抗滑稳定安全系数不满足现行规范要求；按照安全复核确定的运行条件，泄洪闸现有过流能力不满足安全鉴定确定的水库正常运用标准，翼墙和闸室基底应力最大值与最小值的比值不满足规范要求，现场检查发现浆砌石挡墙存在砂浆脱落和裂缝等质量问题，放水涵过流能力不满足设计过流量的要求，涵管复核结构强度不满足要求，翼墙基底应力最大值与最小值的比值不满足规范要求，存在两侧浆砌石挡墙砂浆脱落、裂缝等质量问题；泄洪建筑物启闭机梁混凝土老化严重，碳化深度大于保护层厚度，钢筋外露、锈蚀。综合考虑大坝现状、坝坡抗滑稳定性及各建筑物的工程质量现状，樵子涧水库大坝结构安全性评为C级。

(5) 根据渗流分析计算结果，下游坝坡浸润线出逸处的渗透稳定性不安全，坝身内部渗透比降较大，且出逸点较高。结合大坝在实际运行中由于清基不彻底、坝身填筑不密实、不均匀，存在严重的白蚁危害，导致坝脚渗漏严重，坝坡出现湿软现象，坝脚有多处水塘，可认为大坝的坝身及坝基渗流性态不安全。涵管断裂，涵洞和溢洪闸均存在接触渗流，危及大坝安全。综合以上因素，可认为大坝的渗流性态不安全，大坝渗流安全性评为C级。

(6) 根据《中国地震动参数区划图》(GB 18306—2015)坝址区域的地震动峰值加速度为0.15 g，相应地震基本烈度为7度，水库大坝在设计地震烈度7度地震惯性力作用下，水库坝坡稳定安全系数小于规范要求。对照《水库大坝安全评价导则》(SL 258—2017)附录B表B3-1，大坝抗震安全性偏低，评定为C级。

(7) 樵子涧水库建筑物启闭机螺杆锈蚀严重；底座严重锈蚀，启闭设备老化，止水不严，存在着严重的安全隐患。因此，金属结构部分应评为C级。

综上所述，对照《水库大坝安全鉴定办法》第六条及《水库大坝安全评价导则》第9章规定，水库大坝属3类坝。

二、加固处理措施及建议

根据本次安全评价结论，樵子涧水库存在影响安全的严重质量缺陷，应尽快实施除险加固。针对本次安全检查、检测和计算、复核中出现的问题，初步考虑对大坝及主要建筑物采取加固措施，建议如下：

(1) 对坝体、坝基进行加固，以增加其抗渗和抗滑性。

(2) 防浪墙拆除重建，增设坝顶道路及其他防汛道路。

(3) 将迎水侧干砌石、混凝土护坡拆除重建。

(4) 放水底涵拆除重建；放水干渠重新规划设计。

(5) 溢洪闸拆除重建。

(6) 防洪闸拆除重建。

(7) 溢洪道控制段重建。将进口段按原设计断面进行开挖，出口段设消能防冲设施。

(8) 将溢洪渠道清淤至达到设计要求，加固溢洪渠道堤防，增大堵水桥梁过流断面。

(9) 增补、完善大坝安全监测设施和水文自动测报系统。

(10) 新建水库管理房及防汛物资仓库，完善水库其他管理设施。

(11) 对坝内白蚁采取毒杀等措施进行防治。

8 水文及地质基础资料分析

8.1 水文资料及分析

一、流域概况

樵子涧水库位于安徽省五河县朱顶镇境内，距五河县城南 4 km，处于江淮丘陵区北缘，属淮河流域，水库位于淮河右岸，集水面积为 39.7 km^2。水库上游是江淮丘陵北缘，地质地貌为前震旦纪变质岩组成红色砂岩。水库下游为沿淮洼地，地势平坦低洼，土质为砂土和两合土。樵子涧水库流域特性参数见表 8.1-1。

表 8.1-1 樵子涧水库流域特性表

流域面积 F(km^2)	主河道平均坡降 J(‰)	流域平均宽度 B(km)	流域形状系数 $f=B^2/F$
39.7	1.86	3.65	0.336

二、水文气象

樵子涧水库以上流域属亚热带和暖温带半湿润季风气候，其特点是气候温和、四季分明、雨量适中，但年际年内变化大，日照时数多、温差大、无霜期长，季风气候明显。表现为夏热多雨、冬寒晴燥、秋旱少雨，冷暖和旱涝的转变往往很突出。

根据安徽省五河县气象统计资料，本地区平均气温 14.7℃。最高月平均气温 28.7℃，通常出现在 7 月份，极端最高气温 40℃(1961 年 7 月 23 日)。最低月平均气温 0.5℃，通常出现在 1 月份，极端最低气温低于−23.3℃(1969 年 2 月 5 日)。

该区无霜期长，一般年份在 210 天左右。初霜期在 10 月下旬至 11 月上旬，终霜期一般在 4 月上旬。最早出现的初霜日在 1962 年和 1965 年，都是 10 月 15 日。最晚出现的终霜日在 1981 年 4 月 16 日。

多年平均日照时数 2 307 小时。多年平均 2 月份日照时数最少，为 154 小时；8 月份日照时数最多，为 244 小时。

受季风影响，本地区风向多变。冬季多偏北风，夏季多偏南风，春秋季多东风、东北风。年平均风速 3.4 m/s，最大月平均风速 4.2 m/s(4 月)，最小月平均风速 2.9 m/s(9 月)，多年平均最大风速 14.8 m/s。全年主导风向夏季多为东南风，冬季为东北风，平均风速 3.4 m/s。

根据安徽省五河县气象统计资料，该地区多年平均降水量为 924.4 mm，降水量年内和年际变化都很大，汛期 6—9 月雨量占全年降水量的 60%以上，汛期降雨又多集中在 7、8 月份。1954 年 7 月份降雨量为 537.3 mm，占年降水量的 52%。降水的年际变化也很大。年降水量最大值为 1 437.3 mm(1991 年)，年降水量最小值为 516.6 mm(1978 年)，年最大降水量是最小降水量的 2.78 倍。每个月平均降水天数见表 8.1-2。

表 8.1-2　樵子涧水库每个月平均降水天数

月份	1	2	3	4	5	6	7	8	9	10	11	12
降水(天)	6	6	9	9	9	10	13	10	9	7	7	5

三、基本资料

樵子涧水库没有雨量站，也无正式的水位站，只在 2000 年后设有简易水位尺。五河县城附近设有五河水文站，设立于 1912 年。

距樵子涧水库比较近的雨量站主要有五河雨量站，但实测降雨系列较短，且不连续(1938 至 1947 年，1949 至 1953 年，1955 至 1973 年无资料)。而五河县气象站有较完整的年最大 1 日降雨量系列，但无年最大 24 h 降雨量系列。附近北店子闸雨量站设立于 1953 年，有比较完整的年最大 24 h 降雨资料。

樵子涧水库附近水文测站基本情况见表 8.1-3。

表 8.1-3　樵子涧水库附近水文测站基本情况表

水系	河名	站名	站类型	站址	设站年月
洪泽湖	漴潼河	北店子闸	雨量站	安徽省五河县城郊区北店子闸	1953 年
淮河	淮河	五河	雨量站	安徽省五河县城郊公社旧县湾	1931 年 6 月
淮河	淮河	五河	水文站	安徽省五河县城关镇名绣街	1912 年 4 月

四、径流

(1) 径流分析计算方法

樵子涧水库没有正式整编的水文资料，根据有关规范可借用临近气候条件、下垫面条件相似的具有实测资料的参证站采用水文比拟法进行本水库径流分析。

樵子涧水库位于暖温带半湿润气候与北亚热带湿润气候的过渡地带。受冬夏季风影响，降雨量四季分布极不均匀。夏季易受太平洋副热带高压控制，多偏南风，雨量集中、强度大，汛期降雨一般占年降雨量的 60%～70%，易造成洪涝灾害。秋季太平洋副热带高压减退，北方冷高压增强，气温降低，雨水减少，易成旱灾。

据五河气象站资料统计，该地区多年平均降水量为 924.4 mm，降水量年内和年际变化都很大，汛期（6—9 月）雨量占全年降水量的 60%以上，汛期降雨又多集中在 7、8 月份。年降水量最大值为 1 437.3 mm（1991 年），年降水量最小值为 516.6 mm（1978 年），年最大降水量是最小降水量的 2.78 倍。

石角桥水文站位于定远县境内的藕塘镇桥头徐村，设站于 1951 年 5 月，属池河水系，流域处于亚热带季风气候区，四季分明，雨量集中，气候温和，无霜期长，冬季气候寒冷干燥，夏季气候温和湿润。

据石角桥雨量站降雨资料统计，该地区多年平均降雨量 939.1 mm，最大降雨量 1 544.4 mm（1991 年），最小年降雨量 530.4 mm（1995 年），年最大降水量是最小降水量的 2.91 倍。降雨量的年内分配也极不均匀，汛期（6—9 月）降雨量约占全年降雨量的 61%。

石角桥水文站与樵子涧水库均位于江淮丘陵区，自然地理特征和气候条件比较相似，可以选为樵子涧水库入库径流分析的参证站。

（2）水库天然径流量分析计算

1）石角桥水文站天然径流量还原计算

石角桥水文站控制流域面积 1 830 km^2，具有 1956—2000 年实测径流资料，在安徽省水资源调查评价中作为控制站采用分项调查法还原计算了 1956—2000 年天然径流量，见表 8.1-4。据分析，石角桥水文站多年平均径流量为 39 733 万 m^3，年径流深为 217.1 mm，年径流系数为 0.23。

2）樵子涧水库天然径流量分析计算

根据石角桥天然径流分析成果，按照水文比拟法推求樵子涧水库历年天然径流系列，并根据年降水资料进行修正，两站年降水比较见表 8.1-4。由此分析计算的历年逐月天然径流量成果略。

表 8.1-4　石角桥和五河气象站年降水量系列表

单位：mm

年份	$P_{石角桥}$	$P_{五河}$	年份	$P_{石角桥}$	$P_{五河}$	年份	$P_{石角桥}$	$P_{五河}$
1956	1 173.3	1 419.4	1971	1 061.6	1 014.8	1986	672.6	914
1957	937	1 018.5	1972	1 064.3	979.4	1987	1 277	1 116.5
1958	932.1	850.3	1973	798.1	695.1	1988	828.5	722.1
1959	780.1	997.9	1974	1 115.9	1 297	1989	1 007.1	819
1960	962	869.9	1975	1 235.3	955	1990	108	902.6
1961	953.7	679.2	1976	732.7	591.7	1991	1 544.4	1 437.3
1962	1 133.4	900.6	1977	925.4	881.9	1992	809.4	679.7
1963	898.1	1 121.9	1978	564.5	516.6	1993	1 310.4	942.9

续表

年份	$P_{石角桥}$	$P_{五河}$	年份	$P_{石角桥}$	$P_{五河}$	年份	$P_{石角桥}$	$P_{五河}$
1964	1 019.3	895.1	1979	1 022.4	1 043.3	1994	544.7	700.7
1965	745.5	946.9	1980	1 118.1	1 045.1	1995	530.4	689.9
1966	615	705.8	1981	853.8	884.4	1996	952.2	879.9
1967	788.6	632	1982	1 042.3	747.1	1997	893.4	1 203
1968	848.4	689.3	1983	1 068.1	913.5	1998	1 016.4	1 255.8
1969	1 156.3	1 031.1	1984	882.8	1 036.5	1999	745.4	657.1
1970	851.2	1 151.1	1985	894.6	916.1	2000	944.6	1 116.2

3）樵子涧水库天然径流系列合理性分析。

经排频计算，樵子涧水库多年平均天然径流量为 835 万 m^3，多年平均径流深为 210.3 mm，径流系数为 0.23。查《淮河流域及山东半岛多年平均径流深等值线图(1956—2000)》，樵子涧水库流域多年平均径流深约为 215 mm，本次计算成果与该值比较接近，可以认为是合理的。樵子涧水库天然径流量年际之间变化比较大，最大丰枯比为 13.7。最枯年份发生在 1961 年，天然年径流量为 226 万 m^3；最丰年份发生在 1991 年，天然径流量为 3 100 万 m^3。天然年径流量年内分配不均匀，主要集中在汛期 6—9 月份。系列中既包含有连续丰水期，也包含有连续枯水期，丰枯代表性比较好。综上所述，樵子涧水库天然径流量系列较好，计算中采用资料可靠，成果合理。

五、设计洪水

樵子涧水库自建库以来无实测流量资料，所以由设计暴雨推求设计洪水。

(1) 设计暴雨

本水库及其流域内无降水量观测资料，设计暴雨根据水库邻近雨量站的实测暴雨系列(以下简称"实测暴雨频率法")和安徽省水电勘测设计院 1984 年编制的《安徽省暴雨参数等值线图、山丘区产汇流分析成果和山丘区中、小面积设计洪水计算办法》(以下简称"84 办法")中的暴雨等值线图进行计算，经分析比较后合理采用。

1）根据实测资料推求设计暴雨

统计五河县 1954—2007 年共 54 年的年最大 1 日降雨系列，附近北店子闸有比较完整的年最大 24 h 降雨系列，详见表 8.1-5。

表 8.1-5 各雨量站历年降雨量系列表

年份	五河县年最大1日降雨量(mm)	北店子闸年最大24 h降雨量(mm)	年份	五河县年最大1日降雨量(mm)	北店子闸年最大24 h降雨量(mm)
1954	80.9		1981	88.0	83.7
1955	53.7		1982	74.5	69.2

续表

年份	五河县年最大1日降雨量(mm)	北店子闸年最大24 h降雨量(mm)	年份	五河县年最大1日降雨量(mm)	北店子闸年最大24 h降雨量(mm)
1956	100.7		1983	127.1	127.8
1957	181.4		1984	85.0	110.9
1958	74.8		1985	68.3	67.0
1959	75.4		1986	115.2	172.7
1960	64.5	64.5	1987	83.3	122.9
1961	53.4	53.8	1988	85.0	90.3
1962	56.9	69.9	1989	89.0	85.0
1963	107.6	113.4	1990	69.4	94.6
1964	69.2	70.2	1991	212.3	230.0
1965	104.0	111.3	1992	112.5	120.0
1966	66.3	89.2	1993	103.0	122.4
1967	64.2	82.5	1994	52.9	73.3
1968	89.3	89.3	1995	60.1	63.2
1969	124.9	270.4	1996	112.5	124.9
1970	135.0	135.2	1997	333.2	245.1
1971	99.9	151.9	1998	94.7	108.5
1972	82.8	89.7	1999	76.8	109.9
1973	61.7	61.7	2000	92.7	152.4
1974	130.9	236.8	2001	63.5	
1975	115.8	126.4	2002	132.8	
1976	98.9	99.2	2003	85.8	
1977	61.1	68.4	2004	71.1	
1978	46.9	57.8	2005	114.6	
1979	87.5	154.2	2006	107.7	
1980	87.3	180.1	2007	199.6	

采用P-Ⅲ型频率曲线对上述实测暴雨系列进行适线，见图8.1-1与图8.1-2。五河县年最大1日设计点暴雨成果见表8.1-6。

表8.1-6　五河县年最大1日设计点暴雨成果表

站名	统计参数			不同频率的设计暴雨(mm)					
	$\overline{H}$(mm)	Cv	Cs/Cv	5%	3.3%	2%	1%	0.33%	0.1%
五河县	97.9	0.61	3.5	217.6	242.5	274.2	317.3	385.8	461.2

查《安徽省水文手册》，该地区最大1日平均暴雨转换成最大24 h平均暴雨的换算

系数为1.12，另根据北店子闸雨量站年最大24 h均值和年最大1日雨量均值之比为1.10，两者基本一致，因此折算系数取1.12，从而求得该地区最大24 h设计点暴雨。

两站最大24 h设计点暴雨成果见表8.1-7。

表8.1-7 五河县年最大24 h设计点暴雨成果表

站名	统计参数			不同频率的设计暴雨(mm)					
	$\overline{H}$(mm)	Cv	Cs/Cv	5%	3.3%	2%	1%	0.33%	0.1%
五河县	109.6	0.61	3.5	243.7	271.6	307.1	355.4	432.1	516.7
北店子闸	115.8	0.55	3.5	242.7	268.0	299.8	343.0	411.1	485.7

由表可知，五河县年最大24 h设计点暴雨成果略大于北店子闸的设计暴雨成果，为工程安全考虑，采用五河县年最大24 h设计点暴雨成果。

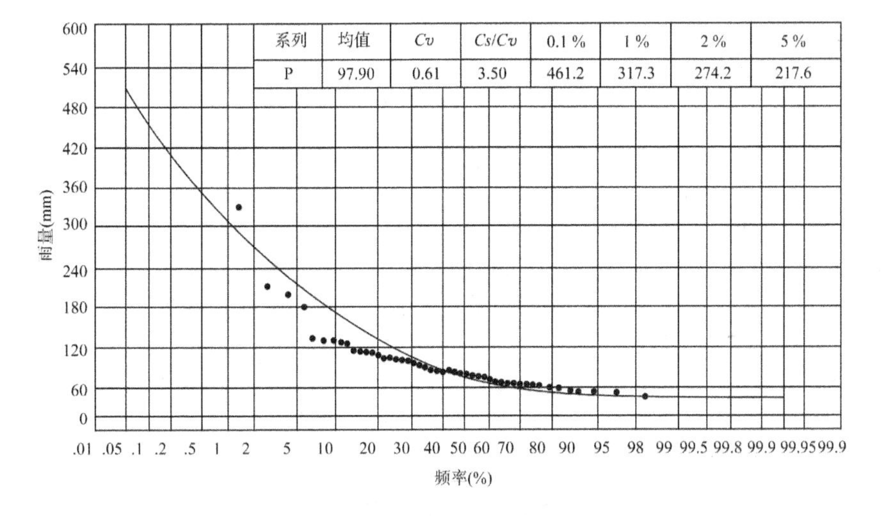

图8.1-1 五河县年最大1日降雨量频率曲线

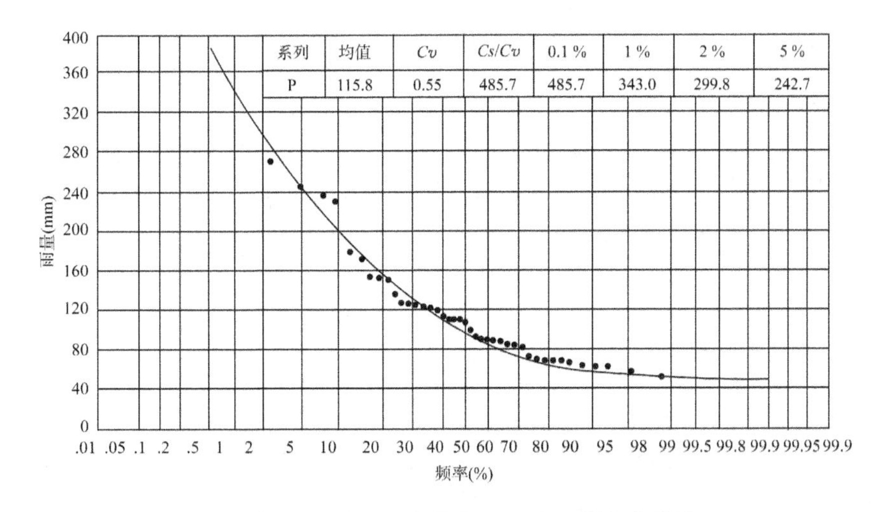

图8.1-2 北店子闸年最大24 h降雨量频率曲线

2）根据暴雨等值线图推求设计暴雨

根据“84 办法”推求设计暴雨，樵子涧水库设计点暴雨成果见表 8.1-8。

表 8.1-8　樵子涧水库设计点暴雨成果表

计算办法	设计时段	统计参数			不同频率的设计暴雨(mm)					
		$\overline{H}$(mm)	Cv	Cs/Cv	5%	3.3%	2%	1%	0.33%	0.1%
84 办法	年最大 24 h	111	0.60	3.5	244.2	272.0	306.4	355.2	429.6	512.8
	年最大 1 h	50	0.50	3.5	99.5	109.0	121.0	137.0	162.0	189.0

3）设计暴雨成果采用

对以上设计暴雨成果进行比较，见表 8.1-9。

表 8.1-9　樵子涧水库年最大 24 h 设计点暴雨成果比较表

计算办法	统计参数			不同频率的设计暴雨(mm)					
	$\overline{H}$(mm)	Cv	Cs/Cv	5%	3.3%	2%	1%	0.33%	0.1%
实测暴雨频率法	109.6	0.61	3.5	243.7	271.6	307.1	355.4	432.1	516.7
84 办法	111.0	0.60	3.5	244.2	272.0	306.4	355.2	429.6	512.8

由表 8.1-9 分析可知，实测暴雨频率法和“84 办法”的计算成果中，不同频率的设计暴雨相差−0.2%～0.75%，很接近。考虑到实测暴雨频率法采用的资料是邻近的长系列实测暴雨，采用“实测暴雨频率法”暴雨成果。

据“84 办法”，点面折算系数按 $\alpha_{24}=\alpha_1=0.98$ 计，得樵子涧水库年最大 24 h 设计面暴雨，成果见表 8.1-10。

表 8.1-10　樵子涧水库年最大 24 h 设计面暴雨成果表

区域	不同频率的设计暴雨(mm)					
	5%	3.3%	2%	1%	0.33%	0.1%
樵子涧水库	238.8	266.2	301.0	348.3	423.5	506.4

(2) 设计洪水

产汇流计算采用“84 办法”中推荐的扣损法和流量模数过程线。考虑江淮地区丘陵区蓄满产流次降雨损失量重现期≥50 年一遇时为 60 mm，重现期≤20 年一遇时为 80 mm(重现期为 30 年一遇时降雨损失量取 70 mm)。樵子涧水库设计净雨成果见表 8.1-11。

表 8.1-11　樵子涧水库年最大 24 h 设计净雨成果表

设计时段	不同频率的设计暴雨(mm)					
	5%	3.3%	2%	1%	0.33%	0.1%
年最大 24 h	158.8	196.2	241.0	288.3	363.5	446.4

汇流计算中瞬时单位线参数江淮之间山丘区经验公式当 $F/J^2>1$ 时，瞬时单位线参数 $m_1=Nk$，N 固定为 3 时，按下式计算：

$$k=1.13(F/J^2)^{0.12}(R_3/30)^{-0.34(F/J^2)^{-0.12}}$$

樵子涧水库设计洪水计算成果见表 8.1-12。查《安徽省水文手册》中江淮之间最大 24 h 暴雨时程分配分区综合成果表，最大 1 h 暴雨占最大 24 h 暴雨的 35%。

表 8.1-12　樵子涧水库设计洪水计算参数表

设计频率	5%	3.3%	2%	1%	0.33%	0.1%
H_{24}(mm)	243.7	271.6	307.1	355.4	432.1	516.7
P_{24}(mm)	238.8	266.2	301.0	348.3	423.5	506.4
R_{24}(mm)	158.8	196.2	241.0	288.3	363.5	446.4
P_1/P_{24}	0.35	0.35	0.35	0.35	0.35	0.35
n	0.67	0.67	0.67	0.67	0.67	0.67
R_3/R_{24}	0.50	0.50	0.50	0.50	0.50	0.50
R_3(mm)	79.4	98.1	120.5	144.1	181.7	223.2
$k(h)$	1.18	1.12	1.06	1.02	0.96	0.91
$(FxR_{24})/1\,000$	6.3	7.8	9.6	11.4	14.4	17.7

按采用的 n 和 k 瞬时单位线参数，选择相应的洪水流量模过程线，逐项乘以 $(F\cdot R_{24})/1\,000$，设计洪水过程成果略，设计洪水成果见表 8.1-13。

表 8.1-13　樵子涧水库设计洪水成果表

设计频率	5%	3.3%	2%	1%	0.33%	0.1%
洪峰流量(m^3/s)	213.9	288.2	352.0	421.5	583.6	718.2
净雨量(万 m^3)	662	838	974	1 164	1 451	1 782

(3) 合理性分析

与邻近流域已有的定远县小李水库、长丰县明城和魏老河水库的设计洪水成果进行比较。各水库流域特性见表 8.1-14，设计洪水成果比较见表 8.1-15。

表 8.1-14　水库流域特性表

水库名称	地理位置	流域面积(km^2)	主河道平均坡降 J(‰)	河道长度 L_2(km)	平均落差 ΔH_2(m)	平均宽度 B(km)	形状系数 f
樵子涧	五河县	39.7	1.86			3.65	0.336
小李	定远县	22.8	3.00	12.3	37	2.86	0.36
明城	长丰县	20.8	1.80			3.80	0.69
魏老河	长丰县	46.75	2.03	11.8	24	4.45	0.42

表 8.1-15 设计洪水成果比较表

水库	集水面积(km²)	不同设计频率的洪峰模数[(m³/(s·km²)]		
		2%	1%	0.1%
樵子涧	39.7	8.90	10.60	18.10
小李	22.8	10.18	12.81	19.82
明城	20.8	9.28	11.39	18.32
魏老河	46.75	8.49	9.90	15.57

从表中可以看出，樵子涧水库与上述中小型水库同处于淮河中下游丘陵区，流域特征相近，流域面积较大，洪峰模数大，设计洪水成果是合理的，符合地区一般规律。

六、施工期设计洪水

樵子涧水库为中型水库，工程等别为Ⅲ等，施工期洪水标准为 5 年一遇，施工期选择 10 月至次年 5 月和 11 月至次年 4 月。

根据施工组织设计，樵子涧水库放水洞和溢洪道施工时采取降低施工期水位至 15.0 m，施工期来水蓄在水库中。因此施工期水位按计算施工期来水量频率计算。施工期径流系列成果略，频率曲线成果见图 8.1-3 和表 8.1-16。

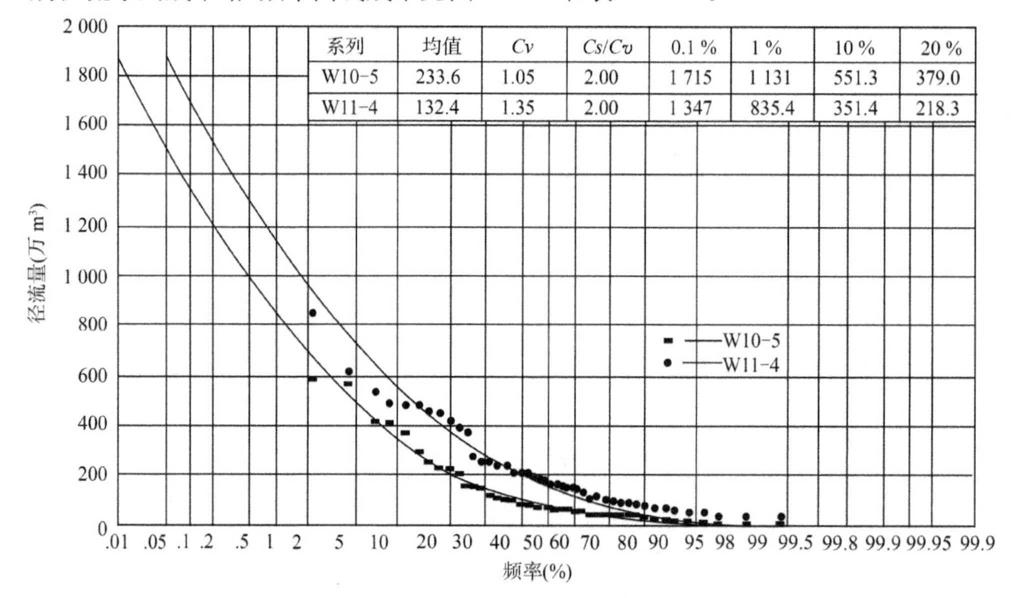

图 8.1-3 樵子涧水库施工期径流量频率曲线

表 8.1-16 樵子涧水库施工期设计水位成果表

地区	设计时段	重现期	径流量(万 m³)	相应水位(m)
樵子涧水库	10 月至次年 5 月	5 年一遇	379.1	16.33
	11 月至次年 4 月	5 年一遇	218.5	15.80

七、坝下水位流量关系

统计分析泄洪渠出口淮河干流最小的汛期最高水位为 13.28 m，而泄洪渠出口挡洪闸底板高程为 15.0 m。因此，根据出口水位 15.0 m 和泄洪渠断面资料，泄洪渠现状河床质为粉质壤土夹黏土，参考淮河流域河道糙率一般规律，泄洪渠糙率取 $n=0.025$，运用明渠恒定流计算软件推求泄洪闸闸下水位流量关系。闸下水位-流量关系见图 8.1-4。

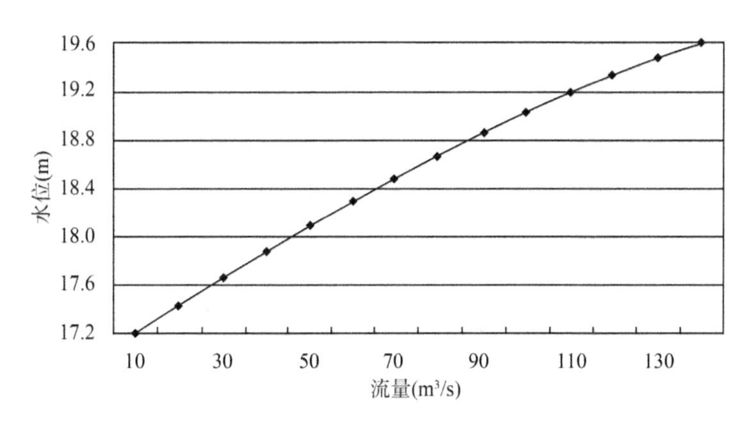

图 8.1-4 泄洪闸下水位-流量关系图

8.2 工程地质条件分析

一、勘察工作概况

樵子涧水库工程等别为Ⅲ等，工程规模为中型，主要永久水工建筑物级别为 3 级。水库主要建筑物由主坝、副坝、泄洪闸、溢洪道、防洪闸、放水底涵和泄洪渠等组成。本次工作在安全鉴定地质勘察工作的基础上进行。主坝段在原勘探基础上进行补勘，使孔间距为 50 m～80 m 左右，在原河槽段补勘一地质断面，孔深 18 m～25 m；对左右副坝沿坝线布孔，孔间距同主坝，孔深进入全风化层一定深度；泄洪渠沿渠线布孔，孔深 18 m 左右；建筑物：放水底涵布 3 孔，泄洪闸及泄洪道布 6 孔，挡洪闸布 5 孔，孔深 15 m～20 m。

为进一步查明区内水文地质条件，沿坝、堤线共布 9 组注水试验；现场标贯试验和原状土取样原则为 2 m 进行 1 次标试验、取 1 组原状土样；室内试验同步开展。

二、区域地质概况

(1) 地形地貌

该工程区域为江淮丘陵与明光、凤阳丘陵区相连处，地面高程 20 m～40 m，南部边缘在 60 m 以上。

樵子涧水库汇水面积 40.0 km²，库区周围地貌单元为丘陵区丘岗地带。库区呈东西向展布，库内地形宽缓，岔沟较多，为山间冲积扇沉积地貌。坝址两端基岩高程 17.0 m～18.0 m 左右，主坝中部为老河槽，在高程－2.33 m～－3.81 m 左右见强风化基岩和少量全风化基岩，高程－6.19 m～－6.87 m 见中等风化基岩，其岩性有：麻岩、角闪岩、浅粒岩、大理岩、混合岩。

水库下游分布淮河南岸河漫滩地貌单元，宽度 200 m～2 000 m 左右，随河流的弯曲而变化，地面高程 14.0 m～16.0 m。

（2）地层岩性

坝址上游库区丘陵，下卧地层区划属华北地层区鲁西地层分区，蚌埠地层小区。区内地层发育不全，上太古界下五河亚群西堌堆组（Ar_2x）深变质杂岩分布，主要岩性为片麻岩、角闪岩、浅粒岩、大理岩、混合岩。部分有第三纪土层覆盖，并有花岗岩出露，第四纪松散覆盖层较薄且少，高程 20.0 m～60.0 m。

坝址下游，上层多为淮河河漫滩区，地层为第四系全新统（Q_4）黏土、亚黏土、粉砂和淤泥。

坝址区上部为第四系上更新统（Q_3）和全新统（Q_4）黏土、壤土，下卧地层上太古界下五河亚群西堌堆组（Ar_2x）深变质杂岩，主要岩性为片麻岩、角闪岩、浅粒岩、大理岩、混合岩化。

（3）地质构造与地震

1）工程区主要位于中朝准地台范围内，地跨淮河台坳和江淮台隆两个Ⅱ级构造单元，属于扬子准地台的东北角，属Ⅲ级构造单元下扬子坳陷的东北边缘。本区有影响的隆起和坳陷带主要为郯庐断裂带。

2）断裂带有五河-红心铺断层，为郯庐断裂的西界，断层长度 75 km，走向 15°，属压性压扭性断层。五河东面有朱顶-石门山断层，长度 43 km，走向 5°～15°，属压性压扭性断层。近代地震多发生在郯庐断裂带内及其以西，在沿东西向新集-双庙断层与北东向郯庐主干断层之一的五河-红心铺断层与刘集-西泉街断层交汇点，分别于 1829 年及 1979 年在五河县城以北和新马桥两处发生过 5.5 级与 5.0 级地震，前者震中距淮河约 20 km，后者仅 5 km，两者相距约 50 km。新马桥地震之后，有数十次 0.6～3.5 级的余震，沿着 NNE 向刘集-西泉街断层迁移，此外，五河-红心铺断层两侧的上升与沉降，均反映这些断层自喜山期以来至近期仍有活动迹象。

3）根据《中国地震动参数区划图》（GB 18306—2015），库区场地地震动峰值加速度为 0.15 g，相应地震基本烈度为Ⅶ度，地震动反应谱特征周期为 0.35 s。

（4）水文地质条件

根据地下水赋存条件，含水介质和水力特征，该区地下水类型可划分为松散岩类孔隙水和基岩裂隙水。

松散岩类孔隙水为双层或多层结构，含水岩组发育情况受基底构造和地貌条件的控制。地下水主要赋存和运移于第四系中。

基岩裂隙水主要赋存于构造和风化裂隙发育段，基岩风化裂隙的发育程度、厚度大小、地貌条件决定了该含水岩组富水性的强弱。

三、大坝工程地质条件

库区内广泛分布第四系更新统（Q_3）和少量全新统（Q_4）黏土、壤土，岸坡较缓，工程运行至今，库区内未见库岸滑坡、崩塌等不良工程地质现象。

（1）坝身填筑质量评价

1）填筑质量

水库主、副坝坝身为⓪层人工填土（Q^r），填土组成以重粉质壤土、黏土及粉质黏土为主，坝顶含有少量碎石。褐黄色为主，结构松散，稍干。主坝填土底高程即坝基高程12.53 m～18.41 m。本次为检查坝身填筑质量，在主坝坝身取2组击打样进行击实试验，试验结果最大干密度为1.68 g/cm^3，最优含水率19.4%，其颗粒组成：砂粒含量27.9%，粉粒含量49.4%，黏粒含量22.7%。据《碾压式土石坝设计规范》（SL 274—2001）中3级坝体填筑要求，压实度按0.96计，坝体控制干密度为1.61 g/cm^3。本次在主坝段取人工填土原状土样共55组，干密度范围值为1.69 g/cm^3～1.26 g/cm^3，平均干密度为1.45 g/cm^3。其中干密度大于等于1.61 g/cm^{3}有5组，合格率为9.1%，不合格50组，不合格率为90.9%，可见坝身填土质量很差，不满足规范规定的压实度要求。左副坝（仅樵17孔）局部存有少量人工填土，干密度为1.51 g/cm^3，不满足3级体压实度要求，试验指标参照主坝段采用，其余为岗地段（无坝），右副坝无明显坝体，多为岗地段。

2）渗透特性

为评价坝身的渗透特性，安全鉴定时在主坝坝身内已做了5组注水试验，本次在原有试验基础上，在主坝位置又补做了4组，由试验结果分析，9组渗透试验中大于1.0×10^{-4} cm/s有8组，具中等透水性，占88.8%，说明主坝坝身整体防渗性差。

3）坝身填筑工程质量评价

主坝段⓪层人工填土压实度满足规范和设计要求的合格率仅为9.1%，坝身填筑质量差，碾压不密实，未进行清基或清基不彻底，坝身土的渗透系数建议值为3.46×10^{-4} cm/s～7.20×10^{-3} cm/s，属中等透水性。上述因素是下游坝坡发生散浸现象和坝脚发生渗漏的主要原因；由于坝身填筑质量差易产生土体沉陷，如遇较大洪水，易产生渗流破坏或垮坝的险情，故建议对主坝全坝段进行防渗加固处理。

左副坝大部分位于岗地，坝基岩性为③层重粉质壤土，坝身高度较低，坝顶高程19.2 m～19.8 m，仅在樵17附近存有厚约2.0 m的人工填土，岩性为黏土和粉质黏土，黄色，干至稍湿，干强度较高。经调查无渗漏现象。右副坝为岗地，以强风化基岩为主，局部为全风化岩（黏土夹块石），人工填土极少，其厚度一般为0.2 m～0.5 m，工程地质条件较好，经现场调查，未发现渗漏现象。

由安全鉴定资料和调查可知，坝身存有白蚁穴，危害坝身安全（本次勘探期间，白蚁处于冬眠状，坝身未见蚁穴），背水坡坝脚无排水设施。

坝坡：迎水坡护坡石严重风化和破碎，混凝土护坡裂隙沉陷，防洪墙开裂、砂浆剥落；背水坡有雨淋沟，建议对护坡石、防浪墙拆除重建，背水坡修坡维护。

坝脚坑塘：经现场勘察，距坝 20 m 内有深塘存在，主要集中在桩号 0+273～0+423 段，塘有 4 个，塘底高程为 13.2 m，总长约 150 m，洼地零星分布。洼地和深塘的存在，严重影响大坝的安全，建议对距坝脚近的洼地和深塘进行固基填平处理。

综上分析，坝体压实度低，中等透水性，坝后散浸，建议对主坝全坝段坝体进行防渗和加固处理；对坝前护坡应拆除重建；对背水坡坝脚应采取防护措施，对有问题的防浪墙需拆除重建，并对坝体加强管理，防治白蚁侵害。另外，主坝段背水坡鱼塘和低洼地较多，建议对坝后洼、塘进行填平加固处理。左、右副坝人工填土较少，无渗漏问题。

（2）坝基工程地质条件

1）主坝坝基地质条件

主坝段桩号 0+256～1+506，自上而下共揭露地层如下：

①层黏土（耕植土或腐殖土）(Q_4^{al})：黏土土夹重粉质壤土，局部夹砂壤土，层厚 0 m～1.5 m，层底高程 10.78 m～15.00 m，灰、灰黄、黄色，软塑状。含植物根茎及贝壳较多，多为耕植土，为原筑坝清基不彻底残留的土层。此层土的孔隙比大，压缩性高，属高压缩性土，渗透性较大。

②层淤泥质黏土(Q_4^{al})：夹有重粉质壤土、中粉质壤土，层厚 0 m～7.5 m，层底高程 4.59 m～11.74 m，灰色，呈软至流塑状，此层土属高压缩性土。

③层重粉质壤土(Q_3^{al})：夹中粉质壤和砂壤土，棕黄、黄色，湿，可塑状态，属中等偏低压缩性土，层厚 1.0 m～8.0 m，层底高程－2.33 m～17.50 m。

③-1 层中粉质壤土(Q_3^{al})：该层土夹轻粉质壤土和少量粉土、砂壤土，灰、青灰色，湿，呈可塑状态，属中等压缩性土，主要分布于主坝老河槽段（桩号：0+402～1+103）。层厚 4.5 m～6.2 m，层底高程－8.01 m～4.15 m。

④-1 层全风化基岩(Ar_2x)：岩性主要为片麻岩、角闪岩、浅粒岩、大理岩、混合岩化，表现为土夹块石或砂夹块石，密实，强度高、渗透性弱，层厚薄不均，分布不连续，且高程变化大，为土和强风化基岩之间的夹层，厚度 0 m～3 m。

④-2 层强风化基岩(Ar_2x)：岩性主要为片麻岩、角闪岩、浅粒岩、大理岩、混合岩化，层顶高程－8.01 m～17.96 m，灰白、白夹黑点、深黑、肉红等色，密实至紧密状态。坝轴线两端基岩埋深较浅，在桩号 0+470～1+102.5 间埋深较深，至－8.81 m 高程仍未揭穿。钻进过程中因受机械破碎，多呈砂状。

④-3 层中等风化基岩(Ar_2x)：岩性主要为片麻岩、角闪岩、浅粒岩、大理岩、混合岩化，灰白、白夹黑点、深黑、肉红等色，该层仅在放水底涵处揭露。

以上各土层物理力学指标建议值见表 8.2-1。

表 8.2-1　五河县樵子涧水库除险加固工程(主坝段)各土层物理力学性质指标建议值表

层号	土类	含水率	湿密度	干密度	孔隙比	液限	塑限	塑性指数	液性指数	压缩系数	压缩模量	直快		固快		慢剪		总应力(CU)		有效应力(CU)		十字板剪切	允许承载力标准值
												黏聚力	内摩擦角	黏聚力	内摩擦角	黏聚力	内摩擦角	黏聚力	内摩擦角	黏聚力	内摩擦角		
		%	g/m^3	g/m^3		%	%			MPa^{-1}	MPa	kPa	°	kPa	°	kPa	°	kPa	°	kPa	°	kPa	kPa
⓪	人工填土	30.6	1.88	1.44	0.90	40.7	23.5	17.2	0.35	0.38	5.30	25.0	10.0	26.0	11.0	24.0	15.0	7.0	9.2	6.9	10.0		
①	黏土	37.2	1.85	1.33	1.056	44.7	25.4	18.6	0.65	0.50	4.4	22.3	5.0	16.0	8.0	11.0	9.0	6.0	7.0	6.0	7.0	26	120
②	淤泥质黏土	42.2	1.79	1.26	1.199	42.9	25.0	17.7	0.96	0.66	3.8	15.0	3.0	15.0	4.0	9.0	6.0	0.4	7.1	0.4	7.6	18(最小12)	100
③	重粉质壤土	26.6	1.99	1.57	0.751	35.3	20.8	14.4	0.43	0.30	6.6	25.0	9.0	37.0	11.0	34.0	17.0						160
③-1	中粉质壤土	27.2	1.98	1.55	0.73	31.4	19.1	12.9	0.63	0.34	5.2	25.0	7.0	20.0	12.0			7.0	9.0	7.0	10.0		130
④-1	全风化基岩																						290
④-2	强风化基岩																						300
④-3	中等风化基岩																						500

2）副坝坝基地质条件

左副坝主要坐落在第四纪上更新统（Q_3^{al}）③层上，厚度 0 m～2.0 m，以下为上太古界下五河亚群西堌堆组 Ar_2x 岩性，包括片麻岩、角闪岩、浅粒岩、大理岩，为全风化至中风化，经机械扰动后多呈砂状。地层编号与主坝地层编号相同，主要揭露③、④- 1、④- 2 层岩性。右副坝表层④- 1 层厚 0.2 m 左右，其下为④- 2 层强风化层。

3）工程区水文地质条件

坝址区内第四系全新统和上更新统地层广泛分布，地下水主要为第四系全新统黏土夹壤土、粉质黏土（Q_4）及上更新统重粉质壤土夹黏土（Q_3）中的孔隙潜水及上太古界下五河亚群西堌堆组 Ar_2x 强风化基岩中孔隙或裂隙水。地下水受大气降水和库水补给，地下水位的动态受大气降水、库水及蒸发影响。

经本次水质分析试验，库区环境水对混凝土均无腐蚀性。

本次勘探时间为 2007 年 10 月，勘探期间为枯水季节，测得地下水位 14.5 m 左右，上下波动约 30 cm，左副坝地下水位 16.5 m，泄洪闸地下水位 16.3 m～16.8 m，防洪闸地下水位 15.0 m 左右。

通过分析，各土层渗透系数建议值表如 8.2-2。

表 8.2-2　各土层渗透系数建议值表

地层编号	垂直渗透系数(cm/s)	水平渗透系数(cm/s)	渗透性
⓪	8.3×10^{-4}	7.2×10^{-3}	中等透水
①	3.0×10^{-4}	2.19×10^{-4}	中等透水
②	6.96×10^{-8}	2.66×10^{-7}	极微透水
③	4.77×10^{-7}	9.06×10^{-8}	极微透水
③- 1	4.06×10^{-7}	1.94×10^{-7}	微透水
④- 1、④- 2	3.60×10^{-5}	7.49×10^{-5}	弱透水

4）工程地质条件评价

樵子涧水库坝区地形地貌单元属江淮丘陵区，工程地质条件较为简单。据本次勘察库区内未见库岸滑坡、崩塌等不良工程地质现象。

根据本次勘察揭露，樵子涧水库主坝坝基上为黏性土，下部为基岩，由于建坝时清基不彻底，坝基下存在①层黏土（耕植土或腐殖土），厚约 0 m～1.5 m 左右，结构松散，下伏为②、③、③- 1、④- 1、④- 2 层，其中第②层为软弱层；左、右副坝坝基位于③层黏性土（Q_3）或强风化花岗片麻岩等变质岩上。现对其分述如下：

a. 主坝

主坝坝基位于第四系全新统（Q_4）①层黏土上，其分布范围在地下水位上下，其力学指标受地下水影响较大，在地下水位以上土的黏聚力和内摩擦角值一般大于地下水位的值，特别是内摩擦角变小，指标统计时离散性较大，故在提建议值时考虑了上述因素。

水库主坝的坝基广泛存在①层黏土，层厚 0 m～1.5 m，结构松散，具有中等透水性，在渗流作用下易出现渗漏及流土现象，易形成渗透破坏，严重时可造成垮坝。故建议对该层进行防渗处理，处理深度应进入②层土 1.0 m 以上，具体深度需进行验算后确定；坝基下广泛存在软塑状态①层黏土和软塑～流塑状态的②层淤泥质黏土夹重粉质壤土，上述两层土为软弱土层，厚度不均，强度低，易产生不均匀沉降，工程地质条件差，存在坝基剪切变形、压缩变形等问题，建议对上述两层土进行抗滑、沉降等稳定验算；②层淤泥质黏土，标贯击数＜4 击，液性指数 0.96，在Ⅶ度地震时存在震陷问题，设计时需考虑。

第③-1 层中粉质壤土（Q_3），呈可塑状态，局部呈软可塑状态，工程地质条件一般。

第③、④-1、④-2 层岩或土，强度高，渗透性弱，工程地质条件良好。

b. 副坝

水库左副坝的坝基主要位于③层重粉质壤土夹黏土（Q_3）上，该层土呈硬塑状态（左副坝处），弱至微渗透性，承载力较大，强度高，工程地质条件好，无渗透变形和抗滑稳定问题；右副除局部表层有 0.4 m 厚人工填土，以岗地为主，弱渗透性，强度高，工程地质条件好。无渗透变形和抗滑稳定问题。

坝肩：右坝肩桩号 0＋256～0＋184 段，人工填土压实度低，且不均匀，不满足三级坝体的质量要求，全域强风化层表层未进行清理或清理不彻底，存有 0.2 m 左右松散层，其下部为密实状态强风化基岩，弱渗透性，强度较高。该坝肩存在人工填土及下伏基岩结合面渗漏问题；左坝肩桩号 1＋506～1＋588，人工填土下为重粉质壤土层，结合处未清基或清基不彻底，其结合部存在渗漏问题。

综上分析认为，主坝坝基①层土存在渗漏及渗透变形问题，需全部进行防渗处理；②层土在Ⅶ度地震时存在震陷可能，①、②层土为高压缩性、抗剪强度低，需进行抗滑、沉降等稳定验算；副坝两端坝肩均需采取防渗措施，截渗体应进入下伏层一定深度，并向坝两端延伸，长度应满足设计要求。

四、泄洪渠堤防工程地质条件及评价

(1) 堤防病险调查

泄洪渠位于桩号 2＋089～4＋001，即泄洪闸至挡洪闸间，本次勘探长约 1.95 km，该渠道沿岗地边缘开挖，渠左边为岗地。渠道仅有右堤，堤顶高程 18.48 m～18.94 m，堤高 1.0 m～4.0 m，经现场调查，该渠右堤填筑料为岗地边缘的黏土和下伏全风化黏土夹块石，填筑时靠人工填筑，未进行碾压。运行后，渠堤桩号 2＋902～3＋970 段渗水严重，在水位达 17.0 m 高程时堤坡多处出现漏水，可见明显水流。2007 年汛期在桩号 3＋102 附近产生溃堤，溃堤长度 53 m，下游冲坑深 2.6 m；桩号 2＋089～2＋902 段堤防较矮，背水坡地面高程较高，多年来未发现渗漏水现象。

（2）堤身质量及评价

泄洪渠沿岗地台阶边缘扩挖，左边为岗地（天然阶地），地面高程 14.3 m～17.2 m，表层为黄、红色黏土或粉质黏土，下伏全至强风化基岩。渠道右堤，堤顶高程 18.5 m～19.5 m，桩号 2＋902 以南至防洪闸段背水侧地面高程 14.7 m～17.0 m，最大堤高 4.5 m 左右，根据调查，泄洪渠堤身土填筑时按户或组为单位将堤划分很多填筑段，由人抬肩挑填筑而成，段与段之间接缝未进行控制和处理，搭接均匀很差，土料取自堤身附近岗地边缘土层，土料以重粉质壤土为主，常夹有全风化块石，且未进行必要碾压，存在渗漏通道，现状汛期渗漏严重，出水点较多，多发生在堤身部位，分析认为出水点处应为段与段之间接合处未经处理和筑堤时未清基或清基不彻底导向。另在桩号 3＋102 处 2007 年汛期由于洪水溢堤，造成决堤 52 m 长，堤后形成 2.6 m 冲坑，同时该段堤防堤身单薄，也是产生渗漏的原因之一，建议对该段堤防进行防渗加固处理；桩号 2＋902 以北至泄洪闸段地面高程 17.0 m～20.76 m 左右，堤高 0 m～1.5 m，经调查，该渠段未发现渗漏。

根据勘探资料，堤身土主要以黏土、粉质黏土为主，夹块石，稍湿，黄色，可至硬塑状态，经室内试验筑堤土料最大干密度为 1.67 g/cm^3。该段泄洪渠堤防等级为 4 级。根据规范要求压实度按 0.90 控制，堤身土控制干密度为 1.50 g/cm^3。本次勘探取泄洪渠堤身原状土样共 11 组，经室内试验干密度：最大值 1.73 g/cm^3，平均值 1.60 g/cm^3，最小值 1.40 g/cm^3，其中大于 1.50 g/cm^3 的值共 8 组，合格率为 72.9%，不合格 3 组，不合格试样均分布在桩号 2＋902 至防洪闸段。为了解堤防的渗透性共布 3 组注水试验，试验结果略。由上表试验渗透试验值分析，除桩号 3＋577 处为中透水性外，其他处为弱至微透水，上述渗透系数基本满足 4 级堤防的防渗要求。据五河县水利局有关防汛人员介绍，桩号 2＋902～4＋001 段汛期漏水严重，造成现场试验和调查结果的差异，原因为堤防填土为黏性土，填筑时取土随意性较大，规律性差，填筑的压实度均匀性很差，而试验为约 500 m 一个点，仅代表某个点位置的情况，故造成差异。根据现状情况建议对堤身渗漏段进行加固处理。

（3）堤基工程地质条件及评价

1）地质条件

根据本次勘探资料，堤基揭露地层为（地层编号和主坝相同）：③、④－1、④－2、④－3 层，其中④－2、④－3 层强风化、中等风化基岩沿渠线起伏较大，使得上覆地层③层重粉质壤土分布不连续，③层土层底高程 7.02 m～16.17 m，厚度 0 m～7.5 m 左右，④－2 层强风化基岩层底高程 1.20 m～14.86 m。

泄洪渠堤各土层物理力学指标建议值见表 8.2-3。

表 8.2-3 泄洪渠堤各土层物理力学性质指标建议值表

层号	土类	含水率	湿密度	干密度	孔隙比	液限	塑限	塑性指数	液性指数	压缩系数	压缩模量	直快		允许承载力标准值
												黏聚力	内摩擦角	
		%	g/m^3	g/m^3		%	%			MPa^{-1}	MPa	kPa	°	kPa
⓪	人工填土	22.5	1.96	1.60	0.71	36.4	21.0	16.0	0.09	0.36	5.20	26.0	13.0	
③	重粉质壤土	23.2	2.01	1.63	0.675	35.7	20.6	15.2	0.18	0.24	7.0	44.0	15.0	180
④-1	全风化基岩											20.0	25.0	290
④-2	强风化基岩													300
④-3	中等风化基岩													500

2）地质条件评价

渠堤堤基主要位于呈硬塑状态③层重粉质壤土夹黏土（Q_3）上，根据《堤防工程地质勘察规程》中堤基结构分类标准，本渠右堤可划为单一结构和双层结构两种类型，其中，单一结构为全或强风化层基岩单一结构，分布位置为桩号 2＋747～2＋847，3＋102～3＋202，该基岩强度高，压缩性低，渗透性弱。双层结构为上覆黏性土，下伏基岩，分布范围除单一结构段外其他地段。根据《堤防工程地质勘察规范》中堤基工程地质条件分类，渠堤 3＋102～3＋202 段工程地质条件为 B 类，工程地质条件较好；其余渠段工程地质条件为 A 类，堤基不存在渗透变形和抗滑稳定问题。

综上分析，认为桩号 2＋902 至防洪闸（桩号 4＋001）段堤身填筑质量均匀差，分段搭接处结构松散，形成渗漏，同时堤身单薄也是渗漏原因之一，上述渗漏易产生渗透破坏或垮堤，建议对该段堤防进行防渗加固处理，如在迎水面铺黏土盖层或做截渗墙；桩号 2＋902 至泄洪闸段未发现渗漏，该段堤防高度较低，堤身单薄，故建议可适当加宽处理。渠堤堤基工程地质条件较好，工程地质条件：渠堤 3＋102～3＋202 段为 B 类，其余为 A 类；堤顶高程局部不满足设计要求，且堤身单薄，堤身填土桩号 2＋902 至 4＋001（防洪闸）段渗漏严重，故建议对整个渠堤进行加固处理，对堤身渗漏段，需进行防渗处理，如在上游侧进行黏土铺盖，处理深度进入堤基土 1.0 m 左右。

五、放水底涵工程地质条件及评价

放水底涵位于主坝右侧，桩号为 0＋316。

（1）病险调查：经现场调查，涵管为混凝土有压圆涵，直径 0.9 m，底高程 13.5 m，长度 44.38 m，涵洞洞身断裂且渗水现象明显，当上游水位高至 19.0 m 时，下游出口处渗水变为浑浊，混凝土老化严重；涵洞洞身与填土存在接触渗流；出口段挡墙为浆砌石结构，块石风化、龟裂较严重，勾缝砂浆存在开裂、脱落现象并漏水，出口段消能设施损坏严重。

（2）地层岩性：根据勘探资料，放水底涵处揭露地层除人工填土（坝高约 5.1 m）外，有①层黏土（腐殖土或耕植土），其层底分布高程 12.70 m～14.58 m，厚 0.9 m～1.3 m，呈软可塑状态；局部（仅 FS3 孔）揭露③层重粉质壤土，厚 1.3 m；④－1、④－2 层全、强风化花岗片麻岩等变质基岩（Ar_2x），密实至紧密状态，层底分布高程 6.48 m～7.28 m，厚 7.4 m 左右；④－3 层中等风化花岗片麻岩（Ar_2x），最大揭露厚度 5.5 m。

各土层物理力学指标参见主坝段物理力学指标建议值表。

（3）工程地质评价：由设计参数可知，放水涵进水段、竖井、洞身段、出口段建基面高程均为 13.0 m（齿墙处 12.5 m），防冲槽建基面高程 12.4 m 左右，涵洞堤身段完建期基底平均应力为 156.4 kPa。

经现场调查现状涵洞内漏水严重，分析认为涵身破损和涵身与填土之间接触不良造成。在汛期水位达 19.0 m 高程时，出现浑水，分析认为在高水位时，由水压力增大，涵身与填土之间产生接触冲刷所造成，这种情况下如不及时处理，有更大的渗漏和溃坝的危险。为防止涵身与土产生接触渗漏，建议在回填土时需在涵身刷黏土泥浆，边刷边填，边压实，确保填筑质量。

涵洞进水段渠底揭露地层为④-2 层强风化花岗片麻岩，基岩强度高、渗透性弱，渗透系数为 1.01×10^{-5} cm/s，但抗冲性能一般，建议采取适当防护措施。进水段两边坡为岩土混合低边坡，边坡稳定性、抗冲性能一般，建议边坡采取适当防护措施。

放水涵竖井位于迎水坡坝脚附近，基础位于④-2 层强风化基岩上，该层为压缩性低、承载力高、渗透性弱的地基，天然地基能满足设计要求。

洞身段涵基大部分位于④-2 层强风化基岩上，该层工程地质特性稳定，强度高，承载力约为 300 kPa，压缩性低，渗透性弱，呈紧密状态，工程地质条件良好。洞身出口处局部位于③层重粉质壤土中，承载力为 160 kPa，中等压缩性，弱透水性，基础下厚 0.8 m 左右。但考虑到涵身位于两种沉降差异较大的不同地层上，易造成涵身错缝或断裂，故建议对③层重粉质壤土进行挖除处理。

消能防冲设施基础位于④层强风化基岩上，局部可能残留少量③层重粉质壤土，建议挖除。④层强风化基岩天然地基能满足设计要求，其标准允许流速 4 m/s～5 m/s。消能防冲设施边坡为土岩混合低边坡，抗冲性差，建议进行防护处理。

基坑：现状堤顶高程 20.7 m，基坑建基面高程 13.0 m，基坑开挖最大边坡高度为 7.7 m，为低矮土质边坡，涉及土层有人工填土、①层粉质黏土和④层强风化基岩，其中①层土弱透水性，软塑状态，边坡稳定性差。故建议边坡比⓪④层土为 1.0∶2.0，①层土为 1.0∶2.5～1.0∶3.0。

六、溢洪道及泄洪闸

泄洪闸位于左副坝左端，桩号 2+060 处，溢洪道位于泄洪闸左端约 20 m 位置一字布置，泄洪闸出口下对泄洪渠，溢洪道出口斜对泄洪渠。

（1）病险调查：泄洪闸的浆砌石挡墙、闸墩砂浆脱落、开裂，进口段堵水，出口段消能设施损坏；溢洪道进口不畅，出口处无消能防冲设施。

（2）地层岩性：泄洪闸及溢洪道揭露地层：⓪层人工填土：层底高程 17.20 m～19.73 m，层厚 0.6 m～3.0 m，棕黄色，可塑，松散；①层黏土，仅分布溢 3 孔处，呈软塑状态，层底高程 13.40 m～15.03 m；③层重粉质壤土夹黏土，层厚变化较大，1.2 m～6.4 m；下伏④-1、④-2 层全、中等风化岩（Ar_2x）。

上述各土层物理力学指标参见主坝段物理力学建议值表。

（3）工程地质评价

泄洪闸拟由现在的 2 孔改建为 3 孔，经计算在完建期闸底板基底应力最大，为 48.03 kPa。

进水段建基面高程为 16.6 m，闸底板底高程为 16.4 m，消能防冲设施建基面高程为 15.3 m，岸翼墙底高程为 16.6 m。

进水口段揭露地层为可至硬塑状③层重粉质壤土和软塑状①层黏土，弱渗透性。该处地面高程 17.09 m～19.0 m，两边坡高 0.9 m～2.0 m，边坡为土质低边坡，其中①层黏土抗冲能力差，③层土抗冲能力一般，综合分析后建议考虑防冲设施坡比建议采用 1.0∶2.0～1.0∶2.5。

闸址处①、③层土的物理力学性质指标参照主坝采用。泄洪闸底高程为 16.8 m 左右。泄洪闸位于第①层黏土（Q_4）和③层重粉质壤土（Q_3）中，其中①层土位于闸基下，呈软至软可塑状态，其承载力 120 kPa，该层土工程性质不稳定，强度随着地下水位的变化而变化，建议对该层进行适当处理和稳定复核；局部为③层重粉质壤土，该层土的性质稳定，呈可-硬塑状。属低压缩性土，其承载力为 160 kPa，可采用天然地基。由于闸基位于两种土上，且两种土的沉降有差异，设计时应注意闸基不均匀沉降问题。建议闸基①层土与砼之间摩擦系数取 0.22，③层土与砼之间摩擦系数取 0.32。

消能防冲设施揭露地层主要为①层黏土，该层土呈软至软可塑状态，抗冲能力差，允许不冲流速 0.55 m/s，局部（左侧）可能有③层重粉质壤土出现，允许不冲流速 0.70 m/s。边坡地层主要为①层黏土和⓪层人工填土，最大边坡高度约 2.5 m，土质低边坡，建议坡比 1.0∶2.0～1.0∶2.5。建议考虑防冲措施。

翼墙：上下游翼墙基础主要位于①层黏土中，承载力为 120 kPa，该墙高度较低，基底应力较小。能否采用天然地基需设计复核后确定。

泄洪道堰顶高程为 19.0 m，位于第③层土中，工程地质条件良好。表层有 0.5 m 左右厚的耕植土，工程性质较差。建议施工时对表层 0.5 m 耕植土进行挖除处理。上游无进水段设施，下游无消能防冲设施。上述两处揭露地层均为③层重粉质壤土，承载力较高，渗透性弱，抗冲能力一般，建议边坡比采用 1.0∶1.5～1.0∶2.0，并考虑防冲设施。

七、防洪闸地基条件

该防洪闸位于桩号 4＋001 处。

（1）病险调查：经现场调查，防洪闸上部结构和设备破损严重，翼墙有裂隙，闸底板已破坏（人类活动造成），病险情况与安全鉴定调查相同，该闸需拆除重建。

（2）地层岩性：闸址处揭露地层共 2 层：⓪层人工填土，以黄色黏土、粉质黏土为主，层底分布高程 15.90 m～16.08 m；上部局部有④- 1 层全风化层为块石夹黏土，厚 0.3 m 左右，④- 2 层强风化基岩，经机械扰动后多呈砂状，呈紧密状态。

上述各层土物理力学指标参见泄洪渠段物理力学建议值表。

（3）工程地质条件评价：防洪闸建基面高程为 14.2 m，进水段底高程 14.6 m，消能防冲设施高程均在 14.2 m～14.5 m 左右，基底最大应力 72.41 kPa。

根据上述设计参数，进水段、闸室段、翼墙及消能防冲设施的基础均位于④-2层强风化基岩上（局部可能有少量全风化残积体，易进行挖除处理），该层承载力为300 kPa，压缩性低，渗透性弱（渗透系数在1.01×10^{-5} cm/s），工程地质条件较好。闸上下游进出口段边坡岩性主要为强风化基岩，少量为全风化基岩，边坡为岩质低边坡，边坡稳定性好，但抗冲能力一般，强风化基岩抗冲流速约5.0 m/s（经验值），全风化基岩抗冲流速约2 m/s～3 m/s，建议边坡比采用1.0∶0.5～1.0∶1.0，且采取防冲措施。建议闸基④-2层与砼之间摩擦系数取0.40。该闸主要拦挡淮河洪水，挡水最大高度约5.0 m，建议闸上下游进出口段及边坡应考虑防冲措施。

八、交通桥工程

由于泄洪渠上有1座104国道桥和2座生产桥阻水，需拆除重建，下面分别叙述。

（1）地层岩性

1）西堌交通桥（桥1，位于桩号3+165.5），揭露地层为：⓪层人工填土，厚仅0.3 m～0.4 m；局部为④-1层块石夹黏土，④-2层强风化基岩（Ar_2x），经机械扰动后为砂，紧密状态，层底高程9.28 m～12.12 m，厚6.1 m～6.4 m；下部为④-3中等风化基岩（Ar_2x）。

2）西堌南交通桥（桥2，位于桩号2+797），揭露地层为：⓪层人工填土，层底分布高程18.01 m～18.33 m，以黏土、粉质黏土为主，夹粉土或砂壤土；③层重粉质壤土，红、棕黄等色，硬塑状态，含有砂粒，局部分布，层底分布高程15.38 m～18.01 m，厚0 m～3.0 m；局部为④-1层全风化砂、块石夹黏土，④-2层强风化片麻岩、大理岩（Ar_2x），密实至紧密状态，层底分布高程10.83 m～14.86 m，层厚3.15 m～4.55 m；④-3层中等风化基岩（Ar_2x），揭露最大厚度3.3 m。

3）104国道桥（桥3，位于桩号2+327），揭露地层为：⓪层，人工填土，以黏土、粉质黏土为主，夹粉土或砂壤土，层底分布高程15.98 m～17.79 m；③层重粉质壤土，红、棕黄、红黄等色，硬至坚硬状态，层底高程11.90 m～14.49 m，层厚3.05 m～5.15 m；④-1层风化砂、块石夹黏土，上部1.0 m为中等密实，下为紧密状态，厚2 m～3 m，④-2层强风化基岩（Ar_2x），层底高程6.88 m～7.44 m，层厚6 m～7 m；④-3层中等风化基岩，揭露最大厚度2 m左右。

上述各土层物理力学指标参见泄洪渠段物理力学建议值表。

（2）工程地质条件评价

1）西堌交通桥（桥1，桩号3+165.5），该桥基处土层很薄，桥基位于④-2层强风化基岩上，承载力300 kPa，属低压缩性，下卧④-3层为中等风化基岩，承载力500 kPa以上。该处工程地质条件良好。设计若采用钻孔灌注桩基础，建议桩端进入④-3层中等风化基岩中0.5 m以上，其中，④-2层岩土桩的极限侧摩阻力标准值可取80 kPa。

2）西堌南交通桥(桥2,桩号2+797)，该桥基处分布地层有⓪、③、④-2、④-3层，其中，③层重粉质壤土仅在桥6孔揭露，厚约3.0 m，下伏④-2、④-3层风化基岩面呈起伏状，③、④-2、④-3层土地基承载力分别为160 kPa、300 kPa、500 kPa，如果桥墩采用钻孔灌注桩基础，③、④-2层土桩的极限侧摩阻力标准值分别为60 kPa、80 kPa，持力层可选用④-3层中等风化基岩，且桩端应进入④-3层0.5 m以上。

3）104国道桥(桥3,桩号:2+327)，该桥基处分布地层有⓪、③、④-1、④-3层，除人工填土外，各土层承载力分别为160 kPa、290 kPa、300 kPa、500 kPa，该桥为104国道桥，建议采用灌注桩基础，桩的极限侧摩阻力标准值分别为③层土取60 kPa、④-1层土取75 kPa、④-2层强风化层取80 kPa，桩端位于④-3层中等风化基岩，极限端承力为5 000 kPa～6 000 kPa。

九、天然建筑材料

(1）土料

根据五河县水利局指定的料场位置，共有3块地方。

1）料场类别

根据现场勘察资料，料场类别如下：

料场1:该料场共布3孔，孔距100 m，孔深5.0 m，位于桩号0+093西北向200 m。该料场地形平坦，可采面积较大，表层主以黏性土为主，揭露地层变化平稳，土层结构简单，但表层需剥离，根据《水利水电工程天然建筑材料勘察规程》(SL/T 251—2015)，料场按地形地质条件可划为Ⅰ类。

料场2:该料场布2孔，孔距100 m，孔深5.0 m，位于泄洪闸南约100 m处。该料场为一低矮剥蚀残丘，面积较大(现无地形图)，地形起伏不大，地层分布起伏较大，表层有剥离层，可采层较薄。根据《水利水电工程天然建筑材料勘察规程》，料场按地形地质条件可划为Ⅱ类。

料场3:该料场共布3孔，孔距100 m，孔深5.0 m，位于防洪闸以西100 m左右的淮河滩地上。该料场为淮河滩地，地形平坦，面积大，地形起伏小，地层起伏较小，可采层厚约3.5 m～4.0 m，表层需进行剥离，根据《水利水电工程天然建筑材料勘察规程》，料场按地形地质条件可划为Ⅰ类。

2）料场岩性

料场1:根据勘探资料，料场揭露地层岩性为3层，①层黄色粉质黏土或重粉质壤土，软至可塑状态，层厚2.7 m～2.8 m，其颗粒组成：砂粒含量13.6%，粉粒含量51.1%，黏粒含量35.3%；②层灰色淤泥质黏土，软塑状态，分布广泛且稳定，层厚约0.8 m～1.8 m；③层黄色粉质黏土，可至硬塑状态，最大揭露厚度1.2 m。

料场2:钻探揭露岩性为2层，表层为黄色③层粉质黏土，可至硬塑状态，局部分布，层厚 0 m～1.5 m；④层为全风化残积土或强风化基岩，黄、红、灰白等杂色，密实度中等，残积土的颗粒组成为：砂粒含量 62.3%，粉粒含量 28.4%，黏粒含量 9.3%，不均匀系数 25.6，曲率系数 1.26，按颗粒成分属重砂壤土。

料场 3：钻探揭露地层岩性为 3 层，①层黄色重粉质壤土，软至软可塑状态，湿，夹中、轻粉质壤土，层底高程 12.2 m～13.5 m，层厚 2 m～2.8 m，其颗粒组成为：砂粒 8.7%，粉粒 70.9%，黏粒 20.4%；①-2 层灰黄色轻粉质壤土，可塑状态，含少量碎石，层厚 1.3 m～2.4 m，层底高程 10.90 m～11.10 m；②淤泥质黏土，灰、黑灰色，软塑状态，局部分布，该层主要分布在 11.10 m 高程以下；③层黄色粉质黏土，可至硬塑状态，分布 10.9 m 高程以下。

3）料场质量评价

料场 1：①层粉质黏土或重粉质壤土可作为填筑土料，②层淤泥质黏土不宜做填筑土料，③层土埋深较大，不易开采。料场 2：③层粉质黏土可作为坝或堤防填筑土料，④层全风化残积土可为填塘固基填筑料，本次击实试验样为全风化残积土，颗粒分析属重砂壤土。料场 3：①层重粉质壤土和①-2 层轻粉质壤土适宜作为堤防填筑土料，②层淤泥质黏土层不宜做堤防填筑土料。

根据勘察资料和室内试验结果，土料各项指标经分析、统计后汇于表 8.2-4。

表 8.2-4　土料试验成果与质量技术要求对照表

项目	料场 1	料场 2	料场 3	土料质量技术要求
	粉质黏土	重砂壤土	重粉质壤土	
黏粒含量	35.3%	9.3%	20.4%	10%～30%为宜
塑性指数	16.7%～18.2%		16.2%～17.1%	7%～17%
渗透系数	2.78×10^{-8} cm/s		5.11×10^{-8} cm/s	碾压后 $<1\times10^{-4}$ cm/s
天然含水量	25.4%～27.5%		25.9%～31.8%	天然含水量最好与最优含水量或塑限相近似
最优含水量	23.0%	14.9%	19.4%	
塑限	25.3%		22.5%～24.0%	
最大干密度	1.55 g/cm^3	1.81 g/cm^3	1.66 g/cm^3	最大干密度应大于天然干密度
天然干密度	1.53 g/cm^3		1.51 g/cm^3	

由表分析可知，料场 1 中土料粉质黏土黏粒含量、天然含水率略偏高，其他指标均满足填筑料要求；料场 3 土料天然含水率偏高，其他试验指标基本满足均质碾压土坝土料质量技术要求；料场 2 土料以重砂壤土为主，该土料为全风化残积土，含砂和砾石，可作为填塘固基土料，但需控制适当的压实度，上部少量为重粉质壤土，能满足填塘固基土料要求。

4）料场储量及开挖级别

料场储量按平均厚度法进行估算。

料场1:该料场主要用①层土作土料。料场面积为3.8万m^2,地下水埋深1.0 m,土层平均可开挖厚2.7 m,扣除表层0.3 m,有效开挖按厚度2.0 m计,其土料储量为7.6万m^3。其中水下方为4.94万m^3。土层开挖级别为Ⅱ～Ⅲ级。

料场2:该料场③、④层土均用作填塘固基。料场面积为1.8万m^2,地下水埋深2.0 m左右,土层平均可开挖厚3.0 m,扣除表层0.3 m,有效开挖按厚度2.0 m计,其土料储量为3.6万m^3。土层开挖级别为Ⅳ～Ⅴ级。

料场3:该料场主要用①、①-2层土作土料,料场面积3.5万m^2,地下水埋深0.5 m,土层平均可开挖厚2.4 m,扣除表层0.3 m,有效开挖按厚度2.1 m计,其土料储量7.35万m^3。其中水上方0.7万m^3,水下方6.65万m^3。土层开挖级别为Ⅱ级。

(2) 砂石料

砂料、块石料、碎石料均需场外采购供应。

十、结论及建议

(1) 结论

1) 根据《中国地震动参数区划图》(GB 18306—2015),库区场地地震动峰值加速度为0.15 g,相应地震基本烈度为Ⅶ度(50年超越概率10%)。该场区存有②层淤泥质黏土,为软弱土层,贯入击数小于4击,液性指数大于0.75,在Ⅶ度地震下有震陷的可能性,应考虑地震对建筑物沉陷影响。

2) 主坝段:坝体填筑质量很差,取55组试样,仅有5组干密度(占总量9.1%)符合规范和设计要求,根据坝体注水试验,坝体填土为中等透水性,挡水性能较差,在高水位时,大坝下游坝坡大面积散浸,坝脚漏水严重。建议对主坝段坝体采取防渗措施;坝基①层土属原耕植土,结构松散,软塑状,中等渗透性,下伏②层淤泥质黏土,为软弱土层,弱透水性,建议对坝基①层土进行防渗处理,对①、②层土进行抗滑稳定安全复核。樵子涧水库大坝灌浆处理段(如桩号0+902～1+003、放水涵处30 m段)经现场注水试验结果,坝体透水性仍属中等,且坝坡和坝基仍有渗漏现象发生,说明原灌浆处理效果不是很明显;左、右坝肩人工填土与坝基土接触部位存在未清基或清基不彻底,透水性中等,需进行防渗处理。迎水坡块石护坡风化严重,且局部冲刷缺失,建议对块石护坡进行翻砌;上部混凝土护坡塌陷、裂缝严重,建议拆除重建;主坝坝顶防浪墙开裂严重,分析其原因主要是由施工质量、结构形式和坝体不均匀沉陷造成的,建议防洪墙拆除重建。

3) 左、右副坝坝基主要位于③、④-1或④-2层岩土上,渗透性较弱,且强度较高,工程地质条件较好,地基无须处理。

4) 泄洪渠右堤为人工填土,填筑均匀性较差,其中桩号2+902至泄洪闸段(桩号2+089附近)不渗漏但堤防单薄,建议培宽加固;桩号2+902至防洪闸段(桩号4+001)长约1.1 km,汛期渗漏严重堤身单薄,建议采取防渗、培宽处理。泄洪渠堤基为③层重粉质壤土和④-2层强风化基岩(局部有少量④-1层),堤基结构为强风化基岩单一结构和黏土、基岩双层结构,按堤防地基分类标准桩号3+102～3+202为B类,其余为A类,工程地质条件较好。

5)放水涵地基土为④-2层强风化基岩,承载力高、压缩性小、渗透性弱,可采用天然地基;出口段局部为③层重粉质壤土地基,虽然承载力高、稳定性好,但考虑至③层土和④-2层强风化基岩沉降差异大,易对涵身造成不利影响,建议新建涵时,对③层土进行挖除处理。涵基回填时需在涵刷浓泥浆,砼与④-2层土之间的摩擦系数取0.42,与③层土之间的摩擦系数取0.32。

6)泄洪闸建基面在16.8 m高程左右,基础下局部存有少量①层土,承载力为120 kPa,渗透性中等,大部分位于③层土上,承载力160 kPa,弱渗透性。重建时建议挖除①层土,或对①层土进行适当防渗处理。设计时应根据上覆荷载进行稳定复核验算。砼与①层土之间的摩擦系数取0.22,与③层土之间的摩擦系数取0.32。

7)防洪闸重建后基础位于④-2层强风化基岩上,工程地质条件较好,可采用天然地基,如局部有少量全风化残留体,应挖除。砼与④-2层岩土之间摩擦系数取0.42。

8)3座生产桥址工程地质条件较好,建议采用桩基础,持力层为④-3层基岩。

9)工程区料场1储量约3.2万m^3,其中水下4.94万m^3,土料质量满足堤防填筑质量要求;料场2储量约3.6万m^3,岩性主要为全风化残积物,该土料能满足坝后填塘固基的要求;料场3储量7.35万m^3,其中水下6.65万m^3,该土料主要用于主坝填筑和建筑物回填,质量基本满足设计要求。根据本次勘探资料,料场1、料场3开挖时需采取降排水措施。砂石料均需从凤阳、明光等地外购,料源质量储量充足。

(2)建议

1)坝区内白蚁活动明显,应采取有效的防治措施进行处理且应对白蚁的活动进行长期观测,做到早发现早防治。

2)本阶段勘察时,由于现状建筑物及设施的存在,勘探孔无法直接布在建筑物的位置上,均需偏离建筑物位置布置。故施工时应加强施工地质工作。

9 工程任务规模及特征参数分析

9.1 社会经济概况

五河县位于皖东北淮河中游下段，全县总面积 1 429 平方公里，其中平原占 79.4%，丘陵占 8.9%，河湖占 11.7%，总人口 70 万人。辖 14 个乡镇 217 个村。

樵子涧水库位于安徽省五河县朱顶镇境内，朱顶镇与五河县城相毗邻，两省三县交界，东面与明光市相连，北面与江苏省泗洪县隔河相望。面积 109 km^2，人口 4.8 万人。境内资源丰富，盛产各类农产品，是产粮重镇。

朱顶镇工业种类有化工、建材、加工、玻璃、汽车运输、机械维修等 10 多个门类。农产品以小麦、大豆、玉米、花生为主。养殖以牛、猪、羊、鸡为主。水产品主要以樵子涧、靠山坝低洼地和 13 座山区水库养殖为主，年产量达 300 吨以上。

9.2 工程任务

水库是一座具有防洪、灌溉、养殖等综合利用效益的中型水库，集水面积 39.7 km^2。工程于 1958 年 10 月动工兴建，至 1959 年 10 月大坝竣工。

水库下游保护范围 45 km^2，保护区内有 15 座村庄，5 万人口，5 万亩耕地，43 km 道路，104 国道和拟建的徐明高速公路从中穿过，区内有初级中学 1 所和五河县看守所。樵子涧水库运行近 50 年来，历史最高水位达 19.60 m(2007 年)，洪水经过水库调蓄，削减洪峰在 50%至 90%。水库发挥了一定的防洪减灾作用。

水库原设计灌溉面积 3.0 万亩，有效灌溉面积 1.5 万亩，灌溉保证率达 90%以上，主要灌溉期为 5 月 20 日至 6 月 10 日，7 月 20 日至 8 月 30 日。运行以来，确保了灌区 1.5 万亩农田的旱年丰收，发挥了巨大的抗旱效益。

水库是五河县主要水产基地之一，有可养水面近 0.6 万亩，每年鲜鱼产量 10 万斤，还可生产鱼苗近千万尾。

9.3 兴利调节计算

一、灌区概况

樵子涧水库位于安徽省五河县淮河南岸朱顶镇境内，距五河县城南 4 km，处于江淮丘陵区北缘，是一座具有防洪、灌溉、养殖等综合利用效益的中型水库。水库建设时设计灌溉面积 3.00 万亩，有效灌溉面积 1.50 万亩；有养殖水面 0.56 万亩；保护范围内有村庄 15 个，人口约 5 万，耕地面积约 4.8 万亩，道路长度 43 km，104 国道和拟建的徐明高速公路从中穿过，区内有初级中学 1 所和县看守所。

二、灌溉设计保证率

樵子涧水库拟定灌区位于水库下游，灌区属暖温带半湿润气候与北亚热带湿润气候的过渡地带，灌区主要农作物有小麦、水稻、大豆等，旱作物种植面积较大，按照《灌溉与排水工程设计标准》(GB 50288—2018)规定：半干旱、半湿润地区或水资源不稳定地区，以种植旱作物为主时，其设计灌溉保证率为 70％～80％，以种植水稻为主时，其设计灌溉保证率为 75％～85％。根据樵子涧水库灌区作物组成情况，本次拟定的灌区灌溉设计保证率为 75％。

三、灌溉制度、灌溉定额分析

樵子涧水库灌区位于淮河干流蚌埠闸以下南岸，由于该水库为中型水库，长系列水文资料有限，为了确保水库兴利调节计算需水成果的合理性与科学性，本次灌区作物灌溉定额采用“淮河流域及山东半岛水资源综合规划”采用的蚌洪区间南岸蚌埠的长系列灌溉定额，系列长度为 1956—2000 年。

四、兴利调节计算

(1) 兴利计算的方法

樵子涧水库兴利调节计算，采用 1956—2000 年长系列时历法进行多年调算。

1) 以月为时段进行调节计算；

2) 考虑库区建成后形成蒸发增量，由水面月蒸发量减去陆面月蒸发量后乘以相应的水面面积后得到；

3) 根据坝址以上库区水文地质情况，再结合有关文献给出的渗漏量占水库蓄水量的百分数参考数，从偏安全的角度考虑，水库月渗漏量占蓄水量比例取为 1％；

4) 调算采用的死水位为 15.1 m，汛期限制水位为 18.0 m，正常蓄水位 18.5 m；

5）养殖用水最低需水位为 14.5 m，低于水库死水位，因此，水库兴利调节计算不考虑养殖用水；

6）当水库蓄水水位低于死水位时，停止所有用水需求的供给，形成破坏；

7）农业供水保证率 70%～80%。

（2）来水过程

樵子涧水库因缺乏实测径流资料，其历年逐月天然径流量根据石角桥水文站还原后的 1956—2000 年的天然径流资料，采用“水文比拟法”进行计算，并以两流域历年降雨资料予以修正。

（3）用水过程

根据“淮河流域及山东半岛水资源综合规划”相关水资源分区所采用的灌溉定额，结合灌区渠系水利用系数和设计灌溉面积，可推求出灌区灌溉用水过程。

五、设计灌溉面积

根据樵子涧水库兴利调节计算结果，在考虑河道内生态需水的情况下，在农田灌溉供水保证率高于 75%时，可灌溉农田约 1 万亩，考虑到理论计算与实际灌溉的差异，以及保证率计算的限制条件，实际可灌溉面积应大于 1 万亩。

六、灌溉流量

根据樵子涧水库兴利调节计算成果，灌区可发展有效灌溉面积 1 万亩，按照有关规范规定属中型灌区，干渠灌溉流量拟采用续灌方式设计，根据《灌溉与排水工程设计标准》(GB 50288—2018)，渠道灌溉设计流量按照下式计算：

$$Q_s = \frac{q \cdot As}{\eta_s}$$

式中：Q_s——渠道设计流量(m^3/s)；q——设计灌水率(m^3/s·万亩)；As——设计灌溉面积(万亩)；η_s——渠系水利用系数。由兴利调节计算结果知，灌区设计灌溉面积 1 万亩，渠系水利用系数取 0.6，设计灌水率 1.74(m^3/s·万亩)，按照上述公式计算，渠道灌溉设计流量 Q_s=2.89 m^3/s，最小设计流量 Q_s=1.45 m^3/s，加大设计流量 Q_s=3.76 m^3/s。

七、灌溉要求水位

根据樵子涧水库兴利调节计算结果，分析灌区灌溉用水过程及其与水库库存水量对应水位的关系，可以发现，当灌区灌溉需水量达到单次灌溉水量最大值时，水库水位均在死水位之上，且能满足单次灌溉需求，经对比分析，在 1956—2000 年 45 年供水用水系列过程中，满足单次最大灌溉需求对应的水库最低水位为 15.5 m，因此，在设计灌溉放水洞过流能力时，达到设计过流能力所必须满足的水位应低于 15.5 m

9.4 工程现状及除险加固的必要性

由于建库时制度不严，设计资料及有关文件下落不明，设计时的规模无法确定。

安徽省水利厅1978年10月20日以(78)皖水基字第885号文《关于樵子涧水库度汛工程的批复及加固设计的意见》确定樵子涧水库加固规模为：设计洪水标准为50年一遇，校核洪水标准为1 000年一遇。1987年安徽省水利厅(87)皖水设字第502号文批复以同样的标准对樵子涧水库进行了加固。1998年也以同样的标准对水库进行了加固。

根据《防洪标准》(GB 50201—2014)和《水利水电工程等级划分及洪水标准》(SL 252—2017)，樵子涧水库挡水建筑物挡水高度不足15 m，上下游水位差不足10 m，设计洪水标准为20年～50年一遇，校核洪水标准为100年～300年一遇。考虑管理的连续性，本次除险加固确定规模为：樵子涧水库属中型水库，设计洪水标准为50年一遇，校核洪水标准为1 000年一遇，工程等别为Ⅲ等，永久性水工建筑物级别为3级。

一、兴建及加固过程

樵子涧水库工程由安徽省水利电力学校设计，五河县水利局与当地政府组织民工施工。1958年10月动工兴建，至1959年10月大坝竣工。主体工程是在“边勘察、边设计、边施工”的状况下兴建。由于水库大坝采用肩挑、人抬的人海战术，只注重进度，不注重质量，工程设计、建设管理和质量控制都十分落后，给工程留下许多隐患。由于当时制度不严，设计资料及有关文件下落不明。

1987年对樵子涧水库进行了首次加固，安徽省水利厅(87)皖水设字第502号《关于五河县樵子涧水库除险加固工程扩大初步设计的批复》文同意按安徽省水利厅1978年10月20日以(78)皖水基字第885号文审定的标准加固：樵子涧水库按50年一遇设计，1 000年一遇校核的标准加固，汛期限制水位为18.0 m，设计洪水位为19.35 m，校核洪水为20.31 m，总库容2 530万m^3，主坝为3级水工建筑物。1998年，按1987年相同设计和校核标准对樵子涧水库进行了第二次加固。

两次主要加固项目有：①水库大坝背水坡土方加戗；②水库大坝部分坝段锥探灌浆；③泄洪闸维修，更换启闭机，增建启闭机房；④维修放水底涵；⑤104国道桥反拱底板维修；⑥将大坝迎水面高程18.0 m以上的原干砌石护坡全部拆除，坝体还土夯实后现浇10 cm厚的砼护坡；⑦坝顶新建砖砌防浪墙；⑧配置水位观测、降雨量观测设备。

二、工程现状

樵子涧水库建库多年来未能发挥应有效益，一直处于带病运行状态。樵子涧水库枢纽工程由主坝、副坝、泄洪闸、泄洪道、防洪闸、放水底涵、泄洪渠和放水干渠等组成。

(1) 主坝：坝型为均质土坝，坝顶高程 20.83 m～21.22 m，防浪墙(砖砌)顶高程 22.00 m，最大坝高 8.00 m，坝顶宽度 6.21 m～6.30 m，坝长 1 450 m。迎水坡坡比为 1.00∶2.75～1.00∶3.37，高程 15.50 m～18.00 m 为干砌石护坡，高程 18.00 m～21.00 m 为 10 cm 厚现浇混凝土护坡；背水坡坡比为 1.00∶2.30～1.00∶3.03，在高程 18.00 m 处设一戗台，宽 4.69 m～5.49 m。

(2) 副坝：为均质土坝，左副坝长 480 m，局部坝高较低。

(3) 泄洪闸：位于左副坝上，底板高程 17.00 m，闸墩、侧墙和翼墙均为砌石结构，共 2 孔，每孔为 4.00 m×2.50 m(宽×高，下同)。钢筋混凝土平板直升式闸门，100 kN 手摇螺杆式启闭机。

(4) 泄洪道：为开敞式宽顶堰，堰顶为浆砌石结构。堰顶上布置有 10 孔简易生产桥，每孔净宽 4.00 m，堰顶高程 19.00 m，最大泄量 85.50 m^3/s。

(5) 防洪闸：该闸与淮河香浮段堤防连接，距泄洪闸 1.95 km，防洪闸闸墩与侧墙均为砌石结构，底板高程 15.30 m，共 2 孔，每孔为 4.00 m×2.70 m。钢筋混凝土平板直升式闸门，100 kN 手摇螺杆式启闭机。

(6) 放水底涵：为坝下埋涵，位于主坝右侧桩号 0+316 处，涵管为混凝土有压圆涵，直径为 0.90 m，底高程 13.50 m，长度 46.00 m。涵洞闸门为钢筋混凝土结构(宽 1.04 m，高 1.14 m)，配 50 kN 手摇螺杆式启闭机，最大泄量 4.40 m^3/s。

(7) 泄洪渠道：全长 3.5 km，其中从泄洪道到防洪闸长 1.95 km，防洪闸以下至淮河约 1.55 km。渠底高程从 17.00 m 至 15.30 m，泄洪渠道两侧堤防顶高程 18.50 m～19.00 m。

(8) 放水干渠：放水干渠顺放水底涵延伸至下游排水渠，其中有一鱼塘引水渠，沿下游坝脚布置，主要用于向鱼塘补给水源。设计灌溉面积 3.00 万亩，有效灌溉面积 1.50 万亩。

三、工程存在问题

樵子涧水库经 2001 年除险加固后，部分工程得到加固处理，安全状况有所改善，但由于重要加固项目未实施，使该水库一些病险问题未能彻底消除，至今仍存在很多隐患，已经严重影响大坝运行安全。目前存在主要问题如下：

(1) 大坝坝基渗漏严重、坝坡有大面积散浸，并且无排渗设施，大坝稳定安全已受威胁。

(2) 泄洪闸位于副坝左侧，浆砌石挡墙、闸墩砂浆脱落、开裂，进口段堵水，出口段消能设施损坏。

(3) 放水底涵为坝下埋涵，基础坐落在软土层上，涵管开裂漏水严重，出口段挡墙开裂、消能毁坏；闸门止水不严，漏水严重。

(4) 防洪闸启闭机梁露筋、拉杆锈蚀严重，闸门老化、变形，消能防冲设施损坏，泄洪能力严重不足。

(5) 护坡块石严重风化和破碎，混凝土护坡裂缝沉陷，防洪墙开裂、砂浆剥落。

(6) 正常溢洪道堰顶浆砌石开裂严重，进口段未开挖至设计高程，下游无消能防冲设施，严重影响防洪安全。

(7) 水库的水位观测现仍采用最原始的观测方法，无大坝安全监测设施。

(8) 泄洪渠穿越 104 国道，向淮河泄洪，断面窄小，渠上桥梁阻水严重，下游右岸堤身单薄，高度不够，且存在渗漏现象，渠道淤塞，泄洪时，过流能力严重不足。

(9) 水库无水文测报设施、备用电源及通信设备，下游尚未建立有效防洪预警系统，不能满足防洪调度的需要。坝顶道路为土路，凸凹不平，至防洪闸无道路，车辆人员无法通行，严重影响防汛抢险。

基于工程存在上述问题，2007 年 6 月，水利部淮河水利委员会水利科学研究院对工程进行了安全鉴定工作，经安全鉴定会议专家组审议，评定樵子涧水库大坝为三类坝，建议尽快进行除险加固。

四、除险加固必要性

2007 年 6 月水利部淮河水利委员会水利科学研究院和安徽省水利厅闸坝安全检测中心对樵子涧水库大坝进行安全评价，提出了《安徽省五河县樵子涧水库大坝安全评价报告》。2007 年 6 月蚌埠市水利局组织专家对安全评价报告进行了鉴定和审定，2007 年 11 月水利部大坝安全管理中心以坝函〔2007〕2808 号文发出《关于墩子王等五座水库三类坝安全鉴定成果的核查意见》，核查意见确定水库存在的主要问题有：

(1) 主、副坝坝顶高程不够，大坝防洪标准不满足规范要求。

(2) 静力和地震条件下上、下游坝坡稳定安全系数不足，坝坡稳定和抗震稳定均不满足规范要求。

(3) 坝基处理及坝体填筑质量较差，坝体浸润线和下游出逸点位置偏高，下游坡散浸，坝脚积水，局部渗漏较严重，放水底涵与泄洪闸等穿坝建筑物防渗条件差，存在接触渗流安全隐患，大坝渗流安全不满足要求。

(4) 放水底涵、泄洪闸、防洪闸、正常溢洪道三建筑物老化失修严重，泄洪闸浆砌石挡墙，闸墩砂浆脱落，出口段水毁严重；防洪闸启闭机梁混凝土碳化严重，钢筋裸露，闸底板损坏，闸门及启闭设施老化严重，过流能力不足；正常溢洪道堰顶浆砌石开裂，进口段开挖不足，出口无消能防冲设施。

(5) 右岸堤身单薄，高度不够，且存在渗漏现象，渠道淤塞，泄洪时，过流能力严重不足；放水干渠简陋破损，漏水影响坝脚安全。

(6) 大坝存在白蚁危害，上游护坡老化破损，无大坝监测和水情测报设施，无工程管理房屋，无防汛道路和电源，工程管理条件落后。

认定樵子涧水库防洪标准达不到要求，工程结构存在较严重安全隐患，不能按设计正常运行，属3类坝。

由于水库大坝存在诸多隐患，自投入运行以来，该水库一直降低水位运行，不能充分发挥水库的防洪减灾和兴利作用。

2007年淮河遭遇54年以来全流域大洪水，淮干水位高涨不退，致使行蓄洪区多处启用。在此期间，樵子涧水库放水底涵渗水严重，受淮干高水位顶托，泄洪渠堤防全线漫顶，造成泄洪渠中段堤防溃决达60 m，大水淹没了井头湖洼地，造成直接经济损失8 500万元。

樵子涧水库建库以来，在灌溉、滞洪和养殖等方面发挥了重要的作用，取得了良好的社会效益和经济效益，但由于工程质量、运行管理、结构安全性及渗流安全性存在较多问题，大坝一直带病运行。为确保樵子涧水库保护区内5万人、5万亩耕地及104国道等基础设施的防洪安全，综合利用水资源，发挥工程效益，对樵子涧水库进行除险加固是十分必要的。

9.5 防洪标准

樵子涧水库工程等别为Ⅲ，水工建筑物等别为3级，水工建筑物挡水高度不足15 m，上下游水位差不足10 m。根据《防洪标准》(GB 50201—2014)中水库工程水工建筑物的防洪标准中的备注：当山区、丘陵区的水库枢纽工程挡水建筑物的挡水高度低于15 m，上下游水头差小于10 m时，其防洪标准可按平原区水库标准的规定确定，即设计洪水标准为20年～50年一遇，校核洪水标准为100年～300年一遇。

由于建库时制度不严，设计资料及有关文件下落不明，设计时的规模无法确定。安徽省水利厅1978年10月20日以(78)皖水基字第885号文《关于樵子涧水库度汛工程的批复及加固设计的意见》确定樵子涧水库加固规模为：设计洪水标准为50年一遇，校核洪水标准为1 000年一遇。1987年安徽省水利厅(87)皖水设字第502号文批复以同样的标准对樵子涧水库进行了加固。1998年也以同样的标准对水库进行了加固。

樵子涧水库是五河县唯一一座中型水库，主要集水面积位于江淮丘陵北缘，具有山区、丘陵区水库的明显特征。水库下游保护范围45 km^2，保护区内有15座村庄，5万人口，5万亩耕地，43 km道路，104国道和拟建的徐明高速公路从中穿过，区内有初级中学1所和五河县看守所，水库所处位置十分重要。

而且，樵子涧水库的泄流条件比较复杂，易受淮干高水位的顶托。其中由于受到淮河干流高水位顶托的影响，樵子涧水库1991年、2003年、2007年汛期水位分别达19.27 m、19.11 m、19.60 m。特别是2007年的险情发生后，引起了省、市、县防汛指挥部高度重视，其研究制定了抢险方案并采取了相应处理措施。

综合《防洪标准》中的有关规定、以往历次加固的批复标准、水库地理特征和位置的重要性以及水库泄流条件的复杂性，本次除险加固工程初步设计洪水标准采用山丘区水库防洪标准，设计洪水标准采用50年一遇设计，1 000年一遇校核。

9.6 调洪演算

一、水库高程-面积-容积曲线

樵子涧水库高程-面积-容积关系见表9.6-1。

表9.6-1 樵子涧水库高程-面积-容积关系表

水位(m)	面积(km^2)	库容(万 m^3)	水位(m)	面积(km^2)	库容(万 m^3)
13.0	0.0	0	17.5	4.0	1 150
13.5	0.8	50	18.0	4.1	1 350
14.0	1.4	80	18.5	4.3	1 500
14.5	2.1	200	19.0	4.6	1 750
15.0	2.7	320	19.5	4.9	2 100
15.5	2.9	450	20.0	5.5	2 350
16.0	3.1	600	20.5	5.8	2 650
16.5	3.4	750	21.0	6.1	2 950
17.0	3.6	950			

二、控制运用条件

1987年对樵子涧水库进行首次加固时，调洪演算设计了三个方案：①淮河水位不顶托，水库汛前限制蓄水位18.0 m；②淮河水位不顶托，水库汛前限制蓄水位17.0 m；③淮河高水位，泄洪受顶托的情况。当水库汛期水位超过18.0 m时，通过泄洪闸、正常溢洪道及非常溢洪道进行泄流。1998年对樵子涧水库进行第二次加固时，沿用了第一次加固时的成果。

2007年4月五河县防汛抗旱指挥部编制的《五河县樵子涧水库防汛预案》中，樵子涧水库控制运用措施为：汛前限制水库蓄水位，当水库汛期水位超过18.00 m时，及时开启正常溢洪道向下游溢洪。

本次除险加固工程初步设计选择2007年水库泄洪与淮河干流高水位实际遭遇情形作为设计条件，拟定控制运用办法为：水库汛限水位仍为18.00 m，当水库汛期水位超过18.00 m时，根据下游泄流条件，及时开启泄洪闸向下游泄洪，即当能够向下游泄洪时，及时开闸泄洪。

三、规划泄洪能力

（1）泄洪闸

规划泄洪闸规模为3孔、单孔净宽5.0 m，闸底高程17.0 m。当泄洪受顶托时，按高淹没出流计算，自由泄流时采用公式：

$$Q=mB\sqrt{2g}H^{3/2}$$

（2）正常溢洪道

正常溢洪道为开敞式宽顶堰，紧邻泄洪闸布置，共10孔，每孔净宽4.00 m，浆砌块石结构，规划堰顶高程为19.41 m，泄流公式为

$$Q=Q_3mB\sqrt{2g}H^{3/2}$$

由于樵子涧水库濒临淮河，水库唯一的泄洪通道是沿西堌村岗地边缘延伸的泄洪渠，洪水经过泄洪渠直接入淮河，由于泄洪渠较短，比较平缓，泄洪渠的过流能力直接受淮干水位顶托的影响。

统计五河水文站1951—2007年年最高水位资料，整理成相应水深，经P-Ⅲ型频率曲线进行适线，由年最大设计水深成果，换算成年最大设计水位，见表9.6-2。

表9.6-2 五河水文站年最高设计水位表

站名	不同频率的设计水位(m)		
	5%	10%	20%
五河站	18.90	18.48	17.90

考虑到淮河高水位、水库高水位与五河站最大1日降雨遭遇的情形。统计五河县站年最大1日降雨较大时相应的五河站水位，见表9.6-3。

表9.6-3 五河县站年最大1日降雨与五河站水位相应统计表

年份	年最高水位(m)	水库水位(m)	最大1日降雨(mm)	发生日期	相邻3日最高水位(m)
1956	18.18		100.7	6.4	16.96
1957	17.18		181.4	7.25	17.10
1965	17.71		104.0	6.30	13.65
1969	17.91		124.9	7.11	15.75
1974	15.48		130.9	8.13	14.95
1991	19.01	19.27	212.3	7.6	17.39
1997	15.42		333.2	7.18	14.37
2000	17.42		149.4	6.30	11.64
2007	—	19.60	199.6	7.20	18.79

由表 9.6-3 分析可知，五河县站年最大 1 日降雨量较大，且水库水位较高与淮河干流高水位遭遇的比较恶劣情形出现在 2007 年：水库水位为 19.60 m，五河站水位为 18.79 m。

香浮段现状防洪标准约为 20 年一遇，相应五河水文站 20 年一遇水位为 18.90 m。泄洪渠出流受顶托比较恶劣的情形出现在 2007 年，相应五河水文站水位为 18.79 m，比 20 年一遇的水位略低。由于该水位为有记录资料以来水库与淮干高水位遭遇比较恶劣的情形，可以选择该实际遭遇情形作为设计条件。

在设计条件下，即泄洪渠出口水位 18.92 m 时，根据泄洪渠出口水位和扩挖后的泄洪渠断面资料，糙率 $n=0.025$，运用明渠恒定流计算软件，推求不同过流情况下的泄洪渠的水面线，可以得到闸下水位-泄洪渠流量关系。根据该关系，可以推导出闸上、闸下水位对应的泄洪闸的流量关系，见表 9.6-4。

表 9.6-4　闸上水位-闸下水位-流量关系表

过闸流量(m^3/s)	20	40	60	80	100
闸上水位(m)	18.99	19.15	19.36	19.50	19.71
闸下水位(m)	18.96	19.05	19.17	19.25	19.32
过闸流量(m^3/s)	120	140	160	180	
闸上水位(m)	19.95	20.22	20.49	20.78	
闸下水位(m)	19.39	19.46	19.54	19.62	

四、调洪演算

(1) 洪水调节计算原理

调洪演算按静库容条件考虑，联解水库水量平衡方程和相应水库蓄泄方程，逐时段进行调洪演算。

1) 水库水量平衡方程为

$$\frac{Q_1+Q_2}{2}\Delta t-\frac{q_1+q_2}{2}\Delta t=V_2-V_1$$

2) 水库蓄泄方程

水库水位-库容关系见表 9.6-1，泄洪建筑物泄流能力 $q=f(z)$ 见表 9.6-4。

(2) 调洪演算

根据樵子涧水库不同频率的设计洪水，按洪水调节计算原理及控制运用原则进行调算，调洪演算成果见表 9.6-5，调洪演算过程结果略。

表 9.6-5　樵子涧水库调洪演算成果表

设计频率	入库洪峰(m^3/s)	最大泄量(m^3/s)	最高洪水位(m)	相应库容(万 m^3)
5%	214	40.1	19.15	1 855

续表

设计频率	入库洪峰(m^3/s)	最大泄量(m^3/s)	最高洪水位(m)	相应库容(万 m^3)
3.3%	288	54.7	19.30	1 957
2%	352	67.1	19.41	2 042
1%	422	92.6	19.59	2 142
0.33%	584	135	19.90	2 300
0.1%	718	182	20.22	2 480

《安徽省五河县樵子涧水库大坝安全评价报告》中 50 年一遇设计洪水位 19.40 m，1 000 年一遇校核洪水位 20.28 m，本次除险加固初步设计复核 50 年一遇设计洪水位 19.41 m，1 000 年一遇校核洪水位 20.22 m。两者的设计工况不同，前者未考虑水库泄流受淮河高水位顶托的影响，本次除险加固初步设计考虑了这种影响，并扩大了泄洪闸的规模，设计洪水位基本一致，校核洪水位略小。

五、遭遇淮干高水位时的调度办法

樵子涧水库汛限水位为 18.00 m，相应库容为 1 350 万 m^3，香浮段堤防现状防洪标准约为 20 年一遇。当淮河水位高于设计采用值 18.92 m 且水库遭遇 20 年一遇以上洪水时，相机破泄洪渠右堤向香浮段行洪。主要考虑如下 3 种情形：

(1) 若水库遭遇 20 年一遇洪水完全无法泄洪时，洪量为 662 万 m^3，水库水位为 19.37 m。

(2) 若水库遭遇 50 年一遇洪水且无法向淮干泄洪时，当水库水位达到 19.37 m 时，及时破泄洪渠右堤行洪，闸门全开，此时为自由出流，相应最高洪水位为 19.44 m。

(3) 若水库遭遇 1 000 年一遇洪水且无法向淮干泄洪时，当水库水位达到 19.37 m 时，及时破泄洪渠右堤行洪，闸门全开，此时为自由出流，相应调洪水位为 20.23 m。

反之，若水库遭遇设计或校核洪水且无法向淮干泄洪时，为确保水库水位不超过设计洪水位 19.41 m 和校核洪水位 20.22 m，经试算，库水位达到 19.30 m 时闸门全开，并破泄洪渠右堤向香浮段行洪，同时放水涵洞可参与泄洪。

在实施该调度办法时，要结合当时的天气预报、短期洪水预报等具体水文气象条件进行分析，采取相应的调度办法。

9.7 主要建设任务

一、主要工程内容

樵子涧水库除险加固的主要工程内容为：大坝截渗、坝顶防浪墙拆除重建、坝顶新建防汛道路，大坝下游坝坡复土加固、坝后填塘压重，坝上游砼及干砌块石护坡拆除重建，泄洪闸拆除重建，放水底涵拆除重建，泄洪渠堤顶高程加高，清除渠底淤泥，副坝至 104

国道段堤防加高，拆除重建泄洪渠上桥梁，防洪闸拆除重建，增设必要的管理设施和安全监测设施等。

二、主要建筑物规划参数

（1）防洪闸：位于香浮段进口处，根据淮河干流现状香浮段进口设计水位，确定挡洪闸淮河侧设计挡洪水位 19.97 m，相应泄洪渠侧水位 16.5 m。

设计流量为 67.1 m^3/s，设计闸下水位 18.92 m，闸上水位 19.02 m，闸下 5 年一遇汛期水位为 18.03 m，淮河干流最小的汛期最高水位为 13.28 m。根据香浮段堤防等级确定挡洪闸等级为 3 级。

（2）泄洪闸：3 孔，每孔净宽 5 m。设计闸上水位 19.41 m，相应流量 67.1 m^3/s；校核闸上水位 20.22 m，相应流量 141.0 m^3/s。

（3）正常溢洪道：堰顶高程为 19.41 m，即当水库水位达到设计洪水位时，堰顶自由溢流。

（4）泄洪渠：本次设计采用加高泄洪渠堤顶高程至 20.1 m，清除渠底淤泥，部分断面扩挖至设计渠道底宽 16.0 m，（2＋902～3＋901）之间渠道存在渗漏现象，本次设计采用斜墙铺塑防渗。泄洪渠堤防加固范围为（2＋089～4＋001）。

（5）生产桥：设计车道荷载为公路-Ⅱ级的 0.8 倍。泄洪渠的设计流量为 67.1 m^3/s，西堈村交通桥设计水位为 19.21 m；西堈村南交通桥，设计水位为 19.10 m。

（6）104 国道交通桥：设计车道荷载为公路-Ⅰ级，设计流量为 67.1 m^3/s，设计水位为 19.33 m。

（7）放水底涵设计底高程 13.50 m，设计流量 4.40 m^3/s。

10 工程布置及建筑物加固方案研究

10.1 设计标准及设计依据

一、工程等别及建筑物级别

樵子涧水库总库容 2 480 万 m^3，大坝为均质土坝，最大坝高 8.0 m。根据《防洪标准》(GB 50201—2014)和《水利水电工程等级划分及洪水标准》(SL 252—2017)，樵子涧水库工程规模为中型，工程等别为Ⅲ等，主要建筑物为 3 级，次要建筑物为 4 级，临时建筑物级别为 5 级。主坝、副坝、溢洪道(含泄洪闸)、放水底涵等为主要建筑物，其建筑物级别为 3 级，防洪闸与淮河香浮段堤防交叉，其等级同香浮段堤防为 3 级。泄洪渠右堤等级为 4 级。西堌桥和西堌南桥设计车道荷载标准均为公路-Ⅱ级的 0.8 倍，104 国道桥设计车道荷载标准为公路-Ⅰ级。

二、防洪标准

樵子涧水库设计防洪标准为 50 年一遇，相应设计洪水位为 19.41 m，校核防洪标准为 1 000 年一遇，相应校核洪水位为 20.22 m。泄洪闸及防洪闸的消能防冲设施的洪水标准均为 30 年一遇。泄洪渠右堤防洪标准为 20 年一遇。

三、地震烈度

根据《中国地震动参数区划图》(GB 18306—2015)，樵子涧水库库区场地地震动峰值加速度为 0.15 g，地震动反应谱特征周期为 0.35 s，相应地震基本烈度为Ⅶ度。根据《水工建筑物抗震设计规范》(SL 203—1997)，建筑物抗震设防烈度取 7 度。

四、设计依据

(1) 有关文件及报告

1) 蚌埠市水利局蚌水管〔2007〕14 号文《关于上报安徽省五河县樵子涧水库大坝安全鉴定技术审查材料的报告》；

2)《关于墩子王等五座水库三类坝安全鉴定成果的核查意见》坝函〔2007〕2808 号文中有关樵子涧水库的核查意见及结论；

3)《樵子涧水库除险加固工程扩大初步设计及设计概算》(五河县水利局，1987 年 9 月)；

4)《安徽省五河县樵子涧水库大坝安全评价报告》(水利部淮河水利委员会水利科学研究院和安徽省水利厅闸坝安全检测中心，2007 年 6 月)；

5)《安徽省五河县樵子涧水库大坝工程质量检测报告》(安徽省水利工程质量检测中心站，2007 年 5 月)；

6)《安徽省五河县樵子涧水库大坝安全鉴定工程地质勘察报告》(安徽水文工程勘察研究院，2007 年 5 月)。

(2) 规程、规范及标准

《防洪标准》(GB 50201)；

《水利水电工程等级划分及洪水标准》(SL 252)；

《碾压式土石坝设计规范》(SL 274)；

《堤防工程设计规范》(GB 50286)；

《水闸设计规范》(SL 265)；

《水工混凝土结构设计规范》(SL 191)；

五、水位组合

大坝各组成建筑物各种工况水位组合见表 10.1-1 至表 10.1-4。

表 10.1-1 大坝稳定及渗流计算水位组合表

工况	坝上水位(m)	坝下水位(m)	备注
设计洪水 $p=1/50$	19.41	14.00	
校核洪水 $p=1/1\,000$	20.22	14.50	
正常蓄水	18.50	13.50	
正常蓄水+7°地震	18.50	13.50	

表 10.1-2 泄洪闸各种工况下的水位组合表

工况	闸上水位(m)	闸下水位(m)	备注
施工完建期	无水	无水	
设计洪水 $p=1/50$	19.41	17.00	蓄洪工况
设计洪水 $p=1/50$	19.41	19.26	泄洪工况
校核洪水 $p=1/1\,000$	20.22	19.80	泄洪工况
正常蓄水	18.50	无水	
正常蓄水+7°地震	18.50	无水	

表 10.1-3 防洪闸各种工况下的水位组合表

工况	淮河侧水位(m)	泄洪渠侧水位(m)	备注
施工完建期	—	—	无水常开
淮干设计挡洪 $p=1/100$	19.97	16.50	淮干不顶托泄洪
正常运用+7°地震	无水	无水	

表 10.1-4 放水底涵水位组合表

工况	涵上水位(m)	涵下水位(m)	备注
过流能力计算	15.10	14.70	灌溉工况
消能计算	18.50	无水	起始控泄
正常蓄水	18.50	无水	
设计洪水 $p=1/50$	19.41	14.70	
校核洪水 $p=1/1\,000$	20.22	14.70	
正常蓄水+7°地震	18.50	14.70	

六、混凝土设计指标

建筑物各部位混凝土强度、抗渗和抗冻设计等级见表 10.1-5。

表 10.1-5 混凝土强度、抗渗和抗冻等级表

序号	闸室部位	强度等级	抗渗等级	抗冻等级	备注
1	闸底板	C25	W4	F100	
2	闸墩	C25	W4	F100	
3	铺盖、消力池	C25	W4	F100	
4	翼墙	C25	W4	F100	
5	启闭机排架	C25	—	—	
6	交通桥桥板	C30	—	—	
7	工作桥	C30	—	—	
8	人行便桥	C30	—	—	
9	栏杆预制件	C25	—	—	
10	垫层	C10	—	—	
11	启闭机房	C25	—	—	
12	桥梁上部结构	C40	—	—	
13	桥梁下部结构	C25	—	—	

10.2 工程现状及存在问题

樵子涧水库枢纽工程由主坝、副坝、泄洪闸、溢洪道、防洪闸、放水底涵、泄洪渠和鱼

塘引水渠等组成。

(1) 主坝:坝型为均质土坝,坝顶高程 20.99 m~21.22 m,防浪墙(砖砌)顶高程 22.00 m,最大坝高 8.00 m,坝顶宽度 6.21 m~6.30 m,坝长 1450.0 m(桩号 0+106~1+556)。迎水坡坡比为 1.00∶2.75~1.00∶3.37,高程 15.50 m~18.00 m 为干砌石护坡,高程 18.00 m~21.00 m 为 100 mm 厚现浇混凝土护坡;背水坡坡比为 1.00∶2.30~1.00∶3.03,在高程 18.00 m 处设一戗台,宽 4.69 m~5.49 m。

(2) 副坝:为均质土坝,位于主坝左侧岗地边缘,坝长 480 m。

(3) 泄洪闸:位于副坝上,底板高程 17.00 m,闸墩、侧墙和翼墙均为砌石结构,共 2 孔,每孔为 4.00 m×2.50 m(宽×高,下同)。钢筋混凝土平板直升式闸门,100 kN 手摇螺杆式启闭机。

(4) 溢洪道:为开敞式宽顶堰,堰顶为浆砌石结构。堰顶上布置有 10 孔简易生产桥,每孔净宽 4.00 m,堰顶高程 19.00 m,最大泄量 85.50 m^3/s。

(5) 防洪闸:该闸与淮河香浮段堤防连接,距泄洪闸 1.95 km,防洪闸闸墩与侧墙均为砌石结构,底板高程 15.30 m,共 2 孔,每孔为 4.00 m×2.70 m。钢筋混凝土平板直升式闸门,100 kN 手摇螺杆式启闭机。

(6) 放水底涵:为坝下埋涵,位于主坝右侧桩号 0+316 处,涵管为混凝土有压圆涵,直径为 0.90 m,底高程 13.50 m,长度 46.00 m。涵洞闸门为钢筋混凝土结构(宽 1.04 m,高 1.14 m),配 50 kN 手摇螺杆式启闭机,最大泄量 4.40 m^3/s。

(7) 泄洪渠:全长 3.5 km,其中从泄洪闸到防洪闸长 1.95 km,防洪闸以下至淮河 1.55 km。渠底高程从 17.00 m 至 15.30 m,泄洪渠道两侧堤防顶高程 18.20 m~19.00 m。

水库由原安徽省水利电力学校设计,五河县水利局与当地政府组织民工施工。1958 年 10 月动工兴建,至 1959 年 10 月大坝竣工。主体工程是在"边勘察、边设计、边施工"的状况下兴建。由于水库大坝采用肩挑、人抬的人海战术,施工时只注重进度,不注重质量,工程设计、建设管理和质量控制都十分落后,给工程留下诸多隐患。

1987 年以后对水库进行了局部除险加固,主要加固项目有:①水库大坝背水坡土方加戗;②水库大坝进行部分坝段锥探灌浆;③泄洪闸维修,更换启闭机,增建启闭机房;④维修放水底涵;⑤104 国道桥反拱底板维修;⑥大坝迎水面高程 18.0 m 以上的原干砌石护坡全部拆除,坝体还土夯实后现浇 100 mm 厚的混凝土护坡;⑦坝顶新建砖砌防浪墙;⑧配置水位观测、降雨量观测设备。

在上述有限的加固维修项目中,因经费原因致使许多项目未能实施,诸如大坝渗透稳定、下游坡抗滑稳定、观测设施等项目至今仍未实施。

10.3 大坝安全检测结果及建议

根据安徽省水利工程质量检测中心站编制的《安徽省五河县樵子涧水库大坝工程质

量检测报告》，针对樵子涧水库主坝、副坝、泄洪闸、溢洪道、防洪闸、放水底涵、泄洪渠和鱼塘引水渠等各组成部分的工程质量检测结论引述如下：

(1) 主、副坝坝体

大坝填筑土料来源于附近山坡坡脚及冲沟内坡积土及淮河河漫滩土。大坝填筑压实质量检测采取钻孔取样方法。坝体填筑质量评价根据室内击实试验成果，按照《碾压式土石坝设计规范》(SL 274—2001)：对 3 级以下的中坝，黏性土填筑压实度应为 96%～98%的规定进行填筑质量评价。根据击实试验成果：坝体填筑土的最大干密度为 1.60 g/cm^3，最优含水率为 22.2%，本次检测压实度按 96%控制，则坝体填筑干密度标准值应为 1.54 g/cm^3。

分析及结论：坝体填筑土料为重粉质壤土，其液限为 38.9%，塑性指数 16.2。最大干密度 1.60 g/cm^3，最优含水率 22.2%。经钻孔取样检测共取样 45 个，压实度≥96%的合格率为 13.3%。坝体填筑压实度合格率不满足现行规范要求；通过对坝体 6 个断面外观尺寸检测，坝体外观尺寸大于设计断面，坝顶道路凹凸不平，上、下游坝坡局部出现沉陷，坝脚有多处池塘；坝顶防浪墙为砖砌结构，现墙体砂浆抹面脱落明显；墙体外观质量较差，局部墙体出现断裂，需拆除重建。

(2) 大坝干砌石及素砼护坡

高程 15.50 m～18.00 m 干砌石护坡砌筑块石大小不规则，大部分块石破损、龟裂和风化。块石厚度 210 mm～500 mm，块石叠砌现象严重。块石砌缝之间填有碎石、片石；从大坝左岸至右岸块石大小抽检 11 处，共 132 块块石，块石长为 190 mm～600 mm，宽为 120 mm～450 mm，参照《堤防工程施工质量评定与验收规程》(SL 239—1999)，以下简称《规程》，所要求的干砌石面石用料最小边长不小于 200 mm 的要求，共有 31 块块石大小不合格，合格率为 76.5%；块石砌筑普遍存在通缝、浮塞、架空现象；砌缝宽度抽检 6 处，共 72 个点，缝宽为 12 mm～134 mm，其中有 70 点的缝宽不满足《规程》(SL 239—1999)所要求的砌石缝宽小于 15 mm 的要求，合格率为 2.8%；用 2 m 靠尺测量干砌石坡面平整度，抽检 6 处共 198 点，平整度为 7 mm～98 mm，其中有 58 点的平整度超过《规程》(SL 239—1999)所要求的坡面平整度凹凸不超过 50 mm 的规定，合格率为 70.7%；抽检的 11 处砌石下均无垫层。

高程 18.00 m～21.00 m 砼护坡裂缝较多，一般产生在砼护坡的上部，多为横向裂缝，最大缝宽达到 10 mm；用 2 m 靠尺测量砼护坡坡面平整度，抽检 6 处共 108 点，平整度为 2 mm～22 mm，其中有 30 点的平整度超过《规程》(SL 239—1999)所要求的坡面平整度凹凸不超过 10 mm 的规定，合格率为 72.2%。

分析及结论：大坝干砌石护坡砌筑块石大小不规则，块石破损、龟裂和风化严重，部分块石大小以及大部分砌缝不满足现行有关规范要求；砼护坡裂缝较多，一般产生在上层砼护坡的上部，多为横缝。故需拆除迎水侧干砌石及现状素砼护坡，并新做砼护坡，增设伸缩缝、排水孔、反滤层等设施。

(3) 放水底涵

放水底涵位于主坝右侧,涵管为混凝土有压圆涵,直径 0.9 m,底高程 13.5 m,长度 44.38 m。涵洞闸门为钢筋混凝土结构(宽 1.04 m,高 1.14 m),配 5 t 螺杆式启闭机,设计流量 4.4 m^3/s。检测时因水库水位较高,涵洞进口段各部位淹没在水下,因此只对涵洞闸门以上及下游水位较低等部位进行检查,其结果分述如下:

涵洞洞身断裂且渗水现象明显,砼老化严重;涵洞洞身与填土有接触渗流。

涵洞出口段挡墙为浆砌石结构,块石风化、龟裂较严重,勾缝砂浆存在开裂、脱落现象并漏水,出口段消能设施损坏严重。

鱼塘引水渠为“八”字形直墙的浆砌石结构,外观质量一般,部分浆砌石缺损;鱼塘引水渠与坝体约为 90°,极易造成坝脚冲刷。

涵洞闸门为钢筋混凝土结构(宽 1.04 m,高 1.14 m),配 5 t 螺杆式启闭机。启闭机房外观质量较好,启闭机底座严重锈蚀。

砌体砂浆及砼强度:现场利用针式贯入仪的方法,抽检坝下放水底涵洞出口段两侧挡墙砌体砂浆强度。涵洞出口段左、右挡墙各测试 4 处。采用回弹法对放水底涵启闭机梁的混凝土强度进行检测。实施回弹法检测时,在被检测的构件上均匀布置面积约 200×200 mm^2 的回弹测区,用砂轮(纸)打磨并清洁后,测试其回弹值。

放水底涵出水口处挡墙砌体砂浆强度抽检 8 处,现龄期砂浆抗压强度推定值为 4.7 MPa;放水底涵启闭机梁混凝土强度共抽检 10 个测区,现龄期混凝土推定强度为 14.5 MPa、22.3 MPa;另从挡墙砌缝内凿出的芯样可见,出口挡墙砌缝砂浆大部分不够密实、脱落,砂浆与块石胶结较差,有蜂窝、孔洞现象。

根据检测报告,放水底涵钢筋砼结构碳化危害严重,放水底涵启闭机梁混凝土碳化抽检 10 个部位,碳化深度为 26 mm~41 mm,平均为 35.1 mm,标准差为 3.94 mm;在相应部位抽检 20 点钢筋保护层,厚度为 24 mm~37 mm,平均为 32.65 mm。结果表明:抽检部位的碳化深度大于钢筋的保护层厚度,钢筋处于锈蚀状态。利用电锤凿开 1 处保护层检查,钢筋有锈蚀;局部钢筋外露主要是由钢筋保护层过薄造成的。

分析及结论:涵洞洞身存在严重的接触渗漏,砼老化破损严重;出口段处挡墙砌缝砂浆开裂、脱落,砂浆与块石胶结较差,有蜂窝、孔洞现象;启闭机底座严重锈蚀;启闭机梁的碳化深度达 41 mm,远大于钢筋的保护层厚度,钢筋处于锈蚀状态。故需拆除重建放水底涵,重新布设鱼塘引水渠。

(4) 泄洪闸、溢洪道及防洪闸

泄洪闸为浆砌石涵洞式结构,兼做交通桥,闸底板顶高程 17.0 m,采用钢筋混凝土平板直升式闸门,2 孔,10 t 启闭机,每孔 2.5 m×4.0 m,最大泄量 65 m^3/s,闸墩及两侧翼墙为浆砌石,砌体存在裂缝、砂浆脱落等质量问题,启闭机大梁裂缝严重,混凝土碳化严重。

防洪闸为浆砌石涵洞式结构，兼做交通桥，闸底板底高程 15.3 m，2 孔，每孔宽 4.0 m、高 2.70 m。启闭机梁钢筋外露、锈蚀严重、砼碳化严重。闸室和翼墙为浆砌石，砌体存在裂缝、砂浆脱落等质量问题。

溢洪道为开敞式宽顶堰，堰顶为浆砌石结构，堰顶高程 19.0 m，10 孔，每孔宽 4.0 m。溢洪道进口段未达到设计高程，控制段浆砌石裂缝，砂浆脱落，出口段未设消能防冲设施，影响泄洪安全。该堰顶高程偏高，由于原设计泄洪闸净宽及孔数偏少，导致在设计和校核情况下均需要启用高堰调洪，从而带来高低堰调洪流态恶化，不利于设置可靠的消能及防冲设施、不利于调控洪水的弊端，宜结合泄洪闸加宽及下游泄洪渠对泄洪的影响取消高堰。

泄洪闸，防洪闸及溢洪道砌体砂浆及砼强度检测情况：现场利用贯入仪的方法，抽检泄洪闸、防洪闸挡墙砌体砂浆强度。泄洪闸，防洪闸左、右挡墙各测试 4 处；利用回弹法抽检泄洪闸、防洪闸启闭机梁混凝土强度，各检测 10 个测区。泄洪闸、防洪闸挡墙砌体砂浆强度各抽检 8 处，现龄期砂浆抗压强度推定值为 5.13 MPa～7.15 MPa；另从挡墙砌缝内凿出的芯样可见，出口挡墙砌缝砂浆大部分不够密实，有脱落现象，砂浆与块石胶结较差，有蜂窝、孔洞现象；泄洪闸启闭机梁混凝土强度抽检 10 个测区，现龄期混凝土推定强度为 19.0 MPa、22.2 MPa；防洪闸启闭机梁混凝土强度抽检 10 个测区，现龄期混凝土推定强度为 15.9 MPa、22.1 MPa。

混凝土碳化和钢筋保护层测试与评估：泄洪闸、防洪闸启闭机梁混凝土碳化抽检共 20 个部位，碳化深度为 24 mm～40 mm，平均为 35.1 mm；在相应部位抽检 20 点钢筋保护层，厚度为 26 mm～37 mm，平均为 32.35 mm。结果表明：抽检部位的碳化深度大于钢筋的保护层厚度，钢筋处于锈蚀状态。利用电锤凿开 1 处保护层检查，钢筋有锈蚀；局部钢筋外露主要是由钢筋保护层过薄造成的。

分析及结论：泄洪闸、防洪闸挡墙砌缝砂浆大部分不够密实，有脱落现象，砂浆与块石胶结较差，有蜂窝、孔洞现象。泄洪闸启闭机大梁裂缝严重，混凝土侵蚀严重。防洪闸启闭机梁钢筋边墩外露、中墩钢筋锈蚀严重、砼碳化严重，启闭机底座严重锈蚀；故需拆除重建泄洪闸及防洪闸，同时结合泄洪闸扩建，取消不便调控的高堰溢洪道。

(5) 泄洪渠堤防工程

泄洪渠位于水库溢洪道下游，为单边筑堤的撇洪沟，至淮河主槽入口处全长 3.5 km，其中从溢洪道到防洪闸长 1.95 km。渠底高程自泄洪闸底板 17.0 m 降至防洪闸底板 15.3 m，防洪闸位于香浮段堤防与岗地连接处，泄洪渠现状堤顶高程约 17.50 m～19.00 m，泄洪渠过水断面不足，淤堵严重，下游右堤过于单薄，104 国道桥及 2 座生产桥严重堵水。

分析及结论：由于该水库泄洪渠为单边筑堤的唯一泄洪通道，鉴于其具有沿岗地边缘布置的特点，其泄洪能力直接影响水库泄洪闸的过流能力，总体而言，该泄洪渠可以看成该水库的综合溢洪道，故加大泄洪渠过流断面，清除淤积，减小跨渠桥梁的阻水，对水库大坝安全是非常重要的。

(6) 监测、管理设施

樵子涧水库没有大坝位移、渗流等监测设施；无固定的水库管理所和管理设施；水库无管理房，没有专门的防汛器材备用仓库以及应急报汛通信设备，不能满足目前规范化的管理要求。

(7) 防汛道路

坝顶防汛道路为土路，凸凹不平，无通向防洪闸的防汛道路，车辆、人员进入困难，不能满足防洪抢险要求，急需建设。

水利部淮河水利委员会水利科学研究院、安徽省水利厅闸坝安全检测中心和安徽省水利工程质量检测中心站对樵子涧水库进行了全面检测和安全复核，编制完成了《安徽省五河县樵子涧水库大坝工程质量检测报告》和《安徽省五河县樵子涧水库大坝安全评价报告》。2007 年 6 月，安徽省蚌埠市水利局组织专家对樵子涧水库进行了安全鉴定，鉴定结论为 3 类坝。2007 年 11 月，水利部大坝安全管理中心对樵子涧水库鉴定成果进行了核查，核查意见同意樵子涧水库为 3 类坝。

根据安全评价结论，樵子涧水库存在影响安全的严重质量缺陷。应尽快实施除险加固。针对现场安全检查、工程质量检测和计算复核中核查出的大坝安全隐患，报告中就加固措施提出建议如下：

①对坝体、坝基进行加固，以增加其抗渗和抗滑性。

②防浪墙拆除重建；增设坝顶道路及其他防汛道路。

③将迎水侧干砌石、混凝土护坡拆除重建。

④放水底涵拆除重建。

⑤拆除重建泄洪闸。

⑥拆除重建防洪闸。

⑦将泄洪渠道清淤后达到设计要求；加固泄洪渠道堤防，对堵水桥梁增大过流断面。

⑧增补、完善大坝安全监测设施和水文自动测报系统。

⑨新建水库管理房及防汛物资仓库，完善水库其他管理设施。

⑩对坝内白蚁采取毒杀等措施进行防治。

10.4 工程总体布置

樵子涧水库工程主要包括主坝(桩号 0＋106～1＋566)、副坝(桩号 1＋566～2＋046)、溢洪道、泄洪闸、放水底涵、泄洪渠及桥梁、防洪闸建筑物。主坝呈东北西南走向，总长约 1 450 m，东北方向与西岗村接壤，西南与副坝相邻，副坝呈南北走向穿过东堌村，长度约

480 m，副坝南端与溢洪道相连，副坝南端距溢洪道外端岗地边缘约 100 m。紧邻溢洪道下游的是泄洪渠，泄洪渠自东向西穿过 104 国道至西堌村，然后沿岗地边缘转弯向西南方向延伸，至香浮段堤防与岗地交界处的防洪闸，自防洪闸直至淮干河口，泄洪渠总长约 3.5 km。跨泄洪渠共有 2 座村际交通桥和 1 座 104 国道桥。樵子涧水库自主坝至淮河入口，坝上建筑物布置分散，涉及构筑物多。在除险加固初步设计阶段水库工程总体布置基本没有大的变化，仅对溢洪道、泄洪闸、防洪闸等建筑物轴线作了适当调整，并改造正常溢洪道。

一、主坝

主坝位于(桩号 0+106～1+566)，呈东北西南走向，总长约 1 450 m，东北方向与西岗村接壤，西南与副坝相邻。

二、副坝

副坝位于主坝左侧，呈南北走向穿过东堌村，长度约 480 m，副坝南端与泄洪闸相连。现状副坝为沿岗地边缘延伸的低坝，现为村内交通道路。坝顶高程不足，缺少放浪墙。副坝南端距溢洪道外端岗地边缘约 100 m。紧邻溢洪道下游的是泄洪渠。

三、溢洪道及泄洪闸

溢洪道位于副坝末端，包括泄洪闸、正常溢洪道和下游泄洪渠三部分，泄洪闸(底板高程 17.00 m)为低堰，正常溢洪道(堰顶高程 19.00 m)为开敞的高堰，水库在高洪水位下由高低堰组合泄洪。现状泄洪闸仅 2 孔，每孔净宽 4 m；正常溢洪道共 10 孔，每孔净跨 4 m；在 50 年一遇的设计泄洪情况下，需要启用高堰溢洪道。

四、放水底涵

放水底涵为坝下埋涵，位于主坝右侧桩号 0+316 处，现状涵管为混凝土有压圆涵，直径为 0.90 m，底高程 13.50 m，长度 46.00 m。涵洞闸门为钢筋混凝土结构(宽 1.04 m，高 1.14 m)，配 50 kN 手摇螺杆式启闭机，最大泄量 4.40 m^3/s。

五、泄洪渠及桥梁

泄洪渠位于泄洪闸下游，自东向西穿过 104 国道至西堌村，然后沿岗地边缘转弯向西南方向延伸，至香浮段堤防与岗地交界处的防洪闸，自防洪闸直至淮干河口，泄洪渠总长约 3.5 km。跨泄洪渠共有桥梁 3 座，分别为 104 国道桥、西堌桥、西堌南桥。

六、防洪闸

防洪闸位于泄洪渠与香浮段交叉处，距泄洪闸 1.95 km。主要功能是防止淮干洪水倒灌泄洪渠及香浮段，并与樵子涧泄洪闸联合运用，调控水库洪水泄放。

10.5 大坝加固处理设计

主坝现状全长 1 450 m，采用均质土坝型式，坝顶高程 20.99 m～21.22 m，防浪墙(砖砌)顶高程 22.00 m，最大坝高 8.00 m，坝顶宽度 6.21 m～6.30 m。副坝长 480 m。迎水坡坡比为 1.00∶2.75～1.00∶3.37，高程 15.50 m～18.00 m 为干砌石护坡，高程 18.00 m～21.00 m 为 100 mm 厚现浇混凝土护坡；背水坡坡比为 1.00∶2.30～1.00∶3.03，在高程 18.00 m 处设一戗台，宽 4.69 m～5.49 m。

一、坝顶高程复核及坝顶改造

(1) 坝顶高程复核

根据《碾压式土石坝设计规范》(SL 274—2001)，坝顶在静水位以上的坝顶超高由三部分组成，即波浪爬高、最大风壅水面高度及安全加高，计算公式如下：

$$y = R + e + A$$

樵子涧水库洪水期间坝址的多年平均最大风速取 14.8 m/s，正常设计运用情况下按规范取多年平均年最大风速的 1.5 倍，校核工况下取多年平均最大风速。正常蓄水加地震工况下，考虑到该坝相对较低，地震涌浪高度取 0.8 m。

由表 10.5-1 可知：大坝在设计洪水 50 年一遇、校核洪水 1 000 年一遇和正常蓄水及正常蓄水加地震四种工况下，需要的坝顶高程分别为 22.40 m、22.04 m、21.24 m 和 21.34 m，坝顶高程由设计洪水工况控制为 22.40 m。樵子涧水库大坝主坝现状坝顶 20.99 m～21.22 m，防浪墙顶高程为 22.00 m，副坝现状坝顶 18.95 m～20.8 m，大坝现状坝顶挡浪高程不满足防洪要求。

表 10.5-1 坝顶高程计算成果表

计算工况	水库静水位(m)	风壅高度 e(m)	平均波高 h_m(m)	平均波长 L_m(m)	平均波浪爬高 R_m(m)	波浪爬高 R(m)	安全加高 A(m)	超高 y(m)	地震涌浪高度	坝顶高程(m)
50 年一遇	19.41	0.09	0.53	15.94	0.99	2.20	0.70	2.99	—	22.40
1 000 年一遇	20.22	0.03	0.38	11.57	0.62	1.38	0.40	1.82	—	22.04
正常蓄水	18.50	0.12	0.50	14.61	0.93	1.93	0.70	2.74	—	21.24
地震作用	18.50	0.12	0.34	10.40	0.58	1.29	0.70	2.04	0.80	21.34

(2) 坝顶改造工程

本次坝顶改造拟结合防汛道路适当加高坝顶，现状坝顶高程约为 20.99 m～21.22 m，在正常运用工况下不低于设计洪水位 19.41＋0.5＝19.91 m，在非常运用且设防浪墙的工况下不低于校核洪水位 20.22 m，现状坝顶高程均满足正常及非常运用的设防要求，但在坝顶设防浪墙的情况下，为使防浪墙顶达到设计高程 22.40 m，就需要结合坝顶防汛道路通盘考虑，将坝顶高程整平加高至 21.20 m。现状坝顶宽度 6.21 m～6.3 m，满足规范规定的不小于 5 m 的要求，坝顶不需要加宽。为满足防洪要求，需拆除重建坝顶防浪墙，防浪墙顶高程为 22.40 m，坝顶面以上防浪墙高度应满足护栏的安全高度要求，防浪墙高出路肩 1.10 m，防浪墙范围为桩号 0＋182～1＋556，总长度约 1 374 m。坝顶防汛道路横向坡度（自坝顶上游侧向下游侧）为 1.5%，上游侧路面顶高程为 21.20 m，路面宽度为 5 m。两侧路肩平台高出路面 0.1 m。

本次防浪墙拆除重建拟定两个方案进行比较，各方案的优缺点比较如下：

方案一：钢筋砼防浪墙结构，防浪墙厚度 300 mm，基础埋入坝顶内 1.15 m，与坝体黏土紧密填实。该方案防渗效果可靠，抗震性能好；缺点是专业化施工要求高，造价相对较高。

方案二：浆砌石结构，浆砌石防浪墙厚度 400 mm，阶梯式基础，阶梯高度 400 mm，基础周围采用黏土填实。该方案优点是造价相对较低，施工方便；缺点是防渗效果差，抗震性能较差。

坝顶防浪墙方案比较见表 10.5-2。

表 10.5-2　坝顶防浪墙方案比较表

序列	防浪墙方案	优点	缺点	工程量(m^3)	投资（万元）	备注
方案一	钢筋混凝土结构	与坝体黏土紧密填实、挡浪防渗效果好	专业化施工要求高	1 373	75.5	
方案二	浆砌石结构	施工方便，结构简单	易开裂变形　抗震性能差	2 281	63.9	

经综合比较，考虑到结构安全及防渗要求，拟推荐方案一，即采用钢筋混凝土防浪墙结构。

二、主坝防渗加固设计

（1）主坝防渗现状

水库主坝虽经过几次续建和加固，但防渗效果并不明显。由于大坝填筑分层不均，压实度差异大，筑坝土料质量不稳定，加上施工时未全面清基，导致坝基渗漏严重，坝坡散浸，全坝段渗流出逸点较高，坝坡有湿软现象。同时由于坝脚无导渗及排水设施，造成局部坝段下游出现沼泽化。另外由于大坝未进行确权划界，至今未划定专门的管理和保护范围，致使坝脚存在多处影响主坝安全的水塘和洼地。

由于主坝存在渗透安全隐患，在 2007 年大水期间出现严重险情，当水库水位升至 19.60 m 时，放水底涵下游出口出现流土及冒浑水现象，给大坝安全造成严重威胁。

（2）现状坝体及坝基抗渗性能分析

根据地质报告，坝体填筑土料主要为黏土及粉质黏土，主坝段⓪层人工填土压实度满足规范和设计要求的合格率仅为 9.1%，坝身填筑质量差，碾压不密实，未进行清基或清基不彻底，坝身土的渗透系数建议值为 3.46×10⁻⁴ cm/s～7.20×10⁻³ cm/s，属中等透水性。上述条件是造成下游坝坡发生散浸现象和坝脚发生渗漏的主要原因；由于坝身填筑质量差易产生土体沉陷，导致工程质量差，如遇较大洪水，易产生渗流破坏或垮坝的险情，故建议对主坝全坝段进行防渗加固处理。

主坝坝基坐落在①层腐殖土层，该层主要为重粉质壤土夹黏土及粉质黏土(Q_4)，层厚约 0 m～1.0 m，层底高程 12.5 m～13.8 m。基本沿主坝坝基纵轴线全断面分布。其下为②层淤泥质土层，主要为重粉质壤土、黏土(Q_4)，层厚 0 m～8.0 m，层底高程 5.66 m～9.0 m，属高压缩性土。③层为粉质黏土及重粉质壤土层(Q_3)，层厚为 0.80 m～4.0 m，层底标高 17.21 m 左右，河槽钻孔未揭穿。④层强风化岩(Ar_2x)，层顶标高 17.21 m 左右，灰白色，密实。通过室内渗透试验、现场抽水试验及其他常规试验，各土层的渗透特性指标见表 10.5-3。

(3) 现状渗流稳定分析计算

1) 计算断面、渗流计算指标与计算工况

根据地质勘察报告，计算断面选取大坝河床段的最大坝高断面 0+402、0+549 和典型断面 0+902 三个断面进行分析。

渗流计算的各土层渗透系数均采用《地质勘察报告》中的推荐值。具体指标见表 10.5-3。

表 10.5-3 渗流稳定分析计算参数表

地层	湿重度 (kN/m³)	浮重度 (kN/m³)	渗透系数(cm/s)	
			垂直	水平
⓪层素填土层	18.8	9.2	8.30×10^{-4}	7.20×10^{-3}
第①层腐殖土层	18.5	8.5	3.00×10^{-4}	2.19×10^{-4}
第②层淤泥质黏土层	17.9	7.9	6.96×10^{-8}	2.66×10^{-7}
第③层重粉质壤土层	19.9	9.9	4.77×10^{-7}	9.06×10^{-8}
第③-1层中粉质壤土层	19.8	9.8	4.06×10^{-7}	1.94×10^{-7}

根据《地质勘察报告》，结合坝体及坝基土层颗粒分析试验，确定坝体及坝基土层允许水力坡降，具体指标见 10.5-4。

表 10.5-4 各土层允许渗透坡降

土层编号	土层名称	变形类型	临界比降	允许比降
⓪	素填土层	流土	0.84	0.42
①	腐殖土层	流土	0.85	0.42
②	淤泥质粉质黏土层	流土	0.75	0.37
③	重粉质壤土层	流土	0.80	0.40
③-1	中粉质壤土层	流土	0.80	0.40

本次渗流分析按照《碾压式土石坝设计规范》(SL 274—2001)的要求,针对水库运行中下列四种工况进行计算:

正常蓄水工况:上游正常蓄水位 18.50 m 与下游相应的最低水位 13.5 m;

设计洪水工况:上游设计洪水位 19.41 m 与下游相应的水位 14.0 m;

校核洪水工况:上游校核洪水位 20.22 m 与下游相应的水位 14.5 m;

水库水位骤降工况:由校核洪水位 20.22 m 骤降至不利水位 16.4 m。

计算方法采用有限元法,计算软件采用河海大学工程力学研究所研制的"水工结构分析系统 AutoBANK"程序。

2) 复核计算结果

通过有限元分析得出浸润线、等势线。各种工况计算结果汇总于表 10.5-5 中。

表 10.5-5 现状各种工况渗流计算汇总表

位置	计算工况		单宽渗流量(m^3/s·m)	坝坡出逸点高程(m)	下游坝脚高程(m)	渗透坡降	
						出逸段最大坡降	坝基最大坡降
0+402	正常蓄水位(18.50)		2.16×10^{-5}	15.203	13.5	0.46	0.25
	设计洪水位(19.41)		3.27×10^{-5}	15.332	13.5	0.44	0.31
	校核洪水位(20.22)		4.72×10^{-5}	16.287	13.5	0.50	0.35
	水位骤降	上游	8.75×10^{-6}	18.029	13.5	0.63	0.24
		下游		15.902	13.5	0.53	
0+549	正常蓄水位(18.50)		2.08×10^{-5}	15.049	13.3	0.57	0.55
	设计洪水位(19.41)		3.13×10^{-5}	15.724	13.3	0.56	0.59
	校核洪水位(20.22)		4.50×10^{-5}	16.601	13.3	0.55	0.62
	水位骤降	上游	1.19×10^{-5}	18.282	13.3	0.61	0.56
		下游		16.142	13.3	0.55	
0+902	正常蓄水位(18.50)		1.62×10^{-5}	15.407	14.5	0.56	0.45
	设计洪水位(19.41)		2.61×10^{-5}	15.873	14.5	0.54	0.52
	校核洪水位(20.22)		3.94×10^{-5}	16.504	14.5	0.55	0.53
	水位骤降	上游	5.96×10^{-6}	17.88	14.5	0.56	0.56
		下游		16.29	14.5	0.55	

从表 10.5-5 可以看出,下游坝坡出逸点较高,坝坡渗流出逸坡降为 0.52~0.86,上游坝坡出逸坡降为 0.56~0.63,均超过坝身土体的允许渗透坡降,容易产生渗透破坏。现状运行情况表明,坝体填筑不密实、清基不彻底等因素造成坝体多处散浸,局部渗漏严重。另外,坝体渗透系数达 3.46×10^{-4} cm/s~7.20×10^{-3} cm/s,大坝两侧坝肩坐落在上太古界下五河亚群西堌堆组 Ar_2x 岩层,其岩性为花岗片麻岩、角闪岩、浅粒岩、大理岩、混合岩,呈现强风化及中风化。工程地质测绘及坑探表明,坝两侧坝肩均位于山坡突

出部位，另根据现场调查和检查，施工时两坝端与山坡接合部未进行有效清基，坝端与山坡接合处存在接触渗漏问题。综合复核计算结果、勘察结果及实际运行情况，对大坝采取防渗措施是非常必要的。

(4) 主坝防渗方案比较

由于主坝坝体、坝基、坝肩等关键部位均存在严重的渗透稳定隐患，虽然局部坝段进行过锥探灌浆，但注水试验结果表明，其防渗效果并不明显，因此，需要对大坝全断面进行整体防渗处理。

大坝曾进行过局部锥探灌浆，施灌初期其防渗效果往往是明显的，对于充塞局部的洞穴或者裂隙具有一定的作用，但锥探灌浆很难形成整体的防渗帷幕。安徽省境内采用锥探灌浆防渗的实践证明，随着时间的推移，锥探灌浆的防渗效果也会明显降低，本工程注水试验表明，灌过和未灌过的坝段，其渗透系数没有明显的差异，而渗透系数的变化主要取决于坝体填筑质量的好坏，故本次大坝防渗不推荐锥探灌浆方案。本阶段大坝防渗加固，根据目前的施工技术水平，可选择以下三种方案：一是多头小直径水泥土搅拌桩＋塑性砼防渗墙；二是高压喷射注浆防渗墙；三是塑性砼防渗墙。

防渗措施的说明：

方案一：多头小直径搅拌桩＋塑性砼防渗墙相结合的方案。中间坝段(0＋352～1＋458)采用多头小直径搅拌桩，利用水泥等材料作为固化剂，通过专用的多头小直径搅拌机械，将地基土和固化剂强制搅拌，固化剂和地基土之间产生一系列物理化学反应后凝结成具有一定厚度、强度和抗渗性能的连续桩体。两侧坝肩(0＋217～0＋352 和 1＋458～1＋556)强风化基岩高程比较高，采用塑性砼防渗墙，强度高，适用性强，可以有效解决地层结构复杂、接触界面多变的坝体及坝基渗流问题。

方案布置：自坝顶轴线方向 0＋217～1＋556 布置防渗墙，自坝顶 21.10 m 高程钻至坝基下第②层淤泥质黏土层约 2 m，坝肩位置处钻进第④层强风化岩层内不少于 2 m。其中两侧坝肩(0＋217～0＋352 和 1＋458～1＋556)采用塑性砼防渗墙，平均底高程为 13.0 m；中间坝段(0＋352～1＋458)采用多头小直径搅拌桩，平均底高程为 10.0 m。

方案二：高压喷射注浆防渗墙。高压喷射注浆法是利用射流作用产生的高速水汽混合流切割掺搅土层，改变原地层的结构和组成，同时灌注水泥浆等固化剂，形成具有一定厚度和强度的塑性混凝土墙体，达到截渗的目的。具体的施工工艺为利用钻机成孔，然后将带有喷嘴的注浆管下至土层的预定位置，用高压设备通过安装在钻杆杆端的特殊喷嘴，向周围土体高压喷射水泥浆，同时钻杆以一定的速度边摆动、边提升、边喷射，高压射流使一定范围内的土体结构破坏，并强制其与水泥浆混合，凝结后在土体中形成摆喷板墙，成墙后的渗透系数可达 10^{-6} cm/s 量级，防渗效果较好。

方案布置：自坝顶轴线方向布置高压喷射注浆防渗墙，墙顶高程取大坝上游校核洪水位加 0.3 m,总高为 20.52 m,灌浆孔深入坝基下第②层淤泥质黏土层,最大深度约 12.6 m。桩号 0+352～1+458 河槽段防渗墙承受最大水头为 6.72 m,设计采用摆喷成墙。拟定摆喷孔距为 1.2 m,有效搭接墙厚为 0.20 m,计算渗透坡降为 33.6,小于防渗墙允许渗透坡降[i]=60,摆喷墙厚度满足要求。左、右岸坡段也采用摆喷成墙,坝段桩号为 0+217～0+352 和 1+458～1+556 灌浆孔深入第④层强风化岩层内不少于 2 m,两侧坝肩防渗墙承受水头最大约为 5 m,按喷嘴附近的墙体厚度 150 mm 计算,渗透坡降为 33,小于防渗墙允许渗透坡降,按单排布置高压摆喷墙可以满足防渗需要。摆喷孔的间距取 1.2 m,摆角为 25°。旋喷与摆喷施工工艺均采用三管法,分两序施工,喷射浆液采用纯水泥浆。要求形成的墙体渗透系数不应大于 $i\times10^{-6}$ cm/s。

方案三:塑性砼防渗墙。采用斗宽 0.3 m 的薄型抓斗进行挖土开槽、泥浆固壁、浇注砼形成薄壁砼防渗墙。具体工艺是在槽孔顶部做砼导墙,然后采用旋挖、抓斗一体机造孔,采用泥浆固壁,清孔验收后浇注砼。一期和二期槽孔采用弧形连接,即在浇注一期槽孔时预埋圆弧形钢模板,一期砼浇筑后,拔出钢模板,形成接头,然后浇注二期混凝土,直至形成连续的砼防渗墙。成墙后的渗透系数可达 10^{-7} cm/s 量级,防渗效果显著。该法为混凝土防渗墙,强度高,适用性强,可以有效解决地层结构复杂、接触界面多变的坝体及坝基渗流问题。

方案布置:结合坝顶防汛道路开挖坝顶,形成宽约 9 m 的施工平台,沿坝轴线偏向上游侧 1 m 做砼导墙,导墙间距 0.6 m,深度 1.5 m。然后采用抓斗槽挖专用设备开槽,开槽深度至坝基下第②层淤泥质黏土层约 2 m,坝肩处进入基岩强风化层 2 m,成墙范围为桩号 0+217～0+352 和桩号 1+458～1+556。防渗墙完成后,沿坝顶做防汛道路,并加高至设计坝顶高程。

各种防渗方案的优缺点分析:

方案一:多头小直径搅拌桩+塑性砼防渗墙相结合截渗,具有施工方便,造价相对较低,对土层的均匀性要求较高,适宜的土层具有局限性;对于地基承载力较高的坝段,搅拌相对困难,对坝肩部位的岩基,采用塑性砼防渗墙,其截渗效果较好。两方案结合截渗效果好,造价适中。

方案二:高压喷射注浆法,截渗效果好,施工进度快,质量易于保证,较适宜在砂砾石及壤土地层中截渗;由于施工机械化程度高,遇到复杂地层,容易出现防渗板墙衔接不良等问题,造价较高。

方案三:塑性砼防渗墙适用范围广,特别适合在地质构造复杂、土层变异性大、接触界面多变的堤坝上进行截渗。该法需要砼导墙和泥浆固壁,机械化程度高,分段间的止水处理效果好,成墙后的渗透坡降允许值[J]达 40～70,防渗效果显著。但施工工序多,质量控制要求高,造价相对较高。

表 10.5-6　坝体及坝基防渗方案比较表

序列	防渗方案	优点	缺点	工程量(m^2)	造价(万元)	备注
方案一	多头小直径搅拌桩＋塑性砼防渗墙	施工方便，造价较低，适于土层均匀、接触界面少的堤坝	土层变异性大，质量难以控制，成墙厚度小，整体截渗效果差	11 620＋1 643	159	搅拌桩径 d 300 mm、混凝土防渗墙厚 300 mm
方案二	高压喷射注浆	防渗效果好，施工进度快，适于砂砾石透水层	遇到复杂地层，容易出现防渗板墙衔接不良，造价高；	12 903	503	成墙厚度 200 mm
方案三	塑性砼防渗墙	适合土层变异性大、接触界面多变的堤坝，防渗效果好	施工工序复杂，造价相对较高	12 903	336	300 mm

经过以上技术经济比较，高压喷射注浆防渗墙造价较高，不宜采用。由于该工程坝体填筑施工时采用肩挑人抬的大会战方式，造成施工分段界面多变，土层土质变异性大，而且坝基为腐殖土，下卧层为淤泥质黏土夹壤土互层，主坝坝基清基不彻底，两侧坝肩部位地层为片麻岩及花岗岩强风化残积砂，主坝河槽段适宜采用多头小直径搅拌桩防渗墙，由于多头小直径搅拌桩难以进入坝肩强风化岩层中，达不到理想的截渗效果，故需要采用塑性砼防渗墙解决坝肩截渗问题。综合分析施工工艺、投资等因素，采用多头小直径搅拌桩＋塑性砼防渗墙相结合的截渗方案一，即在主河槽段即(0＋352～1＋458)采用多头小直径搅拌桩截渗，两侧坝肩(0＋217～0＋352 和 1＋458～1＋556)采用塑性砼防渗墙的防渗方案(施工阶段受电力线缆垂高不足影响，优化调整为冲抓黏土套井工艺形成厚度不小于 0.8 m 的黏土防渗墙体系)。

(5) 主坝塑性混凝土截渗墙设计

1) 塑性混凝土防渗墙范围

塑性砼防渗墙主要为左右坝肩部位，沿现状坝顶轴线偏向上游侧 1 m 做 C20 钢筋砼导墙，导墙间距 0.6 m，深度 1.5 m。然后采用抓斗槽挖专用设备开槽，进入第④层强风化岩层 2 m，成墙范围自桩号 0＋217～0＋352 和 1＋458～1＋556。

2) 防渗墙厚度

防渗墙厚度 T 按下式计算，

$$T=\Delta H/J$$

式中：ΔH——最大上下游水头差，河槽段 6.8 m；

J——防渗墙允许水力坡降。

根据《水电水利工程混凝土防渗墙施工规范》(DL/T 5199—2004)的规定，混凝土防渗墙允许渗透坡降一般为 50～80，则本工程防渗墙厚度应为 0.10 m～0.23 m，考虑施工及墙体抗震、抗裂因素，确定防渗墙厚度为 0.30 m。

3）塑性砼防渗墙顶底高程的确定

防渗墙顶高程 20.70 m，坝肩部位底高程约 8.6 m～16.94 m，截渗墙施工完成后，可以形成一道从坝体到坝基的整体防渗屏障，防止危害大坝安全的渗流破坏影响。

大坝防渗工程采用槽孔型砼防渗墙，混凝土防渗墙范围为两侧坝肩，即桩号 0＋217～0＋352 和 1＋458～1＋556，长 206 m，墙体厚度为 0.30 m，防渗墙顶高程为 20.7 m，底部高程为 10 m～18 m，最大成槽深度为 11.7 m，防渗墙总面积为 1 643 m^2。

4）施工安排

截渗墙顶高程布置在 20.70 m，施工工作平台上做砼导墙，深度 1.5 m，为便于防渗墙施工，需挖除坝顶约 0.3 m 深的土方，整理后作为塑性混凝土防渗墙的施工工作平台，然后使用薄壁抓斗开挖成槽，采用泥浆固壁，待槽孔段成型后，进行清孔并灌注水下混凝土，形成混凝土防渗墙，每段防渗墙之间设置专门的圆管形接头，确保截渗的连续性。待整个防渗墙竣工后，结合防汛道路将坝顶高程恢复至 21.20 m。

5）施工工艺

a. 抓斗式成槽机造孔

根据该工程的特点，墙体厚度为 0.30 m，最大成槽深度为 11.7 m，造孔采用钢丝绳抓斗式成槽机造孔。底部基岩采用重锤冲击钻进，最后成槽。

b. 修建导墙

在防渗墙施工前。须沿防渗墙轴线修建导墙。导墙采用 C20 现浇钢筋混凝土结构，倒 L 形，墙间距 0.6 m，墙厚 0.25 m，高 1.5 m，导墙顶部水平并高出地面 0.1 m，高程为 20.70 m。

c. 泥浆固壁

泥浆固壁是防止塌孔并确保按设计槽孔尺寸进行施工的必要措施，泥浆固壁不仅有利于营造槽孔和浇注混凝土，同时也可以提高墙体的防渗性能。由于泥浆具有一定的黏度，在造孔过程中，可以将造槽施工时掉下来的土渣悬浮起来，便于泥浆循环携带排出，同时避免土渣沉积在工作面上，影响挖槽效率。

d. 防渗墙材料

防渗墙材料采用塑性混凝土，采用水下浇注法施工，其一般要求如下：

防渗墙塑性混凝土抗压强度 $R_{28} \geqslant 15$ MPa，弹性模量为 2×10^4 MPa，坍落度为 18 cm～22 cm，扩散度 34 cm～40 cm，渗透系数 $K < i\times10^{-7}$ cm/s（$1 < i < 10$），混凝土抗渗标号为 W4，允许渗透比降$[J] > 60$。

配置普通混凝土防渗墙材料要求水泥优先采用矿渣硅酸盐水泥，水泥强度等级不小于 32.5 级，细骨料（砂）要求细度模数 $F\cdot M=2.4\sim2.8$，砂率为 35%～45%，粗骨料（石子）最大粒径不超过 20 mm～40 mm，水泥水灰比为 0.6～0.65，水泥用量不小于 300 kg/m^3。

施工时根据设计标号提高 30%～40%，再根据防渗墙强度保证率进行试配。

(6) 多头小直径深层搅拌桩防渗墙设计

1) 多头小直径深层搅拌桩防渗墙范围

现状坝顶轴线偏向上游侧 1 m 做多头小直径深层搅拌桩防渗墙，搅拌深度至坝基下第②层淤泥质黏土层内 2 m，成墙范围主要为大坝主河槽段桩号 0＋352～1＋458。

2) 防渗墙厚度

防渗墙厚度按下式计算：

$$T=\Delta H/[J]$$

式中：T——最小防渗墙厚度，m；

ΔH——最大上、下游水头差，m；

$[J]$——允许水力坡降，参考相关资料取 40。

大坝校核洪水位为 20.22 m，下游水位采用下游地面高程 15.00 m，则上下游水位差 $\Delta H=5.22$ m，计算结果：$T=0.13$ m，考虑施工带来的垂直偏差(0.5%)，取 $T=0.30$ m。

采用三钻头桩机，两序法施工，桩间套接 6 cm，水泥土防渗墙最小厚度 180 mm，采用 P·O 42.5 级水泥，水泥掺入量 12%，单元成墙长度 1.2 m。

多头小直径深层搅拌桩防渗墙的物理力学指标：

单轴抗压强度：$R_{90}\geqslant 0.5$ MPa

渗透系数：$K<i\times 10^{-6}$ cm/s$(1<i<10)$

允许渗透比降：$[J]>60$。

(7) 防渗墙的接头处理

1) 防渗墙间的接头处理

多头小直径深层搅拌桩防渗墙与混凝土防渗墙的接头采用搭接处理，两防渗墙的搭接长度不小于 5 m。搭接段采用水泥土搅拌桩截渗墙，在已成墙的砼防渗墙上、下游侧(紧靠)布置水泥土搅拌桩防渗墙，深度相同。

2) 防渗墙与放水涵间的接头处理

a. 首先进行防渗墙的施工，放水涵处防渗墙底高程 13.00 m，防渗墙顶高程 20.70 m；

b. 防渗墙施工结束后进行建筑物施工，涵洞两侧大坝边坡开挖成 1.0∶3.0；

c. 建筑物施工完毕后，防渗墙与涵洞间采用 1.0 m 厚的水泥土回填，水泥土包裹防渗墙端部 1.0 m 厚，其他部位采用黏性土或粉质黏土回填，回填土压实度不小于 97%。

(8) 主坝各断面截渗后渗流稳定计算分析

计算方法采用有限元法，计算软件采用河海大学工程力学研究所研制的“水工结构分析系统 AutoBANK”程序。

通过有限元分析得出浸润线、等势线。各种工况计算结果汇总于表 10.5-7 中。

表 10.5-7　加固后各种工况渗流计算汇总表

位置	计算工况		单宽渗流量[m³/(s·m)]	坝坡出逸点高程(m)	下游坝脚高程(m)	渗透坡降	
						坝坡出逸点坡降	出逸段最大坡降
0+402	正常蓄水位(18.50)		1.20×10^{-6}	15	15	0.12	0.06
	设计洪水位(19.41)		1.31×10^{-6}	15	15	0.07	0.07
	校核洪水位(20.22)		1.54×10^{-6}	15	15	0.08	0.08
	水位骤降	上游	6.20×10^{-6}	18.047	15	0.42	0.09
0+549	正常蓄水位(18.50)		3.37×10^{-7}	15	15	0.03	0.05
	设计洪水位(19.41)		6.04×10^{-7}	15	15	0.03	0.06
	校核洪水位(20.22)		9.00×10^{-7}	15	15	0.04	0.09
	水位骤降	上游	1.05×10^{-5}	18.271	15	0.42	0.04
0+902	正常蓄水位(18.50)		2.10×10^{-6}	15	15	0.1	0.15
	设计洪水位(19.41)		2.19×10^{-6}	15	15	0.1	0.04
	校核洪水位(20.22)		6.99×10^{-6}	15	15	0.08	0.32
	水位骤降	上游	3.45×10^{-5}	17.982	15	0.41	0.17

从表 10.5-7 可以看出，对大坝进行截渗后，下游坝坡出逸点高程显著降低，坝坡渗流出逸坡降在 0.03～0.42 之间，不存在渗透变形问题。坝基渗透坡降值 0.04～0.32，均小于相应土层的渗透坡降，其他部位的渗透坡降减小明显。

三、主坝下游填塘及压重设计

（1）大坝抗滑稳定安全复核

1）计算断面选取

根据《地质勘察报告》，结合地形条件、坝身高度、坝基、坝身填筑条件及现场调查情况选取典型断面(0+402)、(0+549)和(0+902)进行计算分析。

2）分析方法、计算断面与计算指标

大坝坝坡抗滑稳定分析计算的目的主要是论证大坝的抗滑稳定状况，保证坝体与坝基在自重及各种运用条件下的孔隙水压力和外荷载作用下，具有足够的稳定性，确保坝体和坝基不发生整体滑动破坏。根据《碾压式土石坝设计规范》(SL 274—2001)的规定，应采用简化毕肖普法计算不同工况下的抗滑稳定安全系数，抗剪强度指标分别采用不同工况下的相应值。

稳定分析的计算断面同渗流分析。各土层计算指标除基岩外，其他土层均取《地质勘察报告》中建议值；具体指标见表 10.5-8。

表 10.5-8 坝坡抗滑稳定分析计算参数表

地层	湿容重(kN/m³)	浮容重(kN/m³)	凝聚力 c(kPa)	内摩擦角 Φ(°)
⓪层素填土层	18.8	9.2	24	15
①层腐殖土层	18.5	8.5	11	9
②层淤泥质粉质黏土层	17.9	7.9	9	12
③层重粉质壤土层	19.9	9.9	34	17

计算方法采用有限元法，计算软件采用河海大学工程力学研究所研制的土石坝稳定分析系统 Slope 软件。

在大坝未采取截渗措施前，分别对选定多典型断面进行计算，其结果均不能满足规范要求，以下就大坝各典型断面抗滑稳定安全进行复核，具体计算工况如下：

a. 上游正常蓄水位 18.50 m 对应下游 13.50 m 时的下游坡抗滑稳定；

b. 上游设计洪水位 19.41 m 对应下游 14.00 m 时的下游坡抗滑稳定；

c. 上游校核洪水位 20.22 m 对应下游 14.50 m 时的下游坡抗滑稳定；

d. 库水位由校核洪水位 20.22 m 骤降至不利水位时上游坡抗滑稳定；

e. 上游正常蓄水位 18.50 m+7°地震的下游坡抗滑稳定。

坝坡抗滑稳定最小安全系数按《碾压式土石坝设计规范》(SL 274—2001)选取，并与上述各工况下计算得出的稳定安全系数比较，判断坝坡抗滑稳定的安全性。

3) 各工况下坝坡抗滑稳定安全系数计算成果

各工况下坝坡抗滑稳定计算成果见表 10.5-9。

表 10.5-9 现状大坝坝坡抗滑稳定最小安全系数计算成果表

位置	计算工况		最危险滑弧参数		抗滑稳定最小安全系数
			圆心坐标(x,y)	半径 R(m)	计算值(允许值)
0+402	正常蓄水位(18.50)	下游坡	(60.6,31.3)	25.3	1.222(1.3)
	设计洪水位(19.41)	下游坡	(60.6,31.4)	25.3	1.196(1.3)
	校核洪水位(20.22)	下游坡	(60.6,31.5)	25.3	1.201(1.2)
	加地震荷载	下游坡	(60.6,31.6)	25.3	1.02(1.15)
	水位骤降	上游坡	(27.1,29.9)	23.4	1.167(1.2)
0+549	正常蓄水位(18.50)	下游坡	(80.4,33.2)	26.9	1.187(1.3)
	设计洪水位(19.41)	下游坡	(80.4,33.3)	26.9	1.182(1.3)
	校核洪水位(20.22)	下游坡	(80.4,33.4)	26.9	1.186(1.2)
	加地震荷载	下游坡	(80.4,33.5)	26.9	0.98(1.15)
	水位骤降	上游坡	(45.7,29.2)	22.8	1.12(1.2)

续表

位置	计算工况		最危险滑弧参数		抗滑稳定最小安全系数
			圆心坐标(x,y)	半径 R(m)	计算值(允许值)
0+902	正常蓄水位(18.50)	下游坡	(71.3,29.4)	21.9	1.267(1.3)
	设计洪水位(19.41)	下游坡	(71.3,29.5)	21.9	1.239(1.3)
	校核洪水位(20.22)	下游坡	(71.3,29.6)	21.9	1.203(1.2)
	加地震荷载	下游坡	(71.3,29.7)	21.9	1.062(1.15)
	水位骤降	上游坡	(27.1,29.9)	23.4	1.17(1.2)

由计算结果可以看出,大坝各断面在不同工况下,下游坝坡大多不满足抗滑稳定安全要求,上游坝坡在水位骤降工况下不满足规范要求。对比地质勘察资料可知,坝基坐落在②层淤泥质黏土及壤土互层上,且有①层腐殖土层分隔,其抗剪能力差,下游坡容易沿淤泥质黏土层滑动破坏,综合考虑各方面因素,拟采用沿下游坝脚增设压重的方式解决大坝下游坡抗滑稳定问题。

(2) 压重及填塘设计

根据抗滑稳定计算成果,在地震及设计洪水情况下,大坝下游坡抗滑稳定不满足规范要求,经试算,当坝下游坡脚压重填高至 16.0 m,压重平台延伸至坝脚外 12 m 时,大坝下游坡抗滑稳定安全系数方能满足规范要求,同时在水位骤降工况下上游坡不满足规范要求,故需将上游坝脚外 10 m 范围加抛石压重,可采用上游混凝土及块石护坡拆除材料抛填,压重顶高程不低于 14.5 m。由于在老河槽附近鱼塘和洼地离坝脚仅 4 m,为确保坝下游坡抗滑稳定安全,将坝脚外 27 m 范围内的河道主槽部位的鱼塘及低洼地带全部填平至 15.00 m 高程,然后沿坝脚向下游约 12 m 范围填高至 16.0 m,作为压重平台,平台边坡 1.0∶2.5,压重平台自桩号 0+250～1+450,总长度 1 200 m。填筑材料采用具有良好透水性的岗地周边的片麻岩及花岗岩强风化砂土,填筑前需先挖除塘底及洼地的淤泥质腐殖土层。

(3) 加固后主坝各断面的稳定计算与分析

计算方法采用有限元法,计算软件采用河海大学工程力学研究所研制的土石坝稳定分析系统 Slope 软件。

各工况下坝坡抗滑稳定计算成果见表 10.5-10。

表 10.5-10　加固后大坝坝坡抗滑稳定最小安全系数计算成果表

位置	计算工况		最危险滑弧参数		抗滑稳定最小安全系数
			圆心坐标(x,y)	半径 R(m)	计算值(允许值)
0+402	正常蓄水位(18.50)	下游坡	(71.9,31.6)	24.7	1.574(1.3)
	设计洪水位(19.41)	下游坡	(71.9,31.7)	24.7	1.555(1.3)
	校核洪水位(20.22)	下游坡	(71.9,31.8)	24.7	1.541(1.2)
	加地震荷载	下游坡	(70.8,33.0)	26.3	1.259(1.15)
	水位骤降	上游坡	(42.11,29.8)	21.5	1.451(1.2)

续表

位置	计算工况		最危险滑弧参数		抗滑稳定最小安全系数
			圆心坐标(x,y)	半径R(m)	计算值(允许值)
0+549	正常蓄水位(18.50)	下游坡	(81.3,32.4)	26.4	1.64(1.3)
	设计洪水位(19.41)	下游坡	(81.3,32.5)	26.4	1.628(1.3)
	校核洪水位(20.22)	下游坡	(81.3,32.6)	26.4	1.615(1.2)
	加地震荷载	下游坡	(82.4,37.2)	31.48	1.286(1.15)
	水位骤降	上游坡	(45.8,28.6)	22.3	1.29(1.2)
0+902	正常蓄水位(18.50)	下游坡	(67.4,32.2)	25.7	1.404(1.3)
	设计洪水位(19.41)	下游坡	(67.4,32.3)	25.7	1.352(1.3)
	校核洪水位(20.22)	下游坡	(67.4,32.4)	25.7	1.381(1.2)
	加地震荷载	下游坡	(66.0,32.3)	25.7	1.15(1.15)
	水位骤降	上游坡	(34.1,31.1)	22.2	1.453(1.2)

由表10.5-10可以看出，大坝坝脚采取压重处理后，大坝上、下游坡的抗滑稳定安全系数均满足规范要求。

四、主坝上、下游坝坡加固设计

(1) 主坝上游坝坡加固

大坝上游坡现状为砼护坡和干砌石护坡两部分，以18.00 m高程的戗台为界，上部为混凝土护坡，底部淘刷严重，局部裂缝较多，底部缺少垫层，接缝处缺少反滤排水构造；戗台以下为干砌石护坡，砌筑块石大小不规则，块石破损、龟裂和风化严重，块石大小以及大部分砌缝不满足现行规范要求；根据鉴定结论和现场实际运用情况，需拆除迎水侧干砌石及现状素砼护坡，并新做安全可靠的护坡。

上游混凝土护坡主要是防止入库洪水波浪冲刷坝坡，危及坝体安全。根据目前大坝常用的护坡形式，本工程选择三种护坡方案进行比较，分别为现浇混凝土板护坡、干砌石护坡及浆砌石护坡。

方案一：采用现浇混凝土板护坡

混凝土护坡板厚度计算公式：

$$t=0.07\eta h_p\sqrt[3]{\frac{L_m}{b}}\frac{\rho_w}{\rho_c-\rho_w}\frac{\sqrt{m^2+1}}{m}$$

经计算砼厚度为$t=0.09$ m，考虑坝坡沉降因素适当提高截面刚度，取$t=0.12$ m。

方案二：采用干砌块石护坡

干砌块石护坡块石的直径、质量、厚度的计算公式如下：

$$D=0.85D_{50}=1.018K_1\frac{\rho_w}{\rho_k-\rho_w}\frac{\sqrt{m^2+1}}{m(m+2)}h_p$$

$$Q=0.85Q_{50}=0.525\rho_K D^3$$

根据计算 $L_m/h_p=15.944/0.654=24.38>15$，所以 $t=\frac{1.82}{K_1}D$。

计算结果如下：$D=0.24$ m；$Q=18.9$ kg；$t=0.312$ m。

设计采用干砌块石厚度 0.35 m，下设 0.1 m 厚碎石垫层。

方案三：采用浆砌块石护坡

采用浆砌块石护坡厚 0.35 m，下设 0.1 m 厚碎石垫层，每 20 m 分缝设一道，缝间贴二毡三油，在护坡坡脚设一道混凝土齿墙，尺寸为 0.4 m×0.6 m(宽×高)。

上游护坡工程造价比较见表 10.5-11。

表 10.5-11　樵子涧水库上游护坡工程造价比较表

造价	干砌块石护坡	M10 浆砌石护坡	C20 混凝土板护坡
单价(元/m³)	140	240	656
工程量(m³)	9 119.2	9 119.2	3 908.2
造价(万元)	127.67	218.86	256.38

通过以上比较可以看出，采用现浇砼护坡，相对干砌石而言，现浇混凝土护坡具有抗冲刷、防渗、整体性好等优点，但造价相对较高；采用干砌石护坡，为柔性护坡能够适应坝坡变形，造价较低，但抗冲淘能力差，容易造成坝坡冲淘坍塌，石料难以采购，施工质量难以控制；采用浆砌石护坡，造价相对较低，但石料难以采购，石材资源消耗大，不够环保，且容易出现裂缝冲淘。经比较推荐采用现浇砼板护坡。

上游护坡采用现浇砼板护坡与抛石护脚相结合的方式，结合水库施工期导流最低预降水位确定护坡分界，经与五河县水利局协商，施工期水位可以降至 15.00 m，为方便施工，故以 15.50 m 为界，在 15.50 m 以上至坝顶防浪墙之间采用现浇混凝土护坡，护坡厚度 120 mm，护坡下铺 100 mm 的碎石垫层，在护坡分缝处增设三层反滤构造，自坝坡表面向上依次为中粗砂 150 mm，级配碎石 150 mm 及砾石层 150 mm。砼护坡范围为桩号 0+200 至 1+506。15.50 m～18.00 m 高程范围内的原干砌石及 18.00 m 高程以上的砼破碎料均拆除抛填至坝脚，作为 15.50 m 高程以下坝坡及坝脚的防冲抛石，范围自桩号 0+170 至 1+500。根据《碾压式土石坝设计规范》规定，上游护坡应护至死水位 15.10 m 以下 2 m，厚度为 0.5 m，但考虑到坝前库底高程约 13.5 m～14.00 m，故抛石护坡直接延伸至库底。另外，沿 15.50 高程增设 M10 浆砌石镇脚一道。

(2) 主坝下游坝坡加固

鉴于现状坝坡在 1.00∶2.15～1.00∶2.75 之间变化，坡面高低不平，需对坝坡进行整平，局部坝坡需要复土加厚，以保证戗台以上及以下局部坝坡的抗滑稳定安全。另外，为了确保大坝坡面平整稳定，防止暴雨冲刷形成雨淋沟等，必须对大坝裸露面进行绿化或护砌，拟采用既环保又经济的草皮护坡。同时沿大坝纵横向布设预制砼“U”形槽排水沟，“U”形槽开口 0.30 m，深度 0.35 m，纵向分别沿下游坝坡 18.3 m 高程的戗台及坝脚压重平台上缘布置，横向自坝顶路肩延伸至坝脚平台以外，平均间距为 100 m。

(3) 主坝下游坡脚排水体

由于该水库一直未设坡脚排水体，给大坝的抗滑稳定和渗流稳定造成不利影响，本次加固在压重坡脚增设贴坡排水体，高程范围从 14.4 m～16.0 m，贴坡排水共三层，自坝坡面向外依次为中粗砂 150 mm、碎石 150 mm 及块石 300 mm，排水体与下游侧反坡浆砌石组合为单边透水的排水沟，以降低坝体浸润线高度。

(4) 鱼塘引水渠拆除重建

鱼塘引水渠为“八”字形直墙的浆砌石结构，外观质量一般，部分浆砌石缺损，极易造成坝脚冲刷。本次设计拟拆除重建鱼塘引水渠，沿坝脚外埋设 Φ600 预制混凝土管，自放水底涵至鱼塘方向延伸 200 m，以保护坝下游坝脚不被冲刷。

五、副坝改造工程

现状副坝与主坝相连，副坝地处东堋村边缘，沿岗地延伸至泄洪闸及溢洪道以外的岗地边缘，现状副坝坝顶不满足规范要求的高程，由于副坝不在主风向上，且坝前地面坡度达 1/7，根据《碾压式土石坝设计规范》(SL 274—2001)对坝顶超高进行计算分析，在校核最不利情况下，设计静水位 20.22 m，最大波浪爬高 0.27 m，风壅水面高度 0.005 m，安全加高为 0.4 m，副坝坝顶超高为 0.68 m，故副坝防浪墙顶高程不小于 20.90 m，本次加固防浪墙顶高程取 20.90 m。鉴于现状副坝为东堋村交通道路，如果副坝加高太多，将会给村民出行带来不便，故采用适当加高副坝坝顶并增设防浪墙的方式进行加固。由于副坝现状地面高程在 18.95 m～20.8 m 之间，根据规范要求，坝顶高程不低于 1 000 年一遇的校核洪水位 20.22 m，故副坝坝顶高程按不低于 20.40 m，防浪墙顶高程不低于 20.90 m，向左侧延伸至主坝，与主坝防浪墙衔接。坝顶做 C20 砼路面，整个副坝段加固完成后可以以坝代路。副坝上游侧采用 C20 钢筋砼“L”形防浪墙，墙顶高出路面 0.5 m。本次加固设计副坝段防汛道路采用砼路面，长度 480 m。

六、白蚁防治

樵子涧水库白蚁危害主要发生在大坝下游坡及坝肩等部位，白蚁危害严重影响大坝安全。由于白蚁活动隐蔽，危害隐蔽，繁殖力强，且有分飞移殖等生物学特点。若不及时有效地灭杀大坝及周围环境中的白蚁，其危害随时可能扩展蔓延，这对水库安全运行构成很大威胁。本次加固设计，根据“以防为主”的原则，确定主坝下游坡及周边 50 m 范围为白蚁防治的重点，采取下列综合防蚁措施：

(1) 检查并清除坝体内原有白蚁巢。结合大坝迎水坡拆除重建，背水坡和坝顶取土及回填等施工过程，对大坝进行全面白蚁检查，若发现有白蚁活动，即采取追挖主巢并带毒回填的措施予以清剿。

(2) 在大坝背水坡和坝顶做一层防蚁毒土层。具体方法为在大坝背水坡整修后，种植新草皮前，在表层土壤上喷洒适量 10%的吡虫啉悬浮剂，每平方米用药量为 60 g；在坝顶做路面前，在土壤上用同样浓度和药量喷洒。为了使药液均匀浸入土壤，分两次间隔喷洒。防治药物选用吡虫啉悬浮剂，该药是全国白蚁防治专业委员会推荐使用药物，长效、低毒，对环境无污染，尤其对水生生物低毒，对水库下游鱼塘无危害。还由于吡虫啉有强烈的吸附作用，能与土壤中有机物紧密结合，且不易在微生物作用下降解，对白蚁毒杀效果持续时间长。此方法能保证在整个坝面上形成均匀有效的防蚁毒土层，阻止环境中白蚁在纷飞季节飞落到坝面上另立新巢。

(3) 在大坝背水坡左右两端和坝脚做防蚁毒土沟。主要采取在大坝背水坡两端各挖一条深 1.5 m，宽 1 m 的防蚁毒土沟，在坝脚挖一条深 1 m，宽 1 m 的防蚁毒土沟，阻止大坝两端环境中白蚁通过觅食进入坝体。

(4) 环境灭蚁。在距离大坝左右两端和坝脚 50 m 范围内进行全面白蚁灭治，主要采取喷粉、投放诱饵包、设置诱杀管等方法进行诱杀。防治周期为 3 年。

10.6 溢洪道加固工程设计

现状溢洪道位于副坝末端，包括泄洪闸、正常溢洪道和下游泄洪渠三部分，泄洪闸(底板高程 17.00 m)为低堰，正常溢洪道(堰顶高程 19.00 m)为开敞的高堰，水库在高洪水位下由高低堰组合泄洪。现状泄洪闸仅 2 孔，每孔净宽 4 m；正常溢洪道共 10 孔，每孔净跨 4 m；在 50 年一遇的设计泄洪情况下，就需要启用高堰溢洪道，由于泄洪闸和高堰紧邻布置，会导致调洪控制不便，同时容易恶化上、下游流态，加大消能防冲设施的布置范围。本次加固设计，拟扩大泄洪闸规模，确保在设计泄洪条件下，全部采用泄洪闸调洪，改造正常溢洪道。

一、溢洪道总体布置设计

由于现状泄洪闸仅 2 孔，断面狭小，阻水严重，需拆除扩建。泄洪闸是水库调洪的主要泄水通道，现状溢洪道采用高低堰组合调洪方式，不便于调控且消能防冲措施复杂。经过详细的调洪演算，并充分考虑下游泄洪渠的过流能力影响，在设计工况下，泄洪闸过闸流量为 67.10 m^3/s，在校核工况下，泄洪闸过闸流量为 141.0 m^3/s，正常溢洪道过流流量 41.0 m^3/s。本次除险加固拟将泄洪闸扩建为 3 孔，以满足设计洪水条件下的泄洪要求，并加高现状溢洪道堰顶至设计洪水位 19.41 m。在设计洪水条件下，不启用正常溢洪道泄洪，以减小水流交叉和流态恶化，当遭遇 50 年一遇以上洪水时，才启用正常溢洪道与泄洪闸联合泄洪。

二、泄洪闸拆除重建设计

(1) 泄洪闸现状

泄洪闸底板高程及孔径尺寸:现状泄洪闸为涵洞式闸室结构,共两孔,孔径 4 m,孔高 2.3 m,桥面宽 7 m,桥面高程 20.5 m,底板高程 17.0 m,过流断面严重不足。

(2) 泄洪闸过流能力复核

由于现状泄洪闸为浆砌石拱形涵洞结构,以下结合泄洪闸过流断面尺寸,进行设计泄洪条件下的泄洪闸过流能力复核。

故闸上游水深 $H_0=2.41$ m,闸下游水深 $h=1.52$ m,壅水高度 0.9 m,存在严重的阻水现象。故需拆除扩建泄洪闸。

(3) 泄洪闸总体布置设计

1) 泄洪闸闸址确定

原泄洪闸位于副坝溢洪道右侧,闸址上游较开阔,经过扩挖上游引渠可以顺利导引出库洪水,下游与泄洪渠(单边撇洪沟)主槽衔接平顺,新建泄洪闸与原闸中墩轴线一致,如果向原闸一侧扩建,将导致过闸主流偏离下游泄洪渠主槽,对泄洪流态不利,难以合理布置消能设施,鉴于此,新建三孔泄洪闸轴线应与原闸中轴线一致。

2) 泄洪闸底板高程确定

新建泄洪闸底板高程仍为 17.00 m,低于兴利水位 1.50 m,闸底板高程相对较低,可以增加调洪和兴利的灵活性,特别是该水库离淮河干流堤防较近,容易遭遇淮河高水位顶托,将底板高程定在兴利水位以下有利于在淮河低水位不顶托的情况下,能够相机泄放洪水,增大过流能力,故本次设计仍然采用原闸设计底板高程。

3) 泄洪闸结构型式

原泄洪闸为浆砌石拱形结构,拱顶兼做交通桥。本次设计闸室为半开敞半箱涵式结构,箱涵顶板兼作交通桥,位于闸门下游侧,闸门采用平面直升式钢闸门,手电两用螺杆式启闭机,闸孔净宽 5 m,中墩厚度 0.8 m,共三孔,闸底板顶高程 17.00 m;上游进口连接段采用渐进过渡的喇叭口形式,采用圆弧形翼墙和上游梯形引水主槽连接;下游设消力池、海漫及防冲槽,采用圆弧翼墙连接闸室和下游泄洪渠。

4) 防渗排水及消能防冲设计

泄洪闸坐落在第③层重粉质壤土和第①层黏土上,由于该层土抗渗性能好,采用水平防渗方式,利用闸室和上游铺盖作为防渗轮廓线。经计算,需要的防渗长度为 18 m,实际布置的防渗水平长度为 24 m,满足防渗要求。

消能方式采用挖深式消力池结合海漫、防冲槽,经计算,钢筋混凝土消力池长 12.00 m(包括斜坡段),深 0.60 m,浆砌石海漫长 8.50 m,抛石防冲槽深 1.0 m,长 3.50 m。消力池水平段设塑料排水孔，梅花形布置，底部设反滤层。

（4）水力设计

由于该工程泄洪闸的功能主要是宣泄洪水，其规模应满足设计洪水及校核洪水工况下的泄洪要求，根据调洪演算成果，设计及校核工况下的泄洪流量分别为 67.1 m^3/s 及 141.0 m^3/s。

1）泄洪闸过流能力计算及闸孔规模复核

泄洪闸上游洪水位 19.41 m；

闸下泄洪渠过相同流量时的水位为 19.26 m；

设计洪水时的调洪最大流量为 67.1 m^3/s；

校核洪水时的调洪最大流量为 141.0 m^3/s；

泄洪闸底板顶高程为 17.00 m；

m——流量系数，取 0.385；

σ——淹没系数，根据下游水深计算为 0.624；

$$\sigma = 2.31\frac{h_s}{H_0}\left(1-\frac{h_s}{H_0}\right)^{0.4}$$

式中：H_0—泄洪闸上游总水头，m；

H_s—泄洪闸下游水深，m；

ε—侧收缩系数，按《水闸设计规范》(SL 265)公式 A0.1-3～5 计算为 0.959，

根据附录 A.0.1-1～A.0.1-6 公式计算闸孔规模：

$$B_0 = \frac{Q}{\sigma\varepsilon m\sqrt{2g}H_0^{\frac{3}{2}}}$$

鉴于泄洪渠在各种运用工况下，可能遭遇淮河高水位顶托，闸下泄洪渠的过流能力直接影响泄洪闸的泄量，泄洪闸具有河道上节制闸的特点，按照《水闸设计规范》，过闸水位落差按 0.15 m 考虑，经计算，在设计洪水工况下，该闸的闸孔净宽需要 14.8 m。本次设计泄洪闸规模为三孔，每孔净宽 5 m，能够满足淹没条件下的设计泄洪要求。在校核工况下，泄洪闸与抬高后的正常溢洪道联合调洪，能满足自由泄洪要求。

2）消力池设计计算

根据《水闸设计规范》(SL 265)附录 B 消力池深度计算公式进行试算。

a. 消力池深度计算

经计算，消力池池深取决于闸门不同的开度和上游起调水位，在设计开度 e=0.4 m 时，消力池深度为 d=0.6 m。

b. 消力池长度计算

经计算，消力池长度取决于最大泄洪流量和下游淹没程度，在不同设计工况下的单宽泄洪流量决定消能设施的长度：

$$L_{sj}=L_s+\beta L_j$$

$$L_j=6.9\times(h''_c-h_c)$$

根据规范规定，泄洪闸下游消能防冲设计泄洪标准按30年一遇考虑，此时过闸最大流量为54.70 m^3/s，计算的消力池长度为10.72 m，设计采用消力池长12.00 m，由1.0 m长水平衔接段、坡度1.0∶4.0斜坡段、消力池水平段组成。

c. 消力池底板厚度计算

按抗冲及抗浮要求计算消力池厚度。

抗冲计算公式：

$$t=k_1\sqrt{q\sqrt{\Delta H'}}$$

抗浮计算公式：

$$t=k_2\frac{U-W\pm P_m}{\gamma_\sigma}$$

式中：t——消力池底板始端厚度，m；

$\Delta H'$——泄洪时上、下游水位差，m；

q——过闸单宽流量，$m^3/(s\cdot m)$；

经计算，按照抗冲计算底板厚度最大为0.46 m，抗浮计算底板厚度0.48 m，实际布置时，考虑消力池底板的安全，其厚度取0.50 m。

d. 海漫及防冲槽计算

海漫长度计算：

$$L_\gamma=K_s\sqrt{q_s\sqrt{\Delta H}}$$

计算海漫长度12.3 m，设计布置海漫长度14 m；

海漫末端河床冲刷深度计算：

$$d_m=1.1\frac{q_m}{[v_{允}]}-h_m$$

式中：q_m——海漫末端单宽流量，54.7/16.6=3.30 m^3/s；

$[v_{允}]$——河床土质允许的不冲流速，0.9 m/s；

h_m——下游水深，2.26 m；

经计算可知，海漫末端计算冲刷深度为1.67 m，按此冲刷要求确定防冲槽深1.0 m，底宽2.0 m，下游边坡1.0∶1.5。

(5) 防渗排水设计

按《水闸设计规范》公式：

$$L = C \cdot \Delta H$$

式中：

L——防渗长度，m；

H——设计洪水（$P=2\%$）位 19.41 m；

H——上下游水位差，$\triangle H=19.41-17=2.41$ m；

C——允许渗径系数，此处按重粉质壤土取 5。

泄洪闸坐落在第③层重粉质壤土和第①层黏土上。所以取 $L=5\times2.41=12.05$ m。

设计闸室底板顺水流向长度 9.45 m，上游砼铺盖长度 10 m，实际闸基防渗轮廓线总长 19.45 m，大于设计所需的防渗长度，满足防渗要求。

（6）稳定计算

根据工程总体布置，对泄洪闸闸室段各种工况下的抗滑稳定、基底应力及不均匀系数进行了计算，其中基底应力按偏心受压公式计算。

抗滑稳定安全系数 $k_c = \dfrac{f \cdot \sum G}{\sum H} \geqslant [K_c]$；

偏心距 $e = \dfrac{B}{2} - \dfrac{\sum M}{\sum G}$；

基底压力 $\sigma_{\min}^{\max} = \dfrac{\sum G}{A}\left(1 \pm \dfrac{6e}{B}\right)$；

基底压力不均匀系数 $\eta = \dfrac{\sigma_{\max}}{\sigma_{\min}} \leqslant [\eta]$；

式中：

$[k_c]$——抗滑稳定安全系数；

$\sum G$——垂直方向力的总和，kN；

$\sum H$——水平方向力的总和，kN；

f——基础底面与地基土之间的摩擦系数，取 $f=0.28$；

A——底板底面面积，m^2；

e——偏心距，m；

B——底板顺水流方向长度，m；

$\sum M$——相对底板上游趾点的弯矩总和，kN·m；

$[R]$——地基允许承载力，kPa；

$\sigma_{\max}$、$\sigma_{\min}$——最大、最小基底应力，kPa；

η、$[\eta]$——基底压力不均匀系数和允许基底压力不均匀系数。

计算工况分为施工完建期、正常蓄水期、设计挡洪期、校核洪水期及地震期正常蓄水五种工况，计算结果见表 10.6-1。

表 10.6-1 泄洪闸闸室稳定计算成果表

荷载组合	计算工况	水位(m)		抗滑稳定安全系数		基底压力(kPa)				基底压力不均匀系数	
		闸上游侧	闸下游侧	计算 K_C	允许 $[Kc]$	σ	σ_{max}	σ_{min}	允许承载力	计算 η	允许$[\eta]$
基本组合	施工完建	无水	无水	—	1.25	50.49	61.03	39.98	120	1.53	2.0
	正常蓄水	18.50	无水	3.34	1.25	40.2	45.4	35.0		1.30	2.0
	设计挡洪	19.41	17.00	3.29	1.25	33.66	39.52	27.82		1.42	2.0
特殊组合	校核洪水	20.22	19.90	11.05	1.10	48.34	62.88	33.81		1.86	2.5
	地震期正常蓄水	18.50	无水	2.81	1.05	40.2	48.3	32.1	120	1.50	2.5

从表可知，完建期闸室基底压力均小于地基允许承载力，抗滑稳定安全系数、基底压力不均匀系数、地基承载力均满足规范要求。

(7) 结构设计

泄洪闸闸室结构为三孔一联的半开敞半箱涵式结构，底板厚度采用 0.7 m，中墩厚 0.8 m，边墩 0.6 m，闸孔净宽 5 m，桥面板顶高程 20.90 m，板厚 0.4 m，按箱涵式单宽断面进行结构计算，截面尺寸均能满足结构要求。经计算，泄洪闸的配筋率均在经济配筋率范围内，泄洪闸结构截面尺寸拟定是合适的。

(8) 地基处理设计

根据稳定计算结果，在完建期，闸底板基底应力最大，基底平均应力为 50.49 kPa，远小于天然地基承载力 160.0 kPa，故不需采取地基处理措施，但局部存在淤泥质软土层，需挖除换填水泥土。

三、正常溢洪道改造

现状正常溢洪道共 10 孔，每孔净宽 4.0 m，堰顶高程 19.00 m，上部为混凝土生产桥面板，桥面顶高程 20.65 m，上下游无专门的防冲消能设施。

根据本次除险加固溢洪道布置要求，在设计洪水情况下，3 孔泄洪闸可以满足泄洪要求，故可以根据正常溢洪道的现状结构特点，将现状溢洪道堰顶高程抬高至设计洪水位 19.41 m，改造后的正常溢洪道在超过设计洪水情况下启用。

正常溢洪道堰顶加铺层采用 C20 砼，厚度 0.41 m，加铺前将原溢洪道堰顶凿毛处理，并沿上游侧做 5 m 宽的 C20 砼铺盖，下游侧做 7 m 宽的 C20 砼防冲护坦，铺盖及护坦厚度均为 400 mm。

四、泄洪渠治理工程

(1) 泄洪渠工程现状

现状泄洪渠位于泄洪闸下游，是单边筑堤的撇洪沟，自泄洪闸下游至防洪闸约 1.95 km，从防洪闸至淮河干流河口约 1.55 km。由于该泄洪渠为沿岗地边缘的靠山沟，故其断面形状复杂多变，加之泄洪渠所在流域有径流汇入，造成渠道淤积严重，同时由于泄洪渠呈肘形自西堌村中间穿过，两岸居民聚集，造成该段过水断面狭窄，难以满足自由宣泄洪水的要求，水库建成以来一直成为水库泄洪的障碍。与此同时，泄洪渠上尚有 104 国道桥一座，2 座村际交通桥，以上桥梁均为浆砌石拱桥结构，过水断面严重不足，阻水现象十分突出。

该泄洪渠沿岗地台阶边缘扩挖，左边为岗地(天然阶地)，地面高程 14.3 m～17.2 m，表层为黄、红色黏土或粉质黏土，下伏全至强风化基岩。渠道右堤堤顶高程 18.5 m～19.5 m，桩号 2＋902 以南至防洪闸段背水侧地面高程 14.7 m～17.0 m，最大堤高 4.5 m 左右，根据调查，泄洪渠堤身土填筑时按户或组为单位将堤防划分为很多填筑段，由人抬肩挑填筑而成，段与段之间接缝未进行控制和处理，搭接均匀性差，土料取自堤身附近岗地边缘土层，土料以重粉质壤土为主，常夹有全风化块石，且未进行必要碾压，存在渗漏通道，现状汛期渠内水位高于 17.5 m 时，在堤外坡发现多处出水点。经分析认为，出水点多为段与段之间接合处未经处理和筑堤时未清基或清基不彻底导向。另在桩号 3＋102 处，2007 年汛期由于洪水溢堤，造成决堤 52 m 长，堤后形成 2.6 m 冲坑，同时该段堤防堤身单薄，也是产生渗漏的原因之一。

(2) 泄洪渠右堤顶高程复核

根据《堤防工程设计规范》(GB 50286)，泄洪渠右堤主要保护区为香浮段一般保护区，泄洪渠右堤为 4 级堤防，该堤防堤顶按 20 年一遇防洪标准确定，堤顶高程应确保在淮干遭遇 2007 年防洪高水位 18.92 m 的情况下，能够安全泄放樵子涧水库 20 年一遇的洪水。

根据《堤防工程设计规范》(GB 50286)，堤顶在静水位以上的超高由三部分组成，即波浪爬高、风壅水面高度及安全超高，计算公式如下：

$$y = R + e + A$$

式中：y——堤顶超高，m；

R——设计累积频率的波浪爬高，m；

e——设计风壅增水高度，m；

A——安全加高，本堤防等级为 4 级，设计洪水时取 0.60 m。

经计算，堤防在设计洪水 20 年一遇且遭遇淮干防洪高水位顶托情况下，堤内泄洪闸闸上水位约 19.15 m，防洪闸闸下为 18.92 m，泄洪渠堤内侧平均水位为 19.05 m，相应的堤顶超高为 1.03 m，所需堤顶高程应为 20.08 m，考虑淮干洪水顶托影响，堤顶高程取 20.10 m。现状堤顶高程介于 18.5 m～19.5 m 之间，均不满足堤防安全要求。需进行复堤加高。

(3) 泄洪渠右堤加固设计

1) 加固措施：

泄洪渠右堤现状堤顶高程不满足泄洪要求，且堤身单薄，自西堌村至防洪闸段存在严重的渗漏现象，为此必须对右堤进行加固处理。

根据调洪计算分析成果，《堤防工程设计规范》(GB 50286)，综合考虑淮干洪水顶托影响，确定堤顶高程为 20.10 m，堤顶宽度 4.00 m，内、外边坡均为 1.0∶2.0，桩号 2＋550 至 2＋850 弯道段堤防内侧采用干砌石护岸防止冲刷。堤防复堤加高的填筑压实度应不小于 0.90。西堌村至泄洪闸段采用浆砌石路肩加泥结碎石路面的结构形式进行局部加高，西堌村弯道段需扩挖并增加防洪墙，西堌村以下至防洪闸段采用复堤加高的措施加固，并采取铺塑方式截渗。

2) 堤防抗滑稳定计算

根据《地质勘察报告》，结合地形条件、堤身高度、堤基、堤身填筑条件及现场调查情况选取(2＋984)作为代表性断面进行计算分析。堤防抗滑稳定分析计算的目的主要是论证堤坡的抗滑稳定状况，保证堤防在自重及各种运用条件下的孔隙水压力和外荷载作用下，具有足够的稳定性。根据《堤防工程设计规范》(GB 50286)的规定应采用简化毕肖普法计算不同工况下的抗滑稳定安全系数，抗剪强度指标分别采用不同工况下的相应值，见表 10.6-2。

表 10.6-2 稳定计算参数表

地层编号	湿容重(kN/m^3)	浮容重(kN/m^3)	凝聚力 c(kPa)	内摩擦角 Φ(°)
⓪素填土层	19.6	10.14	26	13
①黏土层	20	10.18	22	6
③重粉质壤土层	20.1	10.33	44	15

计算方法采用有限元法，计算软件采用河海大学工程力学研究所研制的土石坝稳定分析系统 Slope 软件。加固后的堤防抗滑稳定安全系数计算成果见表 10.6-3。

10.6-3 加固后泄洪渠右堤抗滑稳定最小安全系数计算成果表

位置	计算工况		最危险滑弧参数	抗滑稳定最小安全系数
			半径 R(m)	计算值(允许值)
2＋984	堤内侧设计洪水 19.05	堤外侧无水	12	2.317 4(1.15)
2＋984	堤内侧骤降至 14.80	堤外侧无水	11	2.194 3(1.15)
2＋984	堤内外无水＋地震	堤外侧无水	12	2.099 9(1.05)

由计算结果可知，加固后的堤防断面满足抗滑稳定安全要求。

3) 泄洪渠右堤截渗处理

现状堤防桩号 2＋902 至防洪闸(桩号 4＋001)段堤身填筑质量差，堤身单薄，填筑土料直接采用岗地边缘的风化残积土，碎石渣含量多，同时由于堤防清基不彻底，施工管理粗放，人工挖填夯实质量差。分段搭接处结构松散，形成渗漏，上述渗漏易产生渗透破坏或垮堤，故需对该段堤防进行防渗加固处理。本次截渗方案设计从施工工艺、质量控制等方面选择合适的截渗方案。以下初拟两个方案进行比较：方案一：斜墙铺塑，清理堤坡内侧腐殖土层后，沿底部堤脚开挖宽 1.0 m，深 1.5 m 的沟槽，沿上游渠坡铺防渗土工膜，上覆盖黏土压实。方案二：多头小直径搅拌桩防渗墙，沿复堤加高后的堤防中心线，采用 Φ500 mm 多头小直径搅拌桩进行全断面截渗。泄洪渠截渗方案比较见表 10.6-4。

表 10.6-4 泄洪渠截渗方案比较

序列	方案说明	优点	缺点	工程量(m^2)	可比投资(万元)
方案一	斜墙铺塑	造价低	施工工艺简单	15 250	27.6
方案二	多头小直径搅拌桩防渗墙	施工快捷、防渗效果好	造价高、施工工艺复杂、需要大型设备	7 039	68.3

经过以上比较，方案一比方案二具有明显的优势，本次设计采用方案一。

（4）泄洪渠清淤扩挖

由于泄洪渠弯道段及上游存在严重的淤积现象，且弯道段自西堌村内穿过，断面狭小，居民沿渠搭建房屋及院落，造成泄洪渠过水断面严重不足。为此必须进行清淤扩挖。根据不同渠段的淤积情况，经测算弯道段上游桩号 2＋484～2＋688 应清至 15.50 m 以下，弯道段桩号 2＋688～2＋843，沿泄洪渠左侧岗地将渠道底宽扩挖至 16 m，并按 1.0∶2.0 的坡度开挖至岗地边缘，并与拆除重建的村际交通桥平顺衔接。

五、跨渠桥梁拆除重建工程

（1）跨渠桥梁现状

现状西堌桥位于西堌村内，为浆砌石拱桥，桥面宽 7 m，两孔，孔径 4 m，孔高 2.5 m，桥面高程 19.89 m，底板高程 15.89 m，由于桥孔较小，阻水严重。

现状西堌南桥位于西堌村西南约 374 m，为浆砌石拱桥，桥面宽 6 m，三孔，孔径 4 m，孔高 2 m，桥面高程 17.78 m，底板高程 14.98 m，由于桥孔过水断面较小，严重阻碍樵子涧水库泄洪。

104 国道桥位于西堌村北约 350 m 的 104 国道上，桥宽 19 m，三孔，孔径 4 m，孔高 3 m，桥面高程 19.35 m，由于桥孔过水断面较小，严重阻碍樵子涧水库泄洪。

（2）过流能力复核

现状西堌桥及西堌南桥均为浆砌石拱结构，断面狭小，过流能力计算均按照涵洞断面形式进行过流复核。

1）西堌桥孔过流能力计算

设计流量 Q=67.1.0 m^3/s；

桥孔底板高程为 15.89 m；

桥孔上游水深为 H_0；

桥孔下游水深为 $h=2.81$ m；

孔高 $D=2.5\ \text{m}<h=2.81$ m；

$\omega=a\times b=4\times 2.5=10\ \text{m}^2$；

$$R=\frac{\omega}{x}=\frac{10}{2\times(4+2.5)}=0.77\ \text{m}$$；

$$C=\frac{1}{n}R^{1/6}=\frac{1}{0.025}0.77^{1/6}=38.29(n^{1/2}*S)$$；

$$m_3=\frac{1}{\sqrt{\sum\zeta+\frac{2gL}{C^2R}}}=\frac{1}{\sqrt{1.0+0.2+\frac{2\times 9.81\times 7}{55.19^2\times 0.68}}}=0.87$$；

$$H_0=\frac{Q^2}{2gm_3^2\omega^2}-iL+h=\frac{(0.5\times 67)^2}{2\times 9.81\times 0.87^2\times 10^2}+2.81=3.57(\text{m})$$；

经计算知，上游水深 $H_0=3.57$ m，下游水深 2.81 m，壅水高度 0.76 m，存在严重的阻水现象。故需拆除重建西堋桥。

2）西堋南桥桥孔过流能力计算

经计算知，上游水深 $H_0=3.36$ m，下游水深为 $h=2.83$ m，壅水高度 0.53 m，存在严重的阻水现象。故需拆除重建西堋南桥。

3）104 国道桥过流能力计算

经计算知，上游水深 $H_0=3.93$ m，下游水深 $h=3.42$ m，壅水高度 0.51 m，存在严重的阻水现象。故需拆除重建 104 国道桥。

（3）跨渠桥梁拆除重建设计

1）西堋桥、西堋南桥拆除重建

本次加固设计共需拆除重建两座村际交通桥，分别为西堋交通桥和西堋南交通桥。两座桥设计车道荷载为公路-Ⅱ级的 0.8 倍，桥梁单孔跨径为 10 m，共 3 跨，桥梁全长 30 m。桥梁上部结构采用预制混凝土空心板桥，为了减小桥梁对泄洪渠的阻水影响，桥梁下部采用直径 Φ800 mm 的圆柱形桥墩，桥墩以下为钢筋混凝土条形基础，基础底高程 12.90 m（西堋桥）、11.90 m（西堋南桥），由于该桥沿岗地边缘修建，花岗岩及片麻岩强风化层相对较浅，分别在岗地侧及堤防侧做浅基础桥台。由于两座桥所在泄洪渠断面尺寸相差不大，故两座桥的规模基本相同，结构型式也相同。桥梁侧分别设置栏杆以保护桥台和两侧堤防边坡，顺桥梁两侧设置 20 m 长的引道分别和岗地及右侧堤顶平顺连接。

桥梁上部结构采用 C40 预制混凝土空心板桥，宽度为 6 m，高度为 0.5 m，C40 桥面铺装 0.1 m，桥梁全长 30 m，桥台搭板长度 6 m。桥梁下部采用直径 Φ800 mm 的圆柱形桥墩，桥墩以下为钢筋混凝土条形基础，基础底宽 1.2 m，长度 6 m。基础底面坐落在④- 2 层强风化基岩上。经桥墩稳定计算，桥墩基底反力为 276 KPa，小于地基承载力允许值 300 KPa。

2）104 国道桥拆除重建

现状 104 国道桥为三孔浆砌石拱桥，设计车道荷载为公路-Ⅰ级。本次拆除重建拟定桥梁和箱涵两种方案进行比较：

方案一：空心板式桥梁，桥梁单孔跨径为 10 m，共 3 跨，桥梁全长 30 m。桥梁上部结构采用预应力混凝土空心板桥，为了减小桥梁对泄洪渠的阻水影响，桥梁下部采用直径 Φ800 mm 的圆柱形桥墩，桥墩以下为钢筋混凝土条形基础，基础底高程 13.0 m，由于该桥沿岗地边缘修建，花岗岩及片麻岩强风化层相对较浅，分别在岗地侧及堤防侧做浅基础桥台。桥梁侧分别设置栏杆以保护桥台，顺桥梁两侧分别设置 6 m 的 350 厚 C25 同砼搭板，两侧引道长各 30 m，采用 100 mm 厚 C20 砼路面。

方案二：多孔箱型涵洞，涵洞底高程为 15.3 m，涵洞净尺寸为 2.6 m×8.0 m，共三孔，涵洞边墙厚度 0.4 m，底板厚度 0.6 m，顶板厚度 0.7 m，顺水流向长度为 18 m，沿 104 国道两侧及涵洞上下游均设置 1.2 m 高的封闭式挡水墙，墙厚 0.3 m，下游设 11.5 m 长的消力池。

104 国道桥拆除重建方案比较见表 10.6-5。

表 10.6-5　104 国道桥拆除重建方案比较

序列	改建方案	优点	缺点	混凝土工程量(m^3)	造价(万元)	备注
方案一	空心板式桥梁	基本不阻水，施工方便	需抬高桥面高程	400	36.1	
方案二	箱型多孔涵洞	有压过流、不需抬高桥面高程	阻水严重、上下游需做挡水墙分别与渠道封闭	759	68.3	

经比较，采用空心板式桥梁对于泄洪基本不阻水，施工方便，且可比投资较省，本次设计采用空心板式桥梁方案。

104 国道桥上部结构采用 C40 预制混凝土空心板桥，宽度为 18 m，高度为 0.5 m，C40 桥面铺装 0.1 m，桥梁全长 30 m，桥台搭板长度 6 m。桥梁下部采用直径 Φ800 mm 的圆柱形桥墩，桥墩以下为钢筋混凝土条形基础，基础底宽 1.2 m，长度 17.6 m。基础底面坐落在④-1 层强风化基岩上。经桥墩稳定计算，桥墩基底反力为 225 KPa，小于地基承载力允许值 290 Kpa。

10.7　放水底涵拆除重建

一、放水底涵现状

放水底涵位于主坝右侧，涵管为混凝土有压圆涵，直径 0.9 m，底高程 13.5 m，长度 46 m。涵洞闸门为钢筋混凝土结构(宽 1.04 m，高 1.14 m)，配 5 t 螺杆式启闭机。涵洞洞身存在严重的接触渗漏，砼老化破损严重；出口段处挡墙砌缝砂浆开裂、脱落，砂浆与块石胶结较差，有蜂窝、孔洞现象；启闭机底座严重锈蚀；启闭机梁的碳化深度达

41 mm，远大于钢筋的保护层厚度，钢筋处于锈蚀状态。根据《樵子涧水库安全评价报告》结论，该放水涵洞孔径偏小，不能满足设计灌溉流量要求。经历 2007 年大水后，大坝中心核查意见认定该放水底涵处于破坏状态，需拆除重建放水底涵。

二、放水底涵总体布置设计

(1) 放水底涵涵址确定

原放水底涵为坝下埋涵，位于主坝右侧桩号 0+316 处，为单孔钢筋混凝土有压圆管涵，内径 0.90 m，底高程 13.50 m，长度 46.00 m，采用钢筋混凝土平面直升式闸门，配 50 kN 手摇螺杆式启闭机，设计放水(引水)流量 4.40 m^3/s。根据安全评价结论，放水底涵过流能力不满足设计过流量的要求，涵管断裂，接触渗流严重，结构强度不满足要求，翼墙基底应力最大值与最小值的比值不满足规范要求，存在两侧浆砌石挡墙砂浆脱落、裂缝等质量问题。本次设计放水底涵为拆除重建方案。

现状放水底涵存在较多质量问题，已经成为主坝安全的重大隐患，如果移址重建该涵，原涵仍然需要采用封堵措施，增加工程投资；另外，原设计放水底涵位于地势较低处，与灌溉总干渠连接顺畅，如果移址重建该涵，则灌溉总干渠需调整，会增加工程投资和工程占地。综上所述，为节省工程投资，本设计确定放水底涵在原址拆除重建。

(2) 放水底涵底板高程确定

放水底涵底板高程主要受水库死水位和灌溉总干渠底高程控制。首先，灌溉总干渠底高程为 13.50 m，放水底涵与灌溉总干渠平顺连接，底高程取 13.50 m 较合适。其次，水库死水位为 15.10 m，水库设计放水位为 15.50 m，灌溉总干渠水位 14.70 m，为保证在设计放水位下引水 4.40 m^3/s 流量要求，经计算，涵洞尺寸为涵洞 1.50 m×1.80 m(宽×高)，为便于施工检修涵洞尺寸取 1.50 m×1.80 m，如涵洞底板高程确定为 13.50 m，则洞顶高程为 15.30 m 高于死水位，为无压流涵洞，需要涵洞断面尺寸相对较小；如涵洞底板高程高于 13.50 m，涵洞底板以上水头较小，需要涵洞水平断面尺寸相对较大，工程投资会增加；如取涵洞底板高程低于 13.50 m，涵洞结构受力大，开挖深度大，不便与灌溉总干渠连接。

经综合分析，确定放水底涵底板顶高程仍为 13.50 m。

(3) 放水底涵结构型式

原设计放水底涵为钢筋混凝土有压圆管涵结构，本次设计推荐采用钢筋混凝土矩形箱涵结构，主要原因如下：圆管涵难以采用现浇混凝土，只能采用预制混凝土管，预制管接头止水处理难度大，且易渗水或漏水，影响大坝的安全运行；预制圆管进、出口段需设置渐变段，总体结构复杂；预制圆管两侧(特别是下部)填土难以密实，运行中在高水头作用下易产生接触渗流，从而影响大坝的安全(2007 年险情就是由此引起的)；另外，预制圆管涵施工占地范围大，运输和吊装需大型设备；圆管涵的优点是结构受力条件好。现浇混凝土箱涵接头止水易处理，安全可靠，结构简单，不影响大坝的填筑质量，施工设备简单，虽然受力条件稍差，但洞顶填土高度小(仅 6 m 左右)，总体受力不大。因此，本次设计推荐采用现浇钢筋混凝土矩形箱涵结构。

本次设计采用 C25 钢筋混凝土箱涵结构，底板顶高程 13.50 m，单孔，尺寸为 1.50 m×1.80 m。进口设 C25 钢筋混凝土控制段，安装直升式平面钢闸门，配 100 kN 手电两用卷扬式启闭机。上游控制段为 C25 钢筋混凝土翼墙，与 C25 混凝土护底整体联结。出口段为C25 钢筋混凝土翼墙与底板整浇的连接段，下游设消力池、防冲海漫、防冲槽，消力池长 7.00 m(包括斜坡段)，深 0.50 m，M7.5 浆砌石海漫长 14.00 m，抛石防冲槽深 0.90 m，长 2.30 m。

(4) 防渗排水及消能防冲设计

放水底涵坐落在第③层重粉质壤土和第④层强风化基岩上，采用水平防渗方式，利用涵洞洞身和出口控制段作为防渗轮廓线。经计算，需要的防渗长度为 29.3 m，实际布置的防渗水平长度为 51.50 m，满足防渗要求。

消能方式采用挖深式消力池结合海漫、防冲槽，经计算，钢筋混凝土消力池长 7.00 m (包括斜坡段)，深 0.50 m，浆砌石海漫长 14.00 m，抛石防冲槽深 0.90 m，长 2.30 m。消力池水平段设塑料排水孔，梅花形布置，底部设反滤层。

三、水力设计

(1) 涵洞底高程、纵坡及孔径尺寸

为减少开挖工程量和使进出口水流平顺，初拟涵洞底板顶高程 13.50 m，纵坡 $i=0$。为满足过流要求，便于施工运行检修，初拟放水底涵净宽 1.5 m，净高 1.8 m。

(2) 涵洞过流能力计算

按无压涵洞非淹没出流公式：

$$Q=mb\sqrt{2g}H_0^{1.5}=0.357\times1.5\times\sqrt{2\times9.8}\times2.003^{1.5}=6.7\ \mathrm{m^3/s}>4.4\ \mathrm{m^3/s}$$

满足设计过流要求。

(3) 消能工计算

根据《水闸设计规范》附录 B，消力池深度计算公式进行试算。

1) 消力池深度计算

根据计算，消力池深度较小，所以仅设置构造消力池，下游侧设置总长度为 7 m，深度为 0.5 m 的消力池，底板消力池后半段 5 m 范围内布置排水孔，并设反滤排水。

2) 消力池长度计算

$$L_j=6.9\times(h_c^m-h_c)=6.9\times(1.38-0.63)=5.2\ \mathrm{m}\ ;$$

3) 消力池厚度计算

按抗冲要求计算消力池厚度

$$t = k_1\sqrt{q\sqrt{\Delta H}} = 0.18\sqrt{2.93\sqrt{0.406}} = 0.25\ \text{m};$$

消力池厚度按构造设置，消力池底板厚度取 0.5 m。

4）海漫及防冲槽计算

海漫长：$L_p = K_s\sqrt{q_s\sqrt{\Delta H}} = 10\sqrt{2.93\sqrt{0.406}} = 14\ \text{m}$；

需设置 14 m 长海漫。

5）海漫末端河床冲深：

$$d_m = 1.1\frac{q_m}{[v_{允}]} - h_m = 1.1\frac{1}{0.9} - 1.2 = 0.02\ \text{m}$$

经计算防冲槽深度较小，按此冲刷要求确定防冲槽深 0.9 m，底宽 4.0 m，下游边坡 1∶2。

四、防渗排水设计

按《水闸设计规范》公式 $L = C \cdot \Delta H$

涵洞基底位于④层强风化基岩层上。所以取 $L = 5 \times 5.86 = 29.3$ m；

现涵洞身封闭段长 44.5 m，出口喇叭口过渡段消力池有 7 m 防渗段，实际涵洞防渗轮廓线共计 51.5 m，大于设计所需的防渗长度，满足防渗要求。

五、稳定计算

根据工程总体布置，对放水底涵闸室段各种工况下的抗滑稳定、基底应力及不均匀系数进行了计算，其中基底应力按偏心受压公式计算。

计算工况分为施工完建期、正常蓄水期、设计挡洪期、校核洪水期及地震期正常蓄水五种工况，计算结果见表 10.7-1。

表 10.7-1 放水底涵闸室稳定计算成果表

荷载组合	计算工况	水位(m)		抗滑稳定安全系数		基底压力(kPa)				基底压力不均匀系数	
		库上游侧	库下游侧	计算 Kc	允许 $[Kc]$	σ	σ_{max}	σ_{min}	允许承载力	计算 η	允许 $[\eta]$
基本组合	施工完建	无水	无水	—	1.25	76.5	83.5	69.5	160	1.20	2.0
	正常蓄水	18.50	无水	3.34	1.25	60.5	75.3	45.7		1.65	2.0
	设计挡洪	19.41	14.7	2.79	1.25	56.4	71.8	41.0		1.75	2.0
特殊组合	校核洪水	20.22	14.7	2.35	1.10	53.6	69.6	37.6		1.85	2.5
	地震期正常蓄水	18.50	无水	2.81	1.05	60.5	83.2	37.8	160	2.20	2.5

从表 10.7-1 可知，完建期放水底涵闸室基底承载力均小于地基允许承载力。

六、结构设计

放水底涵洞身为单孔，过水断面尺寸为 1.50 m×1.80 m，底板、顶板和侧墙厚度均为 0.50 m。本阶段对涵洞洞身进行结构计算。

放水底涵涵洞洞身结构计算断面选取涵洞填土最高处（坝顶）断面，宽度取 1.00 m（单位宽度），计算工况选取洞身受力最大的完建期，计算方法采用理正计算程序。计算结果表明，涵洞内力均较小，涵洞的配筋率均在经济配筋率范围，说明涵洞的尺寸拟定是合适的。

七、地基处理设计

在完建期，涵洞在最大坝高处（填土最高处）基底应力最大，据此作为最不利计算工况，对洞身板底的地基应力进行计算：其作用荷载主要有上部垂直土压力、洞身自重及坝顶车辆作用活载三部分。

经计算，涵洞完建期基底平均应力为 156.4 kPa，根据最新地质勘察资料，放水底涵建基面高程在 13.00 m 左右，基础位于第③层重粉质壤土和第④层强风化基岩，承载力分别为 160 kPa 和 300 kPa，能够满足涵洞地基承载力要求，但由于涵洞出口段存在部分淤泥质黏土，为防止地层不均造成沉降差异，拟挖除并换填水泥土，换填水泥土底高程为 12.4 m，换填至高程 13.00 m。底宽为 3.7 m，换填水泥土边坡 1.0∶0.5，水泥掺入比为 15%，压实度为不小于 0.96。

10.8 防洪闸拆除重建

一、现状防洪闸

（1）现状防洪闸底板高程及孔径尺寸

现状防洪闸与淮河香浮段堤防连接，距泄洪闸 1.95 km，防洪闸闸墩与侧墙均为砌石结构，底板高程 15.30 m，桥面宽 8 m，两孔，孔径 4 m，每孔为 4.00 m×2.70 m。钢筋混凝土平板直升式闸门，100 kN 手摇螺杆式启闭机。

（2）现状防洪闸过流能力复核

由于现状防洪闸为浆砌石拱结构，在高水位情况下过流可以按照涵洞过流断面考虑，以下按照涵洞模式复核防洪闸过流能力。

经计算，闸上游水深 H_0=4.23 m，闸下游水深 h=3.62 m，存在严重的阻水现象。故需拆除重建防洪闸。

现状防洪闸与淮河香浮段堤防连接，距泄洪闸 1.95 km，防洪闸闸墩与侧墙均为砌石结构，底板高程 15.30 m，共 2 孔，每孔为 4.00 m×2.70 m。钢筋混凝土平板直升式闸门，100 kN 手摇螺杆式启闭机。该闸启闭机梁钢筋外露、锈蚀严重、砼碳化严重，闸室和翼墙为浆砌石，砌体存在裂缝、砂浆脱落等质量问题。经计算，该闸在设计洪水情况下，闸孔规模无法满足排泄洪水的要求，结合安全鉴定结论，需要拆除重建防洪闸。

二、防洪闸总体布置设计

防洪闸为泄洪渠下游与淮干香浮段堤防交叉处的挡洪建筑物，主要以阻挡淮干高水位对香浮段保护区的入侵。当樵子涧水库上游遭遇洪水并且超汛限水位时，泄洪闸开闸泄洪，相应地防洪闸开启闸门向淮干敞泄洪水。当淮干发生低于 20 年一遇洪水的情况时，可以安全排泄入库洪水。当樵子涧水库遭遇 20 年～50 年一遇之间的洪水时，可以尽可能考虑拦蓄洪水，并视淮干高水位情况相机向淮干泄放洪水。当淮干发生如同 2007 年水库同频率高水位达 18.92 m 时，开启泄洪闸泄洪。当樵子涧水库不存在泄洪要求时，防洪闸设计挡洪水位 19.97 m，可以阻挡淮干 50 年一遇的设计洪水，防止淮干洪水入侵泄洪渠，危及水库和大坝的安全。当樵子涧水库上游遭遇 50 年一遇以上的洪水时，泄洪闸可以认为处在自由泄流状态，此时泄洪渠、防洪闸及香浮段堤防均处在无设防状态。本次加固将原防洪闸拆除后扩建为 3 孔，确保防洪闸在设计工况下能满足宣泄樵子涧水库下泄洪水的要求，并能阻断淮干高水位对泄洪渠和水库大坝的安全威胁。

(1) 防洪闸闸址确定

原防洪闸位于香浮段堤防与溢洪道左侧岗地交汇处，闸址上游较开阔，可以顺利导引上游泄洪渠洪水，下游与泄洪渠(单边撇洪沟)主槽衔接平顺，逐渐延伸至淮河干流入口处，为保证过闸主流不偏离下游泄洪渠主槽，新建防洪闸基本与原闸轴线一致。但由于现状防洪闸与香浮段堤防不在同一轴线上，不仅导致该闸交通不便，而且不利于将来香浮段退堤的延伸和封闭，鉴于此，本次加固设计拟将拆除重建的防洪闸位置向上游平移约 20 m，使之与香浮段堤防尽可能平顺地连接。

(2) 防洪闸底板高程确定

鉴于原防洪闸底板高程偏高，容易形成阻水落淤，本次拆除重建防洪闸底板高程降低至 15.00 m，较原闸设计底板高程低 0.3 m。

(3) 防洪闸结构型式

原防洪闸为浆砌石圬工结构，上游侧设置交通桥。本次设计将闸室做成半开敞半箱涵式结构，箱涵顶板兼作交通桥，并且设置在闸室的下游侧(即淮河侧)，以便与香浮段堤防平顺连接，闸门采用平面升卧式钢闸门，卷扬式启闭机，闸孔净宽 4 m。中墩厚度 0.8 m，共三孔，闸底板顶高程 15.00 m；上游进口连接段采用圆弧形喇叭口形式，下游设消力池、海漫及防冲槽，采用圆弧翼墙连接闸室和下游泄洪渠。

(4) 防渗排水及消能防冲设计

防洪闸坐落在第③层岗地边缘强风化残积砂土上，虽然下卧层渗透系数较小，但考虑到该防洪闸挡水位达 5 m，故需在闸底板前沿（淮河侧）挖深至弱风化基岩面，并回填水泥土截渗，防止在高水位作用下产生渗透稳定破坏。

消能方式采用挖深式消力池结合海漫、防冲槽，经计算，钢筋混凝土消力池长 12.00 m（包括斜坡段），深 0.60 m，浆砌石海漫长 11.50 m，抛石防冲槽深 1 m，长 3.50 m。消力池水平段设塑料排水孔，梅花形布置，底部设反滤层。

三、水力设计

由于该工程防洪闸的功能主要是关闸挡洪，其规模应满足淮干 50 年一遇的设计挡洪水位要求，但同时该闸还要与水库泄洪闸联合调度排泄水库洪水，防洪闸规模按照水库设计调洪流量 67.1 m^3/s 控制，相应下游水位为 5 年一遇的淮干水位 18.03 m。

（1）防洪闸闸孔规模确定

防洪闸上游洪水位 18.13 m（按过闸落差 0.1 m 计）；

闸下泄洪渠过相同流量时的水位为 18.03 m；

水库设计调洪最大流量为 67.1 m^3/s；

防洪闸底板顶高程为 15.00 m；

经计算，在设计洪水情况下闸孔总宽度为 12.3 m，采用三孔，每孔净宽为 4 m。

（2）消能工计算

根据《水闸设计规范》(SL 265)附录 B，计算公式同泄洪闸部分。

1）消力池深度计算

防洪闸具有双向挡水功能，主要以防御淮干 50 年一遇的洪水倒灌为主，当樵子涧水库开始调洪并具备向淮干泄放洪水的时候，才开启闸门。正常情况下，该闸尚能拦蓄部分泄洪渠洪水，由于泄洪渠为沿岗地延伸的撇洪沟，河湾及洼地分布较多，故具有一定的调蓄能力，对樵子涧水库调洪在一定程度上是有利的，这样就需要在下游设置消力池，在末端设置小范围的排水孔，在上游侧设置较大范围的排水孔，经综合计算，消力池深度为 $d=0.6$ m。

2）消力池长度计算

经计算，消力池长度取决于最大泄洪流量和下游淹没程度，在不同设计工况下的单宽泄洪流量决定消能设施的长度，计算公式同泄洪闸部分。

经计算，过闸单宽流量最大时，消力池计算长度为 11.6 m，设计采用消力池长 12.00 m，由 1.0 m 长水平衔接段、坡度 1.0∶4.0 斜坡段、消力池底水平段组成。

3）消力池厚度计算

确定消力池厚度的抗冲、抗浮计算公式同泄洪闸公式。

经计算，按照抗冲计算底板厚度最大为 0.43 m，抗浮计算底板厚度 0.37 m，实际布置时，考虑消力池底板的安全，其厚度为 0.50 m。

4）海漫及防冲槽计算

海漫长度计算公式同泄洪闸部分。

经计算，海漫计算长度为 18.0 m，实际海漫长度取 18.0 m；海漫末端冲刷深度为 2.4 m，按此冲刷要求确定防冲槽深 1 m，底宽 2.0 m，下游边坡 1.0∶1.5。

四、防渗排水设计

按《水闸设计规范》公式 $L=C\cdot\Delta H$

闸基位于④层强风化基岩上，弱透水性，所以取 $L=5\times3.47=17.35$ m；

设计闸室底板顺水流向长度 11 m，上游砼铺盖长度 5.8 m，出口消力池水平段 7.5 m，实际闸基轮廓线总长 24.3 m，大于设计所需的防渗长度，满足防渗要求。

五、稳定计算

根据工程总体布置，对防洪闸闸室段各种工况下的抗滑稳定、基底应力及不均匀系数进行了计算，其中基底应力按偏心受压公式计算。

抗滑稳定安全系数 $k_c=\dfrac{f\cdot\sum G}{\sum H}\geqslant[K_c]$；

偏心距 $e=\dfrac{B}{2}-\dfrac{\sum M}{\sum G}$；

基底压力 $\sigma_{\max},\sigma_{\min}=\dfrac{\sum G}{A}\left(1\pm\dfrac{6e}{B}\right)$；

基底压力不均匀系数 $\eta=\dfrac{\sigma_{\max}}{\sigma_{\min}}\leqslant[\eta]$

计算工况分为施工完建期、设计挡洪期、校核防洪期三种工况，计算结果见表 10.8-1。

表 10.8-1 防洪闸闸室稳定计算成果表

荷载组合	计算工况	水位(m)		抗滑稳定安全系数		基底压力(kPa)				基底压力不均匀系数	
		闸上游侧	闸下游侧	计算 Kc	允许 $[Kc]$	σ	σ_{max}	σ_{min}	允许承载力	计算 η	允许 $[\eta]$
基本组合	施工完建	无水	无水	—	1.25	62.91	71.63	54.19	290	1.32	2.0
	设计挡洪	19.97	16.50	1.83	1.25	62.34	72.41	52.28	290	1.38	2.0
特殊组合	正常运用+7°地震	无水	无水	6.87	1.05	62.91	63.90	61.91	290	1.03	2.5

从表可知，完建期及设计挡洪期闸室基底压力均小于地基允许承载力，抗滑稳定安全系数、基底压力不均匀系数、地基承载力均满足规范要求，不再进行地基处理。

六、结构设计

防洪闸闸室结构为三孔一联的半开敞半箱涵式结构，底板厚度采用 0.7 m，中墩厚 0.8 m，边墩 0.6 m，闸孔净宽 4 m，桥面板顶高程 21.00 m，板厚 0.35 m，按箱涵式单宽断面进行结构计算，截面尺寸均能满足结构要求。

10.9 防汛道路工程

现状防汛道路均为普通素土路面，局部采用泥结碎石路面，每遇暴雨，泥泞难行，急需结合大坝加固进行改造。现状主坝为均质土坝，坝顶存在沉降变形，故主坝段坝顶防汛道路采用沥青混凝土路面，然后与副坝段的混凝土路面连接，至溢洪道泄洪闸右岸，沿泄洪渠右侧堤防延伸至 104 国道。方便行防汛调度和物料运输。

根据《水库工程管理设计规范》(SL 106—2017)规定，樵子涧水库为中型水库，新建进库防汛道路按四级公路标准设计。主坝防汛道路长 1.474 km，路面宽度 5 m，采用沥青混凝土结构，路面为 100 mm 沥青混凝土，面层以下为水泥稳定料碎石基层 200 mm，下铺手摆块石基层 200 mm。副坝段路面采用 C25 混凝土浇筑，面层厚度 200 mm，面层以下为水泥稳定料碎石基层 150 mm，下铺手摆块石基层 200 mm。路面宽度均按 5 m 考虑。副坝段为以坝代路结构，基层兼具路面垫层和坝体防渗的综合作用，副坝段路面两侧做 M7.5 浆砌石路肩挡墙，尽可能减少移民迁占工作量。

第三部分

九里坑水库除险加固
技术研究及应用

11 大坝检查及工程质量分析评价

11.1 工程概况

九里坑水库位于建德市大慈岩镇岳家村，是一座以灌溉为主的小(1)型水库。坝址距离现有村道约 4.0 km～5.0 km，交通较为不便。水库坝址以上集雨面积 4.5 km^2，正常库容 126 万 m^3，总库容 146 万 m^3，灌溉面积 5 500 亩。根据《水利水电工程等级划分及洪水标准》(SL 252—2017)，本水库工程规模为小(1)型水库，工程等别为 IV 等，主要建筑物为 4 级，次要建筑物为 5 级，其防洪标准：设计洪水标准为 50 年一遇，校核洪水标准为 500 年一遇。

九里坑水库于 1971 年 3 月动工兴建，1977 年 9 月竣工。水库建成后，于 1981 年及 2002 年进行过两次大的除险加固。1981 年除险加固主要是对上下游坝坡进行调整，上游坝坡由原设计的 1∶0.5 调整至 1.0∶1.3，下游坝坡由 1.0∶1.2 调整至 1.0∶1.5。2002 年除险加固主要是对坝高进行降低，由原设计的 44 m 降低至 36 m，溢洪道降低 2 m。

水库枢纽工程主要由大坝、溢洪道、坝内涵管和发电厂房等组成。

大坝：坝型为沥青心墙堆石坝，大坝现状坝高 36 m，坝顶长 87.5 m，坝顶宽 15.5 m，坝顶高程为 357.85 m～357.93 m(1985 国家高程基准)。

大坝迎水面分两级坡，自上而下分别为 1.0∶1.3、1.0∶1.0，马道宽度为 4 m，综合坡度为 1.0∶1.4；背水面分两级坡，自上而下坡度分别为 1.00∶1.55、1.00∶1.55，马道宽度 5 m，综合坡度为 1.00∶1.65。坝体迎水坡和背水坡均为堆石体。

防渗体：大坝防渗心墙分为两部分，下部 10 m 为圬工体，上部为沥青心墙，心墙底宽 0.5 m，顶宽 0.3 m。

溢洪道：溢洪道位于大坝右侧，为天然敞开式宽顶堰，堰顶高程 355.7 m。

坝内涵管：坝内涵管位于大坝右岸，混凝土涵管，方形，洞径 1.60 m×1.60 m，进口高程 339.0 m。

九里坑水库大坝工程平面见图 11.1-1，大坝原设计断面见图 11.1-2，大坝 1981 年加固后断面见图 11.1-3。

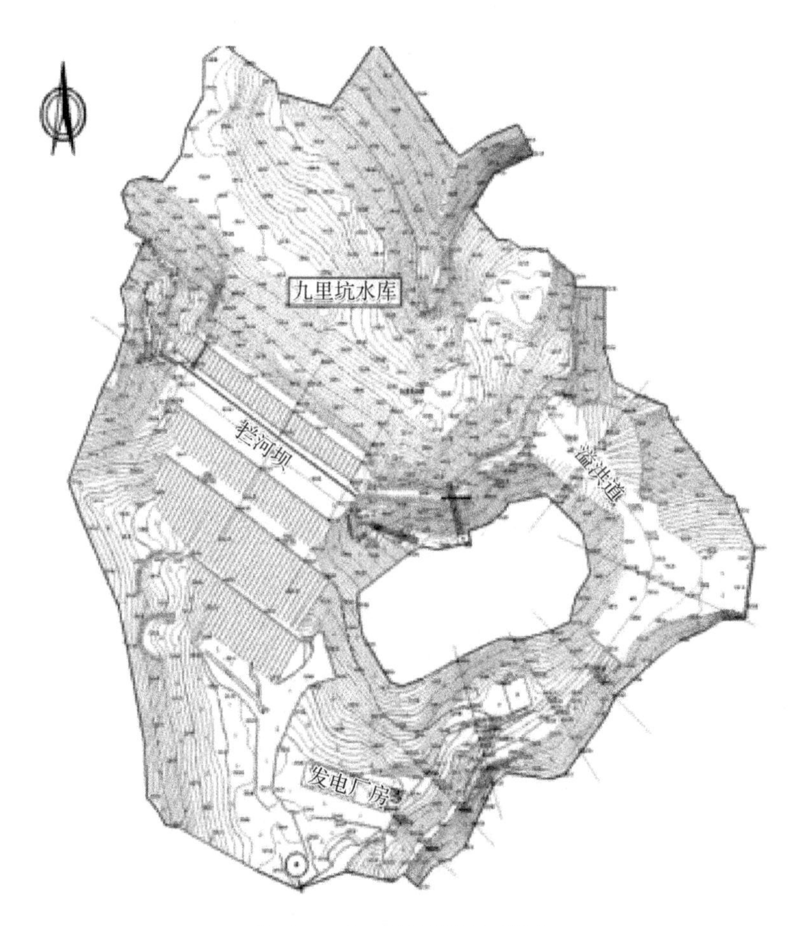

图 11.1-1　工程平面布置图

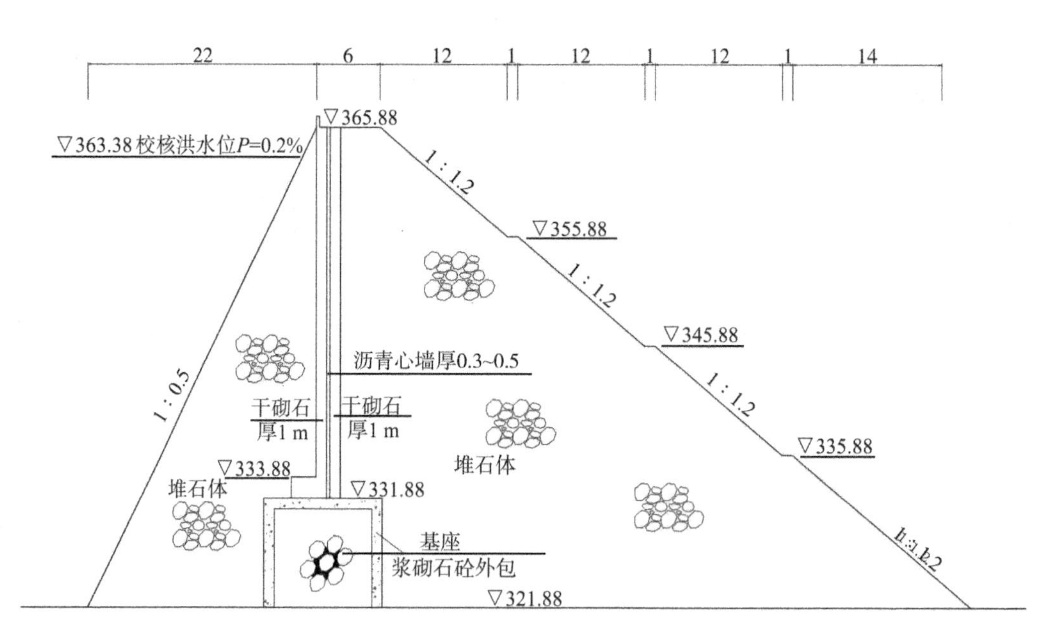

图 11.1-2　大坝原设计断面图

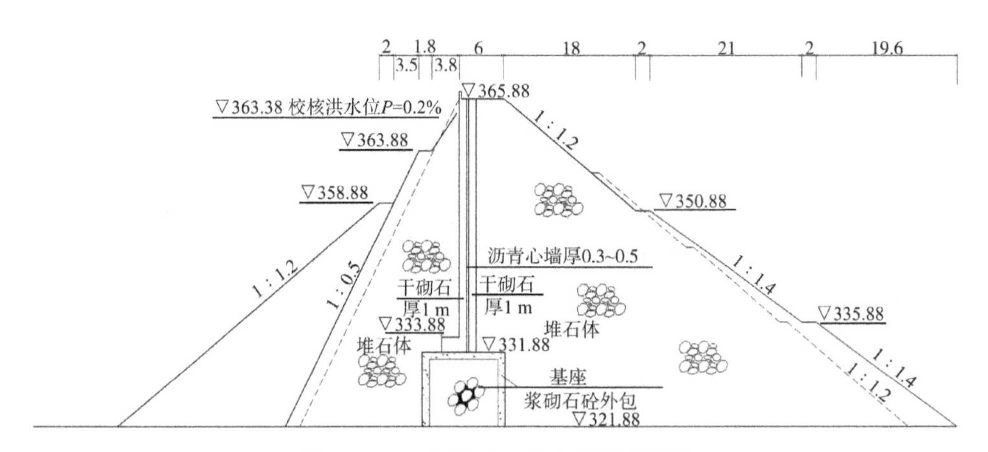

图 11.1-3　大坝 1981 年加固后断面图

11.2　工程现场检查分析

一、现场检查情况

2012 年 4 月 5 日对九里坑水库大坝进行现场安全检查。具体检查情况见下表 11.2-1。

表 11.2-1　九里坑水库大坝安全检查项目内容表

安全检查部位		检查内容	存在问题
大坝	相邻坝段	相邻坝段之间有无错动伸缩缝开合和止水工作情况是否正常	由于大坝无观测设施，坝段间是否错动无法测得。坝顶上游处发现因大坝加固堆石体沉降而产生的错缝，高差约 20 cm 左右
	坝顶	坝顶有无裂缝、积水和溶蚀现象	坝顶有杂草
	迎水面	坡面有无裂缝、渗漏和溶蚀现象	未发现
	背水面	坡面有无沉降、裂缝、渗漏和溶蚀现象	背水坡马道处存在不均匀沉降干砌块石护坡，风化严重，生有杂草
	防浪墙	有无开裂、挤碎、架空、错断、倾斜等情况	未发现
	坝脚	有无渗漏	存在渗漏，发现渗漏量较大，根据大慈岩镇水利员反映，大坝蓄满水后，正常情况下，半个月左右，水库水已见底。说明大坝漏水严重
	两岸坝肩	有无渗漏	存在渗漏
溢洪道	进口段	堰顶和溢流面等处有无裂缝、损伤、砼碳化和钢筋锈蚀	天然基岩面
	泄槽	有无护底，有无裂缝	泄槽段底板未衬砌，基岩裸露，凹凸不平，对下游存在一定的冲刷
	消能工	消能设施有无冲刷、磨损和空蚀情况	消能对下游河床有一定冲刷

续表

安全检查部位		检查内容	存在问题
溢洪道	导墙	有无开裂、挤碎、架空、错断、倾斜等情况	未发现
	岸坡	岸坡有无冲刷和滑坡现象	对岸坡存在一定的冲刷
坝内涵管	进水段	进水段有无淤堵	进水段无淤堵
	洞身	洞身有无裂缝、渗漏、溶蚀、磨损，伸缩缝开合和止水情况是否正常	已封堵，但存在渗漏，且较为严重
运行管理情况	工程管理制度	有无管理制度	水库管理委员会制定了水库日常工作制度、大坝巡查制度
	防洪抢险预警	有无预警方案	水库制定了抢险预案，但不够完善。水库无防汛物资和抢险设备储备
	运行调度	有无调度方案	水库按市防办批准的控制运行计划运行
	工程档案	有无档案	水库有工程设计资料，无施工、竣工及巡查记录资料
	交通	有无上坝公路	无上坝公路，机动车不能直达，需步行 1 小时左右才能上坝，存在隐患

二、工程地质状况

(1) 区域地质

1) 地形地貌

大慈岩镇位于建德市东南侧，山脉属龙门山脉，海拔高程都在 1 000 米以下，为中低山-丘陵区，属侵蚀丘陵沟谷地貌。山体坡度一般为 20°～45°，山坡植被较发育。

2) 地层岩性

库区地层单一，岩性简单，主要分布为第四系冲积层、洪积层及侏罗系变质岩。

① 第四系全新统冲积层(Q_4^{al})：灰褐色粉砂及砾石层，厚度为 0.00～8.00 m。

② 第四系上更新统(Q_3)：棕黄色亚黏土及砾石层，厚度为 5.70 m。

③ 第四系中更新统(Q_2)：棕红色粉砂质黏土，具网纹状构造，下部为砾石层，厚度 16.50 m。

④ 第四系下更新统(Q_1)：黄色砾石层，厚度 8.60 m。

⑤ 侏罗系上统黄尖组(J_3h)：流纹斑岩，夹熔凝灰岩，凝灰岩。测区东南：上部为流纹斑岩；中部英安质熔凝灰岩；下部安山玄武玢岩、玄武玢岩。均夹凝灰质砂岩 。厚度 100.00 m～1 000.00 m。

⑥ 侏罗系上统劳村组(J_3l)：紫红色粉砂岩，夹流纹质凝灰岩、黄绿色粉砂岩、砾岩及灰岩透镜体。往东相变为流纹质凝灰岩夹砂岩、粉砂岩、凝灰岩。底部有部分稳定砾岩，厚度 250.0 m～1 000.0 m。

3）构造及地震

工程所处区域为浙西中低山-丘陵区，地表以分割破碎的低山丘陵为特色，整个地势为西北和东南两边高、中间低，自西南向东北倾斜。地质构造属于钱塘江凹槽带，库区地质构造较简单，无活动性断裂及区域大构造通过，地质构造稳定性较好。

从历史地震及区域地震资料认为，测区区域稳定性良好，属构造稳定地段，仅有轻微地震影响。根据《中国地震动参数区划图》(GB 18306—2015)，工程区地震动峰值加速度为＜0.05 g，地震动反应谱特征周期为 0.35 s，相应地震基本烈度＜Ⅵ度。

4）水文地质

库区地下水类型为第四系松散层中的潜水和基岩裂隙水两种。潜水主要受大气降水补给，年变化幅度 1.00～2.00；基岩裂隙水受地表潜水及大气降水补给，沿裂隙向沟谷排泄。

库周水分水岭的地下水位高于水库蓄水位，周边山体以不透水性岩体为主，不存在库区向邻谷渗漏的问题。

本工程建设完成后对淹没的村庄及房屋进行了搬迁，对存在浸没问题的农田进行了防护，故不存在淹没和浸没问题。

据现场地质调查，库区没有区域性断裂通过，不会产生库水通过断裂破碎带向库外渗漏问题。离坝址区东西两侧 0.50 km～1.0 km 处，各有一条小型断裂带通过，对库区影响不大。库区山体边坡较稳定，水库运行多年，底部未见明显淤积。

(2) 水库区工程地质条件

1）地形地貌

坝址区左右两侧均为岩质边坡，两侧山体和边坡现状较为稳定，但两侧人工堆填块石边坡由于块石风化较为强烈，已发生少量崩塌和掉块，人工边坡现状稳定性差。两侧山体高程在 350.00 m～380.00 m 之间，中央沟谷高程在 322.24 m～355.44 m 之间。左岸坝肩地形坡度较缓，约为 25°～35°，测得岩层产状为 170°∠79°；右岸坝肩地形坡度略陡，约为 30°～40°，测得岩层产状为 148°∠83°；两侧山体坡麓残坡积土层厚度较薄，坡顶约 0.00 m～0.30 m，坡脚为 0.00 m～1.00 m，山坡植被茂盛。两侧山体为岩质边坡，均可见明显弱风化基岩出露。

2）地层岩性

工程区地层岩性为侏罗系上统劳村组变质岩和坝体填筑块石。据现场地质调查和钻探资料，工程区出露的地层岩性由新至老分述如下：

① 块石(Q_4^r)：灰白色、褐灰色，为人工堆填块石，内部混凝土充填。碎石粒径一般 2 cm～8 cm，块石块径一般 20 cm～40 cm。揭露厚度 4.90 m～26.90 m，层底高程 328.46 m～349.95 m。

② 侏罗系上统劳村组变质岩($J_3 1$)：紫红色熔结凝灰岩，呈弱风化状态，主要分布于

坝基及大坝两侧。本次大坝揭露弱风化层厚度 2.10 m～11.00 m，本层未揭穿。

3）水文地质

工程区地下水类型为第四系松散层中的潜水和基岩裂隙水两种。潜水主要受大气降水补给，年变化幅度 1.00～2.00；基岩裂隙水受地表潜水及大气降水补给，沿裂隙向沟谷排泄。本次勘察对 ZK2 和库区内两个水样进行水质分析试验，根据水质分析报告，按《水利水电工程勘察地质规范》(GB 50487—2008)附录 L 有关规定，评价如下：地下环境水分解类(pH)值为 6.83，对混凝土结构无腐蚀；分解类(HCO_3^-)对混凝土结构无腐蚀；分解类侵蚀性 CO_2 对混凝土结构中等腐蚀。分解结晶复合类(Mg^{2+})对混凝土结构无腐蚀；结晶类(SO_4^{2-})对混凝土结构无腐蚀。对钢筋混凝土结构中钢筋弱腐蚀性；对钢结构具弱腐蚀性。库区环境水分解类(pH)值为 6.91～7.00，对混凝土结构无腐蚀；分解类(HCO^{3-})无腐蚀；分解类侵蚀性 CO_2 弱腐蚀。分解结晶复合类(Mg^{2+})对混凝土结构无腐蚀；结晶类(SO_4^{2-})对混凝土结构无腐蚀。对钢筋混凝土结构中钢筋具弱腐蚀性；对钢结构具弱腐蚀性。

11.3 大坝运行管理状况

一、工程管理

工程管理单位为大慈岩镇人民政府，主管部门为建德市水利水电局。工程建于 1971 年，由于运行管理制度不健全，缺少水利管理技术人员以及管理经验缺乏等因素，大坝的运行管理资料未及时收集，档案资料也未规范化管理，造成管理资料零乱、缺乏或丢失。水库交通较不便，需步行 1 小时才能上坝顶。

(1) 大坝运行

九里坑水库自 1977 年建库蓄水以来，至今运行已有 35 年之久。水库在防洪灌溉中发挥了重要作用。大坝运行这些年没有发生过大的异常情况，在每年的汛前都进行大检查，落实各项责任制。汛期进行 24 小时值班。

(2) 大坝除险加固情况

九里坑水库于 1971 年 3 月开工兴建，于 1977 年 9 月竣工。1981 年除险加固主要是对上下游坝坡进行调整，上游坝坡由原设计的 1.0∶0.5 调整至 1.0∶1.2，下游坝坡由 1.0∶1.2 调整至 1.0∶1.4。2002 年除险加固主要是对坝高进行降低，由原设计的 44 m 降低至 36 m，溢洪道降低 2 m(缺少 2002 年除险加固资料)。

二、汛期调度运行方案

(1) 调度责任主体

水库调度责任主体为建德市防汛防旱指挥部，执行主体为大慈岩镇人民政府。

(2) 控制运行原则

水库防汛按照兴利服从防洪的原则，随时掌握气象信息，做好水库洪水预报，严格按照批准的汛限水位进行调度。

(3) 水情调度方案

当水库水位达汛限水位且气象预报24小时内有大到暴雨时，开启涵闸放水，降低库水位；受降雨影响库水位超过汛限水位时，涵闸保持开启，溢洪道开始溢洪；当降雨过程结束，库水位经上涨并回落至汛限水位，关闭涵闸，溢洪道自然溢洪；当水库水位急剧上涨，大坝坝体出现渗漏等危及大坝安全险情时，及时上报上级防指，加强观察，并按照水库大坝安全管理应急预案进行指挥调度。

11.4 大坝工程质量评价

一、工程概况

根据《浙江省小型水库大坝安全技术认定办法》(浙水管〔2003〕10号)及《水库大坝安全评价导则》(SL 258—2000)的要求，评价的主要对象是大坝和大坝安全有关的其他建筑物(其他建筑物主要包括引水隧道进口、金属结构和电气设备等，均按照相应规程规范进行评价)。主要评价工程的实际施工质量是否符合国家现行规范要求，检查工程在质量方面能否确保工程的安全运行，为大坝安全鉴定的有关复核和评价提供符合实际的参数。

本次主要内容主要按照原地勘察报告内容结合现场踏勘情况进行分析。其中部分参数结合类似工程经验取值。

二、大坝工程质量评价

(1) 坝体结构尺寸

根据现场测量资料与设计图纸相比较，结构基本符合设计图纸。

(2) 大坝工程质量评价

坝体主要为块石堆填，块石粒径一般20 cm～60 cm，含量约65%，个别大于80 cm；碎石粒径一般2 cm～6 cm，含量约25%，个别大于8 cm，碎石、块石级配较差，内部混凝土充填。中间有一道厚度约0.30 m的沥青防渗墙。坝体块石最大堆填厚度26.90 m，呈中间厚、两侧薄分布。

1) 坝体渗透性分析

本次钻探孔位未布置在沥青防渗墙上，但据现场访问和调查，大坝坝脚处有渗水，背水坡面局部也可见渗漏现象，经分析，可能是由于防渗墙沥青老化，防渗墙质量不能满足设计要求，产生渗漏所致，由此可见，沥青防渗墙因运行时间较长，已产生渗漏现象。

上述勘探成果，结合实际运行观测资料表明：坝体大部属中等～强渗透性，局部坝体渗透性可能增大，沥青防渗墙质量不能满足设计要求，已产生渗漏现象，呈弱渗透性，因此坝体存在一定程度的渗漏问题。

此外坝体与坝肩结合部位，坝体块石堆填体与基岩接触段的渗透系数 $K \geqslant a \times 10^{-2}$ cm/s，属强透水性，接触段渗透性不能满足现行规范要求，存在接触渗漏问题。

坝基岩体透水率统计情况见表 11.4-1。

表 11.4-1　坝基岩体透水率统计表

钻孔	风化区	试段深度(m)		透水率(Lu)	透水性
ZK1	弱风化	7.90	9.90	9.71	弱透水
		9.90	11.90	8.38	弱透水
		11.90	13.90	4.67	弱透水
		13.90	19.20	2.13	弱透水
ZK2	弱风化	26.90	28.90	25.21	中等透水
		28.90	30.90	12.67	中等透水
		30.90	32.90	6.83	弱透水
		32.90	37.90	3.80	弱透水
ZK3	弱风化	11.30	13.30	21.13	中等透水
		13.30	15.30	14.17	中等透水
		15.30	17.30	8.83	弱透水
		17.30	22.30	2.60	弱透水

2) 坝体质量评价

a. 大坝坝体填土为块石堆填，内部混凝土充填，中间有一道 0.30 m 厚度的沥青防渗墙，由于块石堆填空隙大，混凝土充填不均匀，外加防渗墙沥青老化，说明坝体堆填不均匀，防渗墙沥青质量满足不了设计要求。

b. 钻孔注水试验反映：坝体大部属中等～强渗透性，坝体与山坡结合部位透水性多呈中等透水性，因此坝体存在一定程度的渗漏问题。

c. 综上所述，受当时建设条件的限制，坝体堆填方式和沥青防渗墙质量评价为较差。

3) 坝体主要病险类型及评价

经现场勘察和注、压水试验表明，坝体堆填物为块石，坝体堆填物均匀性差，防渗墙沥青质量差，坝体为中等～强透水性，不满足规范($K<1\times10^{-4}$ cm/s)要求，坝体存在渗漏隐患问题。因此地质病险类型主要为混凝土坝、砌石坝坝体渗漏型，病险部位几乎遍及整个坝体，产生坝体渗漏的原因主要是坝体块石堆填空隙大，混凝土充填不均匀，外加防渗墙沥青老化，坝体及其下接触带渗透性普遍较大。

三、坝基、坝肩工程质量评价

(1) 工程现状

经现场查看得知，坝体填筑料为块石，内部混凝土充填，填筑质量均匀性差，混凝土质量差、老化。坝体迎水坡为人工砌石护坡，坡面可见少量因块石风化和库区水冲刷产生的裂隙，坡面现状一般。背水坡为人工砌石护坡，坡面砌石较为平整，风化程度较弱，局部缝隙中有杂草生长，坡面现状较好。坝肩两侧边坡为岩质边坡，两侧边坡明显有弱风化基岩出露。两侧山坡覆盖层较薄，坡顶一般为 0.00 m～0.30 m，坡脚一般为 0.00 m～1.00 m，山坡植被茂盛，左侧边坡坡度较缓，为 25°～35°，右侧边坡坡度略陡，为 30°～40°，两侧山体和边坡现状较为稳定，但两侧人工堆填块石边坡由于块石风化较为强烈，已发生少量崩塌和掉块，人工边坡现状稳定性差。

(2) 主要病险类型及评价

经现场调查和钻孔资料分析，认为主要是坝体堆填质量不均匀，防渗墙沥青质量差，筑坝时坝基与下部弱风化基岩接触带防渗处理达不到要求，坝肩与坝体接触带没有清除干净，留下渗漏隐患，病险主要部位在弱风化基岩上部以及坝体堆填体。产生渗漏原因主要是坝基弱风化带浅层及接触带渗透系数较大而所做的防渗处理达不到要求。

四、溢洪道地质及质量评价

(1) 工程现状

溢洪道位于大坝左侧，为侧堰式，位于大坝上游左侧，距离坝址约 100 m。堰顶高程 355.7 m，1978 年 3 月完成。

溢洪道底部为弱风化凝灰岩，两侧为岩质边坡，弱风化基岩出露，溢洪道现状工程条件较好。

(2) 主要工程地质问题及评价

溢洪道为侧堰形式，坐落在弱风化凝灰岩上，溢洪道位置主要以地质测绘为主，由于泄洪道底部为弱风化凝灰岩，属弱透水性，并且根据现场观测和临近钻孔注压水试验，溢洪道底部渗透系数不是很大，主要渗漏带在上部裂隙发育段，为中等透水性。

五、坝内涵管地质及质量评价

(1) 工程现状

坝内涵管位于坝体堆填体中，为坝体埋设方涵，大小为 1.60 m×1.60 m，混凝土管，进口高程 339.0 m。

坝内涵管进水口已发生破损。该坝内涵管始建成于 1978 年 3 月，运行至今已有三十多年了，涵身老化、漏水，坝内涵管现状较差。

(2) 主要工程地质问题及评价

坝内涵管为坝体埋管，坐落在坝体填筑层中，因隧洞运行时间长，隧洞混凝土材料本身老化，外加输水口破损，已产生渗漏，再加上隧洞周围填筑层渗透性较大，导致隧洞周围渗水更加严重，加之隧洞内水流常年频繁变化，引起周围填筑层中地下水骤升骤降，加剧填筑层中混凝土老化，因此坝内涵管存在渗漏和渗透稳定问题，对坝体安全构成威胁，其危害程度较高。

六、工程质量结论及建议

(1) 根据《中国地震动参数区划图》，本区地震动峰值加速度<0.05 g，地震动反应谱特征周期为 0.35 s，相应地震基本烈度<Ⅵ度。

(2) 坝体堆填质量差，防渗墙沥青质量满足不了设计要求，已发生老化、渗水。坝体为中等～强透水性，坝基多为中等透水性，局部为弱透水性，存在一定渗漏现象。

(3) 溢洪道工程现状条件较好，但上部裂隙发育段渗透系数偏大。

(4) 坝内涵管为坝体埋管，隧洞周边填筑层的渗透系数较大，存在渗透稳定问题，危害程度为严重。

(5) 大坝两侧自然边坡现状稳定性较好，人工堆填块石边坡稳定性差。

(6) 大坝迎水坡坡面现状一般，背水坡坡面现状较好。

12 大坝安全分析及评价

12.1 防洪标准复核

一、流域情况

九里坑水库位于建德市大慈岩镇岳家村，据万分之一地形图上量得水库坝址以上控制集雨面积为 4.5 km²，相应的主流长 2.65 km，河道平均比降为 0.041。

二、设计洪水复核

(1) 计算方法

由于无实测流量资料，设计洪水通过暴雨推求洪水计算。

产流计算：本水库所处地区属南方湿润地区，产流方式用蓄满产流（或称超蓄产流），即在土壤含水量达到田间持水量以前不产流，所有的降水都被土壤吸收；而在土壤含水量达到田间持水量后，所有的降水（减去同期的蒸散发）都产流，在设计条件下，产流计算采用简易扣损法。

本工程汇流面积不超过 50 km²，故采用浙江水电院推理公式计算其洪水过程。

(2) 设计暴雨

因设计流域缺乏实测流量资料，设计洪水采用设计暴雨资料推求。

设计暴雨资料采用寿昌雨量站 1957—2007 年的观测资料，进行经验排频计算，按 P-Ⅲ型曲线适线拟合，成果见表 12.1-1。

表 12.1-1 各频率下设计暴雨计算值

设计时段	均值(mm)	*Cv*	*Cs*/*Cv*	各重现期设计暴雨(mm)	
				500 年	50 年
一日	88.9	0.35	3.5	314	171.0
24 小时				355	193.3
三日	137.1	0.39	4	550	285.1

(3) 设计雨型

最大24小时雨量置于三日当中的第二日,第一、三两日雨量的分配比例,分别为三日减去24小时雨量之差的60%和40%,详见表12.1-2。

表12.1-2 三日暴雨日程分配表

项目	第一天	第二天	第三天
H_{24}		100%	
$H_{三日}-H_{24}$	60%		40%

对一定频率下的设计暴雨进行24小时时程分配采用《浙江省暴雨图集》的分配程序,分配公式为:

$$i_k=\frac{24^{k_0-1}}{t^{n_0-1}}\times H_{24,p}\times b_k$$

$$b_k=k^{1-n_0}-(k-1)^{1-n_0}$$

式中:i_k——第k时段的降雨量值,mm;

k——时段数,如对最大24小时降水进行时程分配,若时段$t=1$小时,则$k=1,2,3,\cdots$;

n_p——暴雨衰减指数,这里取为0.65;

t——时段值;

$H_{24,p}$——对应于某一设计频率下的暴雨值,由频率曲线配线求得;

b_k——参数。

(4) 设计洪水

坝址以上设计洪水成果见表12.1-3。

表12.1-3 设计洪水成果表

控制断面	项目	各重现期设计洪水特征值	
		50年	500年
坝址以上	洪峰流量(m^3/s)	50	107
	洪峰模数	11.2	23.7
	洪水总量($10^4\ m^3$)	103	221

三、水库调洪计算

水库调洪的目的,是根据确定的各种设计洪水过程线和泄洪建筑物的泄洪能力以及水位库容关系曲线等基本资料,采用溢洪道自由溢流方式,求出水库水位过程和泄流过程,同时求出最高库水位和最大下泄流量。

(1) 计算原理和方法

水库调洪采用静库容调洪计算方法，即认为某个水位水库水面是水平的，采用静库容曲线，利用水量平衡原理，假定在计算时段 d_t 内水库库容和水位成线性变化，将圣维南偏微分方程组中的连续方程用有限差分来代替，得：

$$(I_{初}+I_{末})/2-(Q_{初}+Q_{末})/2=(V_{末}-V_{初})/d_t$$

式中：$I_{初}$、$I_{末}$——分别为时段 d_t 初、末的入库流量，m^3/s；

$Q_{初}$、$Q_{末}$——分别为时段 d_t 初、末的出库流量，m^3/s；

$V_{初}$、$V_{末}$——分别为时段 dt 初、末的水库蓄水量，m^3。

水库泄水量 Q 与坝前库水位 Z 有如下关系：

$$Q=f(Z)$$

式中：Q 与 Z 的关系随防洪调度中所采用的不同泄水建筑物而定。水库蓄水量 V 与库水位 Z 的关系由库容曲线给出，即

$$V=f(Z)$$

联解以上方程式，即可求得各时段的坝前水位、水库泄量及蓄水量。

根据以上原理，采用试算法迭代求解，逐时段连续演算，完成整个调洪过程。

(2) 调洪有关资料

1) 水位-库容曲线

水库水位-库容曲线由水库提供，具体见表 12.1-4。

表 12.1-4　水位-库容关系表

序号	水位(m)	库容(万 m^3)	序号	水位(m)	库容(万 m^3)
1	338	16	9	354	106
2	340	22	10	356	125
3	342	29	11	358	147
4	344	38	12	360	170
5	346	49	13	362	196
6	348	61	14	364	224
7	350	75	15	366	255
8	352	90	16	368	288

2) 泄洪设施及泄洪能力

泄流方式是通过溢洪道自流宣泄。溢洪道为正槽式，溢洪道底高程为 355.7 m，堰体宽度 16 m。孔泄流系数为 1.50。

根据计算判别，当堰顶水头低于 1.2 m 时，采用宽顶堰型式计算泄流量，当堰顶水头

高于 1.2 m 时，采用折线实用堰计算泄流量，计算公式如下：

$$Q = Cm\varepsilon\sigma_m B\sqrt{2g}H_0^{3/2}$$

$$H_0 = H + \frac{\alpha_0 v_0^2}{2g}$$

式中：Q——流量，m^3/s；

B——溢流堰过水总净宽，35 m；

H_0——计行近流速的堰顶水头，m。

（3）调度原则

九里坑水库的起调水位为 355.7 m，泄流方式主要是通过溢洪道自流宣泄。

（4）调洪演算成果

根据九里坑水库在水位超过 355.7 m 时开始自由泄流，计算得到水库设计 50 年一遇、校核 500 年一遇洪水调节成果，如表 12.1-5 所示。

表 12.1-5 九里坑水库调洪演算成果表

项目	计算值	频率	
		50 年	500 年
最高水位(m)	Z_{max}	357.10	357.71
最大库容(万 m^3)	V_{max}	137	144
洪峰流量(m^3/s)	Q_P	50	81
最大下泄流量(m^3/s)	Q_{max}	40	69

四、坝顶高程复核

（1）坝顶超高计算

土石坝坝顶高程安全超高值 d 按下式计算：

$$y = R + e + A$$

式中：y——坝顶超高，m；

R——最大波浪在坝坡的爬高，m；

e——最大风壅水面高度，m；

A——安全加高，m，正常运行情况取 $A=0.50$ m，非常运行情况取 $A=0.30$ m。

对于内陆峡谷水库，当风速小于 20 m/s，吹程小于 20 000 m 时，波浪的波高和平均波长可采用官厅水库公式，如下：

$$\frac{gh}{W^2} = 0.0076W^{-1/12}\left(\frac{gD}{W^2}\right)^{1/2}$$

$$\frac{gL_m}{W^2} = 0.331W^{-1/2.15}\left(\frac{gD}{W^2}\right)^{1/3.75}$$

式中：h——平均波高，m；

L_m——平均波长，m；

W——计算风速，设计采用地勘中最大风速的 1.5 倍，校核采用多年平均年最大风速 V，$V=12.6$ m/s；

D——风区长度，m；

平均波浪爬高可按下式计算（$m=1.5\sim5.0$）：

$$R_m=\frac{K_{\triangle}K_W}{\sqrt{1+m^2}}\sqrt{k_mL_m}$$

式中 R_m——平均波浪爬高，m；

m——单坡的坡度系数，取为 3；

$K_{\triangle}$——斜坡的糙率渗透性系数，草皮护面取 0.9；

K_m——经验系数，取 1.16；

L_m——平均波长，m。

（2）坝顶高程复核

坝顶超高计算和坝顶高程计算成果见表 12.1-6、表 12.1-7。由表可知，九里坑水库的坝顶高程不能满足 50 年一遇洪水设计及 500 年一遇洪水校核的防洪安全要求。

表 12.1-6　坝顶超高计算成果

运行条件	计算风速（m/s）	风壅水面高度 e（m）	波浪爬高 R（m）	安全超高 A（m）	坝顶超高 y（m）
50 年一遇	18.9	0.01	0.92	0.5	1.43
500 年一遇	12.6	0.01	0.71	0.3	1.01

表 12.1-7　坝顶高程计算成果

运行条件	水库水位（m）	坝顶超高（m）	要求高程（m）	现状坝顶高程（m）	现状防浪墙顶高程（m）
50 年一遇	357.1	1.43	358.53	357.85～357.93	358.65～358.73
500 年一遇	357.71	1.01	358.72		

五、防洪安全评价

九里坑水库拦河坝为均质坝，原设计总库容为 146 万 m^3，根据《水利水电工程等级划分及洪水标准》（SL 252—2017），九里坑水库工程规模为小（一）型水库，工程等级为 IV 等，主要水工建筑物的级别为 4 级，次要建筑物为 5 级，其设计洪水标准为 50 年一遇，校核洪水标准为 500 年一遇。

经复核，九里坑水库的坝顶高程不能满足 50 年一遇洪水设计及 500 年一遇洪水校核的防洪安全要求，水库防洪能力达不到规定的洪水标准，根据《浙江省小型水库大坝安全技术认定办法（试行）》（浙水管〔2003〕10 号），九里坑水库防洪安全性级别为“C”级。

12.2 渗流安全评价

考虑到水库无监测设施，也没有当时筑坝时的资料，本次水库安全鉴定，地质勘探只做了7个钻孔(未进行注水试验)，勘探孔未钻至沥青防渗心墙上，无法提供大坝防渗体(沥青心墙)的物理力学参数指标。故九里坑水库的渗流稳定只能根据实际情况定性认定。建议水库除险加固阶段采用补勘后成果对大坝渗流安全进行复核。

一、大坝渗流状况

(1) 大坝坝体

大坝未设置渗流监测设施，根据大坝运行情况、现场检查及本次地质勘察结果，坝体渗流状况如下：

沥青心墙部分沥青杂质含量较高，沥青质量较差，且心墙厚度较薄，心墙内漏水较为严重。

大坝为沥青心墙堆石坝，无法取得土样，故无法提供土工试验数据。

根据现场钻探情况，钻探过程中，孔内漏水严重，漏水量大于水泵送水量，无法进行注水试验，

由此分析，沥青心墙存在严重的渗漏情况。

(2) 基岩

坝址基岩为玻屑熔结凝灰岩，风化较浅，新鲜岩石较软，基岩表部与上部人工填土层接触带为强透水率，相对不透水层界限($q \leqslant 5$ Lu)为基岩面以下5 m～6 m左右。

(3) 运行情况

根据现场检查情况发现，九里坑水库坝脚全线、坝内涵管处漏水明显，且量大。

根据大慈岩镇水利员反映，大坝蓄满水后，正常情况下，半个月左右，水库水已见底。每年水库能发电的时间很短。

由于水库漏水严重，九里坑水库一直蓄不满水，水库发电设备起不了应有的效益，对当地人民群众的生产、生活用水产生较大影响。

大坝防渗体系存在严重缺陷。

二、溢洪道渗漏稳定分析

溢洪道底部为弱风化玻屑熔结凝灰岩，局部可见裂隙发育，上部透水性较大，并且根据现场观测和临近钻孔注压水试验，溢洪道上部渗水较为严重，主要渗漏带在上部裂隙发育弱风化基岩段，为中等透水性。

三、渗流安全评价

九里坑水库大坝未设置渗流观测设施，根据运行情况、现场检查及地质勘察情况分析：大坝坝脚、坝内涵管、左岸坝肩等处渗水严重，沥青心墙存在严重的渗漏情况，防渗体系存在严重缺陷。

根据《浙江省小型水库大坝安全技术认定办法（试行）》（浙水管〔2003〕10 号），参照《大坝安全评价导则》（SL 258—2000），九里坑水库大坝渗流安全性级别为“C”级。

12.3 坝体结构安全评价

一、大坝结构安全评价

（1）大坝现场检查情况

大坝未在施工和运行期埋设变形观测点，无法了解大坝在施工期和运行期的沉降和水平位移情况。经过两次除险加固，目前大坝沉降、错位等情况不明显（大坝上游加固堆石体与原坝体之间存在一定的错缝，有 20 cm 左右），上下游坝坡，石块风化严重，间隙生有杂草。

（2）大坝坝坡分析

大坝上游堆石体综合坝坡为 1.0∶1.4，下游堆石体综合坝坡为 1.00∶1.65，参考《混凝土面板堆石坝设计规范》（SL 228—98）规定并结合工程实践可知，当筑坝材料为质量良好的硬岩堆石料时，上游坝坡采用 1.0∶1.3～1.0∶1.4，下游坝坡一般采用 1.0∶1.5～1.0∶1.6，因此认为大坝下游坝坡基本符合规范要求。

（3）大坝抗滑稳定复核

1）重力墙坝基抗滑稳定计算

a. 计算工况及荷载组合

根据《混凝土重力坝设计规范》（SL 319—2018）和《砌石坝设计规范》（SL 25—2006）规定，选取正常蓄水位、设计洪水位和校核洪水位三种工况，三种工况荷载组合如下：

工况一：正常蓄水位＋自重＋扬压力＋浪压力＋下游堆石压力；

工况二：设计洪水位＋自重＋扬压力＋浪压力＋下游堆石压力；

工况三：校核洪水位＋自重＋扬压力＋浪压力＋下游堆石压力。

b. 计算方法

坝基抗滑稳定安全系数采用抗剪断公式进行计算：

$$K=\frac{f'(\sum V-U)+C'A}{\sum H}$$

式中：

K——抗剪断稳定安全系数；

f'——抗剪断摩擦系数；

C'——抗剪断凝聚力，kPa；

$\sum V$——作用于滑动面上的力在铅垂方向投影的代数和，kN；

U——作用于滑动面上的扬压力，kN；

$\sum H$——作用于滑动面上的力在水平方向投影的代数和，kN；

A——滑动面的面积，m^2。

下游堆石压力采用雷姆勃特堆石静止土压力公式进行计算：

$$E_A=\frac{1}{2}\gamma H^2 K_0$$

$$K_0=\left(\frac{\pi-2\Phi}{\pi+2\Phi}\right)^2\cdot\left(1\pm\frac{2\alpha}{\pi}\right)\cdot\frac{i-\Phi}{90^\circ-\Phi}\cdot\frac{\pi+2\Phi}{\pi-2\Phi}$$

其中：

γ——堆石容重，取 $\gamma=19\ kN/m^3$；

H——堆石体高度，m；

Φ——堆石的摩擦角；

α——墙背的倾斜角。

c. 计算成果

重力墙坝基抗滑稳定计算成果见表 12.3-1。

表 12.3-1　大坝重力墙坝基抗滑稳定计算成果表

项目	工况一	工况二	工况三
安全系数	4.21	3.82	3.44
规范允许值	3.0	3.0	2.5

从表可知，各工况大坝坝基抗滑稳定安全系数均大于规范允许值，因此大坝坝基抗滑稳定满足规范要求。

2）重力墙坝基及坝体应力计算

a. 计算工况及荷载组合

根据《混凝土重力坝设计规范》(SL 319—2005)和《砌石坝设计规范》(SL 25—2006)规定，结合本工程实际运行情况，选取正常蓄水位、设计洪水位、校核洪水位以及空库四种工况，四种工况相应荷载组合如下：

工况一：正常蓄水位＋自重＋扬压力＋浪压力＋下游堆石压力；

工况二：设计洪水位＋自重＋扬压力＋浪压力＋下游堆石压力；

工况三：校核洪水位＋自重＋扬压力＋浪压力＋下游堆石压力；

工况四：自重＋下游堆石压力。

b. 计算方法

坝基及坝体应力以下公式进行计算：

$$\sigma = \frac{\sum W}{T} \pm \frac{6\sum M}{T^2}$$

式中：

σ——重力墙计算断面垂直正应力，kPa；

$\sum W$——计算截面上全部垂直力之和，kN；

$\sum M$——计算截面上全部垂直力及水平力对于计算截面形心的力矩之和，kN·m；

T——重地围墙体计算截面上、下游方向的宽度。

工况一～工况三下游堆石压力采用雷姆勃特堆石静止土压力公式进行计算，工况四、工况五下游堆石压力采用库伦主动土压力公式进行计算：

$$E_A = \frac{1}{2} y H^2 K_A$$

$$K_A = \frac{\cos^2(\varphi - \alpha)}{\cos^2\alpha\cos(\sigma+\alpha)\cdot\left(1+\sqrt{\frac{\sin(\sigma+\varphi)\sin(\varphi-\beta)}{\cos(\sigma+\alpha)\cos(\alpha-\beta)}}\right)^2}$$

c. 计算成果

各工况计算成果见表 12.3-2。

表 12.3-2 大坝重力墙坝基底及坝体应力计算成果表

项目	工况一		工况二		工况三		工况四	
	$\sigma_上$(MPa)	$\sigma_下$(MPa)	$\sigma_上$(MPa)	$\sigma_下$(MPa)	$\sigma_上$(MPa)	$\sigma_下$(MPa)	$\sigma_上$(MPa)	$\sigma_下$(MPa)
坝基高程	0.33	0.49	0.33	0.49	0.34	0.53	0.58	0.35

从表可知，坝基面最大压应力为 0.58 MPa，根据坝址基岩为坝址基岩为砂岩、玻屑弱熔结凝灰岩，风化较浅，新鲜岩石硬，坝基承载力标准值 f_k=1.2 MPa 大于最大压应力，故坝基面应力满足规范要求。

二、溢洪道及消能设施结构安全评价

根据对工程的现场安全检查发现溢洪道的主要问题是：泄槽底板未衬砌，基岩裸露，凹凸不平影响行洪。下游无消能工，对下游已形成一定的冲刷。

三、坝内涵管安全评价

根据对工程的现场安全检查，发现坝内涵管的主要问题是：启闭机室老化严重。

四、金属结构及启闭设备安全评价

在本次现场检查中发现，由于运行多年且年久失修，启闭设备及闸门金属零部件腐蚀严重，手摇启闭机金属结构老化严重，需对金属结构部分进行重新更换。

五、大坝结构安全评价

九里坑水库大坝坝基及坝体应力满足规范要求，大坝坝基抗滑稳定满足规范要求。溢洪道泄槽底板未衬砌，基岩裸露，凹凸不平影响行洪；下游无消能工，对下游已形成一定的冲刷。

根据《浙江省小型水库大坝安全技术认定办法（试行）》（浙水管〔2003〕10 号），参照《大坝安全评价导则》（SL 258—2000），九里坑水库大坝结构安全性级别为“B”级。

12.4 水库大坝安全评价综合结论

一、工程等级与洪水标准

九里坑水库拦河坝为沥青心墙堆石坝，原设计总库容为 146 万 m^3。根据《水利水电工程等级划分及洪水标准》（SL 252—2000），九里坑水库工程规模为小（1）型水库，工程等别为Ⅳ等，主要水工建筑物的级别为 4 级，其洪水标准设计为 50 年一遇，校核为 500 年一遇。

二、工程质量评价

（1）工程区区域稳定，根据《中国动地震参数区划图（2001 年版）》，工程区地震动峰值加速度＜0.05 g，地震动反应谱特征周期为 0.35 s，相应地震基本烈度＜Ⅵ度，参照《水库大坝安全评价导则》（SL 258—2000），不进行抗震稳定复核。

（2）九里坑水库坝体基岩接触带属中等透水性，渗透系数偏大，不满足规范要求；根据钻孔资料，坝体堆石体孔隙率明显偏大，不满足规范要求。

根据《浙江省小型水库大坝安全技术认定办法（试行）》（浙水管〔2003〕10 号），参照《大坝安全评价导则》（SL 258—2000），九里坑水库工程质量评价为“不合格”。

三、大坝运行管理评价

九里坑水库大坝已经过 30 多年的运行，在灌溉、防洪等方面发挥了很大的经济和社会效益。交通较不便，需步行 1 小时才能上坝顶。坝坡没有及时清理维护，启闭设备较为落后，九里坑水库总体管理水平一般。参照《水库大坝安全评价导则》(SL 258—2000)，九里坑水库大坝运行管理评价为“较差”。

四、防洪标准复核

本次洪水标准复核分别按 50 年一遇洪水设计和 500 年一遇洪水进行校核。

经复核，九里坑水库的坝顶高程不能满足 50 年一遇洪水设计及 500 年一遇洪水校核的防洪安全要求，水库防洪能力达不到规定的洪水标准，根据《浙江省小型水库大坝安全技术认定办法(试行)》(浙水管〔2003〕10 号)，九里坑水库防洪安全性定为“C”级。

五、大坝渗流安全评价

九里坑水库大坝未设置渗流观测设施，根据运行情况、现场检查及地质勘察情况分析：根据对工程的现场安全检查，大坝防渗心墙、基岩接触带、左岸坝肩、溢洪道等处渗水严重，防渗体系存在严重缺陷。

根据《浙江省小型水库大坝安全技术认定办法(试行)》(浙水管〔2003〕10 号)，参照《大坝安全评价导则》(SL 258—2000)，九里坑水库大坝渗流安全性级别为“C”级。

六、大坝结构安全评价

九里坑水库大坝坝基及坝体应力满足规范要求，坝坡基本满足规范要求，大坝坝基抗滑稳定满足规范要求。溢洪道泄槽底板未衬砌，基岩裸露，凹凸不平影响行洪；下游无消能工，对下游已形成一定的冲刷。

根据《浙江省小型水库大坝安全技术认定办法(试行)》(浙水管〔2003〕10 号)，参照《大坝安全评价导则》(SL 258—2000)，九里坑水库大坝结构安全性级别为“B”级。

七、大坝安全鉴定结论

(1) 大坝防洪安全性级别评为“C”级。

(2) 大坝渗流安全性级别评为“C”级。

(3) 大坝结构安全性级别评为“B”级。

综上所述，根据《浙江省小型水库大坝安全技术认定办法(试行)》(浙水管〔2003〕10 号)，九里坑水库大坝安全状况认定为“三类坝”。

八、建议

(1) 对坝顶或溢洪道进行改造，以满足防洪能力要求。

（2）对坝体、坝基、坝内涵管及大坝左岸山体进行防渗处理。

（3）对现有坝内涵管进行封堵。

（4）建议新建上坝道路。

（5）新建大坝沉降、位移观测设施，健全水库坝体位移变形监测点，完善资料整理、金属结构及机电设备的日常养护等制度。

13 水文及地质基础资料分析

13.1 水文资料及分析

一、基本资料

(1) 流域概况

九里坑水库位于建德市大慈岩新叶村,水库设计标准为50年一遇,校核水位500年一遇。水库集雨面积为4.5 km^2,主流河长为3.37 km,河道平均比降为0.048。工程地理位置见图13.1-1。

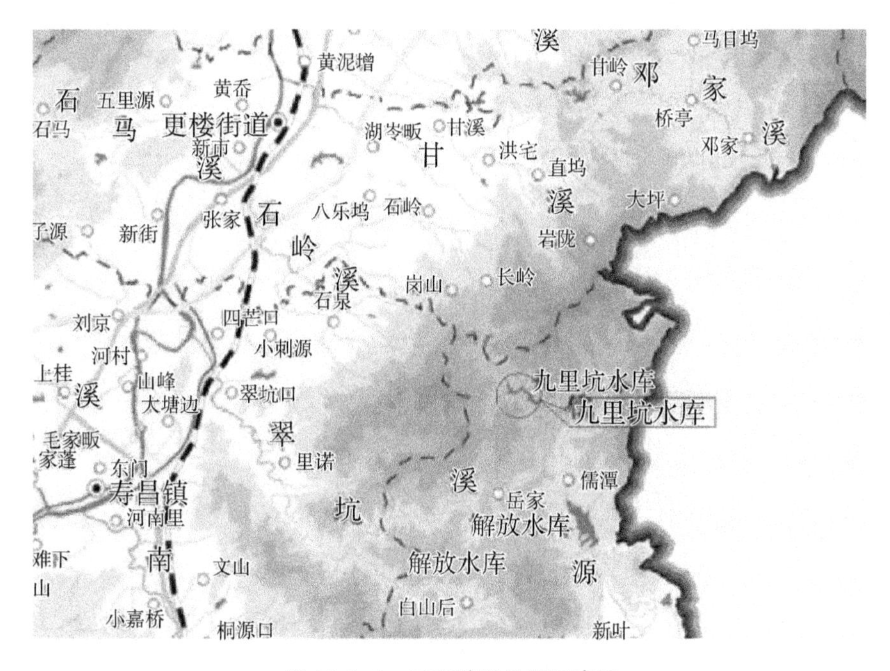

图13.1-1 工程地理位置示意图

(2) 气象

项目区位于浙江省西北部,属亚热带中部湿润季风气候区,温暖湿润、四季分明、热量充足、雨量充沛。根据建德气象局气象统计资料，年均气温 16.7℃，极端最高气温 42.9℃，极端最低气温−8.5℃。年均总积温 6 180℃。无霜期 254 天，年均蒸发量 917.8 mm，年均相对湿度 77.7%，多年平均风速为 1.5 m/s 左右，历年最大风速为 18.0 m/s，相应风向为 NW。年均日照时数平均为 1 940 小时，年总辐射量 106.8 千卡/cm^2。由于亚热带季风气候的不稳定性，灾害性天气频繁。本流域主要遭受洪、旱灾害，还有低温阴雨、冰雹、台风和暴雨等自然灾害发生，对农业生产和人民生活都带来了重大损害。

本流域降水充沛，以春雨、梅雨和台风雨为主，属丰水湿润地区。根据源口观测站资料，1952 年至 1997 年 46 年的年降水平均值为 1 561.8 mm，雨日 160 天。降水量年内分配很不均匀，四季雨量变化大，11 月最少，月平均 51.6 mm，仅占全年降水量的 3.4%；6 月份最多，月平均 235.5 mm，占全年降水量的 15.7%；4—10 月份占全年降水量的 69.3%；11 月份至次年 3 月份占全年降水量的 30.7%。7、8、9 月三个月占全年降水量的 23.4%，为干旱季节。多年平均水面蒸发量在 800 mm～900 mm。

二、设计暴雨

(1) 设计暴雨计算

因设计流域缺乏实测流量资料，设计洪水采用设计暴雨资料推求。

根据浙江省水文勘测局编印 2003 版《浙江省短历时暴雨图集》，取相应的降雨量变差系数 Cv=0.42～0.50，Cs/Cv 取 3.5，各频率下设计暴雨计算值见表 13.1-1。

表 13.1-1　各频率下设计暴雨计算值

设计时段	均值(mm)	Cv	Cs/Cv	各重现期设计暴雨(mm)				
				500 年	200 年	100 年	50 年	20 年
3 d	160	0.50	3.5	520.5	499.9	411.0	363.0	298.5
24 h	120	0.50	3.5	381.7	366.6	301.4	266.2	218.9
6 h	75	0.45	3.5	235.5	209.1	189.0	168.75	141.15
1 h	42.5	0.42	3.5	125.4	107.6	101.6	91.4	77.35

由于设计流域集水面积小于 10 km^2，设计点暴雨量近似等于面暴雨量，不用折算。

(2) 设计雨型

1) 日程分配

暴雨日程分配，根据《浙江省短历时暴雨图集》确定，最大一日排在第二天，第一天为($H_{三日}-H_{24}$)的 60%，第三天为($H_{三日}-H_{24}$)的 40%，见表 13.1-2。

表 13.1-2　九里坑水库设计暴雨日程分配

日程	第一天	第二天	第三天
占($H_{三日}-H_{24}$)%	60		

续表

日程	第一天	第二天	第三天
占 H_{24}%		100	
占($H_{三日}-H_{24}$)%			40

2) 时程分配

各时段内设计雨量按暴雨公式计算,其设计雨量和暴雨衰减指数计算公式如下:

当 t_i 在 10～60 分钟之间:

$$H_i = H_{10}(\zeta_i/10)^{1-n_{10.00}} ,$$
$$n_{10.00} = 1 + 1.285\lg(H_{10}/H_{60})$$

当 t_i 在 1～6 小时之间:

$$H_i = H_\sigma(t_i/6)^{1-n_{10.00}} ,$$
$$n_{1.6} = 1 + 1.285\lg(H_1/H_6) ;$$

当 t_i 在 6～24 小时之间:

$$H_i = H_{24}(t_i/24)^{1-n_{6.24}} ,$$
$$n_{6.24} = 1 + 1.661\ 1\lg(H_6/H_{24}) 。$$

暴雨衰减指数根据《浙江省短历时暴雨图集》各时段设计暴雨值进行计算,计算成果见表 13.1-3。

表 13.1-3　暴雨衰减指数成果表

频率	$n_{10.60}$	$n_{1.6}$	$n_{6.24}$
5%	0.492	0.664	0.683
2%	0.399	0.658	0.671
0.5%	0.381	0.629	0.595
0.2%	0.446	0.648	0.652

相邻历时(t_i)雨量之差值,即为从大到小排列的时段雨量。

最大一天降水量 24 小时雨型按下列规则排列:时段雨量最大项末时刻排在 18:00,时段雨量第二项排在最大项的左侧;其余项从大到小奇数项排列在左侧,偶数项排列在右侧,当右侧排满 24:00 后,余下各项时段雨量从大到小都排列在左侧。

其余两天 24 小时雨型同样按 24 小时雨型规则排列。

(3) 设计净雨

项目区属南方湿润地区,主要产流方式是蓄满产流,即在土壤含水量满足田间持水量以前不产流,所有的降水都被土壤吸收;而在土湿满足田间持水量后,所有的降水(减去同期的蒸散发)都产流。本次认定采用蓄满产流简易扣损法,即初损为 20 mm,最大 24 小时雨量后损为 1 mm/h,其余几日后损为 0.2 mm/h。

三、设计洪水计算

设计洪水根据浙江省水电院推理公式法来计算，推理公式法计算公式如下：

$$Q_{mp}=0.278\times\frac{h_R}{\tau}\times F$$

$$\tau=0.278\times\frac{L}{V_\tau}$$

$$V_\tau=m\times J^{1/3}\times Q_m{}^{1/4}$$

式中：τ——汇流时间，h；

h_R——τ 时段内净雨量，mm；

F——库区范围集雨面积，km^2，为 4.5；

Q_{mp}——设计洪峰流量，m^3/s；

V_z——流域平均汇流速度，m/s；

L——自坝址断面至流域分水岭的主河长度，km，取 3.37；

J——河道坡降，取 4.8%；

m——汇流参数，根据地形植被情况，计算得 0.648。

九里坑水库各频率洪水计算成果见表 13.1-4。

表 13.1-4　九里坑水库设计洪水成果表

项目	频率			
	0.2%	2%	0.5%	5%
洪峰流量(m^3/s)	142.01	96.94	119.98	80.06
洪峰模数[$m^3/(s\cdot km^2)$]	31.56	21.54	26.66	17.79
汇流时间(h)	1.15	1.26	1.20	1.33

四、成果合理性分析

西湾坑水库位于建德市大洋镇新源村，距离本水库仅有 13 km，集雨面积为 9.24 km^2，主流长度为 3.92 km。根据《建德市西湾坑水库除险加固工程初步设计报告》中的设计暴雨成果与本次设计暴雨成果对比，成果比较接近。对比成果表见表 13.1-5。

表 13.1-5　设计暴雨成果对比表

设计时段	均值(mm)	Cv	Cs/Cv	本水库各重现期设计暴雨(mm)				设计时段	均值(mm)	Cv	Cs/Cv	西湾坑水库各重现期设计暴雨(mm)			
				500年	200年	50年	20年					500年	200年	50年	20年
24 h	120	0.5	3.5	381.7	366.6	266.2	218.9	24 h	100	0.5	3.5	347	305	242	198.8

续表

设计时段	均值(mm)	Cv	Cs/Cv	本水库各重现期设计暴雨(mm)				设计时段	均值(mm)	Cv	Cs/Cv	西湾坑水库各重现期设计暴雨(mm)			
				500年	200年	50年	20年					500年	200年	50年	20年
6 h	75	0.45	3.5	235.5	209.1	168.7	141.1	6 h	67	0.45	3.5	210.1	186.6	150.4	126.1
1 h	42.5	0.42	3.5	125.4	107.6	91.4	77.3	1 h	40	0.43	3.5	120.4	107.2	87.2	73.5

本次设计暴雨成果比西湾坑的成果略大的原因是本水库位于西湾坑的西南方，更接近于暴雨中心，设计暴雨的均值也略大。偏态系数与偏差系数差别不大，总体认为设计暴雨成果比较合理，见表13.1-6。

表13.1-6 设计洪水成果对比表

项目	本次计算各频率成果				西湾坑各频率成果			
	0.2%	2%	0.5%	5%	0.2%	2%	0.5%	5%
洪峰流量(m^3/s)	142.01	96.94	119.98	80.06	227.42	152.30	197.07	123.00
洪峰模数[$m^3/(s\cdot km^2)$]	31.56	21.54	26.66	17.79	24.61	16.48	21.33	13.31

因为缺乏实测流量，采用的是设计暴雨与浙江省推理公式法计算得到的设计流量，对比西湾坑的洪峰模数，成果较为接近且满足洪峰模数分布规律，故认为本次成果较为合理。

五、施工期洪水计算

项目附近没有实测流量资料，采用邻近雨量站大坑源雨量站1957—2007年的非汛期(11月—次年3月)观测资料进行P-Ⅲ排频计算，得到非汛期5年一遇的设计暴雨H_{24}为51.3 mm，通过浙江省推理公式法计算5年一遇非汛期的设计流量为15.5 m^3/s。

13.2 工程地质条件分析

本工程地质资料采用《浙江省建德市九里坑水库安全鉴定工程地质勘查报告》(2013年)。

一、区域地质概况

(1) 地形地貌

大慈岩镇位于建德市东南侧，山脉属龙门山脉，海拔高程都在1 000米以下，为中低山-丘陵区，属侵蚀丘陵沟谷地貌。山体坡度一般为20°～45°，山坡植被较发育。

(2) 地层岩性

区域地层单一，岩性简单，主要分布为第四系冲积层、洪积层及侏罗系变质岩。

1）第四系全新统冲积层(Q_4^{al})：灰褐色粉砂及砾石层，厚度为 0.00 m～8.00 m。

2）第四系上更新统(Q_3)：棕黄色亚黏土及砾石层，厚度为 5.70 m。

3）第四系中更新统(Q_2)：棕红色粉砂质黏土，具网纹状构造，下部为砾石层，厚度 16.50 m。

4）第四系下更新统(Q_1)：黄色砾石层，厚度 8.60 m。

5）侏罗系上统黄尖组(J_3h)：流纹斑岩，夹熔凝灰岩、凝灰岩。测区东南：上部为流纹斑岩，中部为英安质熔凝灰岩，下部为安山玄武玢岩、玄武玢岩。均夹凝灰质砂岩。厚度 100.00 m～1 000.00 m。

6）侏罗系上统劳村组(J_3l)：紫红色粉砂岩，夹流纹质凝灰岩、黄绿色粉砂岩、砾岩及灰岩透镜体。往东变相为流纹质凝灰岩夹砂岩、粉砂岩、凝灰岩。底部有不稳定砾岩，厚度 250.00 m～1 000.00 m。

(3) 构造及地震

工程所处区域为浙西中低山-丘陵区，地表以分割破碎的低山丘陵为特色，整个地势为西北和东南两边高、中间低，自西南向东北倾斜。地质构造属于钱塘江凹槽带，库区地质构造较简单，无活动性断裂及区域大构造通过，地质构造稳定性较好。

从历史地震及区域地震资料认为，测区区域稳定性良好，属构造稳定地段，仅有轻微地震影响。根据《中国地震动参数区划图》(GB 18306—2015)，工程区地震动峰值加速度为 0.05 g，地震动反应谱特征周期为 0.35 s，相应地震基本烈度＜Ⅵ度。

(4) 水文地质

库区地下水类型为第四系松散层中的潜水和基岩裂隙水两种。潜水主要受大气降水补给，年变化幅度 1.00～2.00；基岩裂隙水受地表潜水及大气降水补给，沿裂隙向沟谷排泄。

库周水分水岭的地下水位高于水库蓄水位，周边山体以不透水性岩体为主，不存在库区向邻谷渗漏的问题。

本工程建设完成后对淹没的村庄及房屋进行了搬迁，对存在浸没问题的农田进行了防护，故不存在淹没和浸没问题。

据现场地质调查，库区没有区域性断裂通过，不会产生库水通过断裂破碎带向库外渗漏问题。离坝址区东西两侧 0.50 km～1.00 km 处，各有一条小型断裂带通过，对库区影响不大。库区山体边坡较稳定，水库运行多年，底部未见明显淤积。

(5) 物理地质现象

库区内未发现塌陷、崩塌、泥石流等不良物理地质现象，也未发现有危害性的地质灾害存在。

二、坝体堆填质量

(1) 坝体物质组成及特征

大坝为沥青砼心墙堆石坝，本次勘察分别在大坝顶部、背水坡和垂直于大坝方向下游剖面各布置了一条勘探剖面线，布置钻孔共 7 只，共进尺 142.20 m，并取岩样 10 组。

坝体主要为块石堆填，块石粒径一般 20 cm～60 cm，含量约 65％，个别大于 80 cm，碎石粒径一般 2 cm～6 cm，含量 25％，碎石、块石级配较差。坝体中间有一道 0.30 m 的沥青砼防渗心墙。坝体块石最大堆填厚度 26.90 m，呈中间厚、两侧薄分布。

(2) 坝体渗漏分析

本次钻探孔位未布置在沥青砼防渗心墙上，但据现场访问和调查，大坝坝脚处未见明显渗水，主要渗漏点位于坝下渗漏检查洞出口处，可能是防渗心墙老化，产生渗漏所致。

上述勘探成果，结合实际运行观测资料表明：坝体堆石属中等～强渗透性，沥青砼防渗心墙质量不能满足现行规范要求。已产生渗漏现象，呈弱透水性。总之，大坝存在一定程度的渗漏问题。

此外坝体与坝肩的结合部位，坝体块石堆填体与基岩接触段的渗透系数 $K>10^{-2}$ cm/s，属强透水性，接触段渗透性不能满足现行规范要求，存在接触渗漏问题。

(3) 坝体质量评价

1) 坝体主要为块石填筑，坝体中间有一道 0.30 m 的沥青砼防渗心墙。由于块石堆填空隙大，坝体堆填不均匀，沥青砼防渗心墙老化，沥青砼防渗心墙质量满足不了设计要求。

2) 钻孔注水试验反映：坝体堆石属中等～强渗透性，坝体与山坡结合部位透水性多呈中等透水性，因此坝体存在一定程度的渗漏问题。

3) 综上所述，受当时建设条件的限制，坝体填筑方式和沥青砼防渗新墙施工质量评价为较差。

(4) 坝体主要病险类型及评价

现场勘察和注、压水试验表明，坝体堆填物为块石，坝体堆填物均匀性差，沥青砼防渗心墙施工质量差，坝体存在渗漏隐患问题，因此地质病险类型主要为沥青砼心墙堆石坝坝体渗漏型，病险部位主要为沥青砼心墙，产生坝体渗漏的原因主要是沥青砼防渗心墙老化，坝体及其下接触带渗透性普遍较大。

三、坝基、坝肩工程地质条件

(1) 工程现状

经现场勘察得知，坝体填筑料为块石，内部混凝土充填，填筑质量均匀性差，混凝土质量差、老化。迎水坡为人工砌石护坡，迎水面顶部块石有沉降，坡面可见少量因块石风化和库区内水冲刷而产生的裂隙，坡面现状一般。背水坡为人工砌石护坡，坡面砌石较为平整，风化程度较严重，局部缝隙中有杂草生长。坝肩两侧边坡为岩质边坡，两侧明显有弱风化基岩出露。两侧山坡覆盖层较薄，一般为 0.00 m～0.30 m，山坡脚一般为 0.00 m～1.00 m，山体植被茂盛，左侧边坡坡度较缓，为 25°～35°，右侧边坡坡度略陡，为 30°～40°，两侧边坡现状较为稳定；但两侧人工堆石边坡由于块石风化较为强烈，已发生少量崩塌和掉块，人工边坡现状稳定性差。

（2）地质条件

本次勘察在大坝坝址处布置了一条勘探剖面线。据钻探揭露，坝基地层岩性主要为侏罗系上统劳村组熔结凝灰岩。基岩风化深度不大，主要在坝肩分布，本次钻探未发现全-强风化层，弱风化层最大揭露厚度 11.00 m，构成主要的坝基、坝肩岩体。

压水试验成果显示，基岩相对隔水层（$K \leqslant 1.0 \times 10^{-4}$ cm/s）分布在弱风化基岩面以下 10 m～15 m 左右。从现场试验测得渗透系数值，到水库多年运行实际状况来看，初步认为坝区内相对透水层（渗透系数 $K \geqslant 1.0 \times 10^{-4}$ cm/s）主要分布在弱风化基岩上部以及坝体堆填块石。

（3）主要病险类型及评价

经现场调查和钻孔资料分析，认为主要是坝体堆填质量不均匀，沥青砼防渗心墙质量差，筑坝时坝基与下部弱风化基岩接触带防渗处理达不到要求，坝肩与坝体接触带没有清除干净，留下渗漏隐患，病险主要部位在坝体渗漏检查洞出口。产生渗漏原因主要是沥青砼防渗心墙老化失效，坝基弱风化带浅层及接触带渗透系数较大而做防渗处理达不到要求所致。

建议参数：弱风化岩承载力标准值：$f_k = 1.05 \sim 2.11$ MPa；抗剪断强度：弱风化岩 $f' = 0.55 \sim 0.80$、$C' = 0.30 \sim 0.70$ MPa；$E = 2.0 \sim 5$ GPa；岩石抗冲刷系数 $K = 0.8 \sim 1.2$。

建议参数：坝、闸基础与地基土间摩擦系数取值为 $0.60 \geqslant f > 0.55$。

四、溢洪道地质条件

（1）工程现状

溢洪道位于大坝左侧，为正槽式，由山体开挖而成。堰顶高程 355.72 m。

溢洪道底部为碎石层，两岸为岩质边坡，弱风化基岩出露，溢洪道现状工程条件较好。

（2）基本地质条件

根据现场观测，溢洪道进口处底部为碎石，下部为弱风化凝灰岩，碎石厚度不大，约 1.00 m～2.00 m，碎石粒径 2 cm～6 cm，少量大于 8 cm。

根据现场观测和临近钻孔注水试验显示：溢洪道上部漏水较为严重，主要渗漏带在上部碎石和裂隙发育弱风化基岩段，为中等透水性。承载力较高，可满足地基持力层要求。

（3）主要工程地质问题及评价

溢洪道为正槽式形式，坐落在弱风化凝灰岩上，溢洪道位置主要以地质测绘为主，由于泄洪道进口底部为碎石，属中等～强透水性，并且根据现场观测，溢洪道底部碎石渗透系数较大，主要渗漏带在上部碎石段，为中等透水～强透水性。

建议参数：弱风化岩承载力标准值：$f_k=1.05\sim2.11$ MPa；抗剪断强度：弱风化岩 $f'=0.55\sim0.80$，$C'=0.30\sim0.70$ MPa；$E=2\sim5$ GPa；岩石抗冲刷系数 $K=0.8\sim1.2$。

五、输水隧洞地质条件

输水隧洞位于大坝左岸山体，由山体开挖而成，进水口为砼管，圆形，直径 0.80 m。输水隧洞出水口位于大坝下游左侧，出水口隧洞衬砌老化，存在漏水现象。隧洞建成运行至今已有 30 多年，洞身衬砌老化，存在漏水现象。

六、天然建筑材料

本工程石方开挖约 2.03 万 m^3，土方开挖约 1.14 万 m^3。开挖料回填 0.84 万 m^3，工程施工利用块石及石渣约 0.69 万 m^3，利用碎石料约 1.14 万 m^3。工程剩余 0.50 万 m^3 作为弃渣，弃渣可用于大坝下游坝脚管理房区域平整。

本工程需要碎石料约 1.14 万 m^3，块石料约 0.30 万 m^3，石渣料约 0.39 万 m^3，开挖料回填约 0.84 万 m^3。

利用石方开挖料基本能满足工程所需碎石料、块石料、石渣等，若开挖石料不满足工程所需，可于溢洪道下游泄洪渠道左岸山体开采所需块石及碎石料。溢洪道下游泄洪渠道左岸山体岩石出露，岩体厚实，储量丰富，可开采利用约 3.65 万 m^3，可以满足工程需要。

七、结论及建议

（1）根据《中国地震动参数区划图》（GB 18306—2015），本区地震动峰值加速度 0.05 g，地震动反应谱特征周期为 0.35 s，相应地震基本烈度＜Ⅵ度。

（2）坝体堆填质量差，沥青砼防渗心墙质量满足不了设计要求，已发生老化、漏水。坝基多为中等透水性，局部为弱透水性，存在一定渗漏现象。

（3）溢洪道工程现状条件一般，但上部碎石层渗透系数较大。

（4）输水隧洞出水口位于大坝下游左侧，出水口隧洞衬砌老化，存在漏水现象。该隧洞建成运行至今已有近 40 年，洞身衬砌老化，存在漏水现象。

（5）大坝两侧边坡现状稳定性较好，人工堆石边坡稳定性较差。

（6）大坝迎水坡坡面现状一般，顶部堆石有沉降，背水坡坡面现状块石风化较严重。

（7）建议对大坝进行除险加固处理。

八、施工期工程地质补充勘察

为进一步查明大坝坝体各分区的分布情况及物理力学参数，为后续方案优化提供依据，施工阶段业主委托杭州水利水电勘测设计院有限公司进行了补充勘察。

本次勘察工作外业自 2020 年 11 月 16 日开始，安排 2 台钻机进行勘探，2020 年 12 月 2 日结束外业，主要工作内容包括：①大坝轴线方向在原勘察工作基础上，增补 4 个钻孔，钻进至弱风化基岩下部 2.0 m，达到透水率 5.0 Lu 范围界限；②堆石体共设 6 个探坑，其中坝顶设 2 个，下游马道设 2 个，上游石渣料区设 2 个。

（1）坝址区工程地质条件

1）坝体填筑料及物理力学指标

坝体主要由石渣区、堆石区、沥青心墙组成。土层分述如下：

石渣区（Q^r），主要为碎石、块石，碎石、块石岩性为流纹质晶屑凝灰岩，呈强风化～弱风化，块径一般 20.0 cm～30.0 cm，大者超过 60.0 cm，钻孔 ZK201～ZK202 平台开挖见原坝体混凝土块体直径超过 1.5 m，原坝体心墙开挖后的沥青混凝土块也回填至坝前坡，块体大小不一。重型圆锥动力触探击数 $N_{63.5}=7\sim13$ 击，属稍密～中密。

堆石区（Q^r），主要为碎石、块石，碎石、块石岩性为流纹质晶屑凝灰岩，呈强风化～弱风化，块径一般 20.0 cm～40.0 cm，大者超过 100.0 cm。钻机钻进过程中，有较明显的分层情况，在大粒径块体钻穿后，往往有小粒径碎石集中出现，厚度 0.20 m～0.50 m 不等，在钻孔重型圆锥动力触探试验中也有反映，击数 $N_{63.5}=8\sim31$ 击，属稍密～密实。

为查明堆石区、石渣料区的饱和容重、孔隙率等参数，分别在迎水坡、坝顶、背水坡各布置 2 个探坑，通过现场试验得出饱和容重、孔隙率等参数。堆石体、石渣体重度试验成果见表 13.2-1。

表 13.2-1　堆石、石渣重度试验成果表

编号	土体比重	孔隙比 e	孔隙率 n	天然重度（kN/m³）	饱和重度（kN/m³）	备注
TK1	2.464	0.391	0.281	17.71	20.52	石渣区
TK2	2.467	0.387	0.279	17.79	20.58	
建议值	2.450	0.37～0.39	0.280	17.0～17.5	20.0～20.5	
TK3	2.412	0.350	0.260	17.86	20.45	堆石区
TK4	2.467	0.333	0.250	18.50	21.00	
TK5	2.469	0.344	0.256	18.37	20.93	
TK6	2.503	0.355	0.262	18.48	21.10	
建议值	2.40～2.50	0.32～0.35	0.25～0.26	17.5-18.0	20.5～21.0	

在堆石区、石渣区分别取 8 组样进行抗压强度试验，试验样品为弱风化和微风化块石样。堆石区、石渣区抗压强度试验结果略。

2）坝基工程地质条件

根据钻探成果结合原始地勘资料，坝基由下伏侏罗系上统黄尖组流纹质晶屑凝灰岩(J_3h)组成，大坝迎水坡、背水坡及左右坝肩大部持力层为弱风化基岩。描述如下：

侏罗系上统黄尖组流纹质晶屑凝灰岩(J_3h)：凝灰结构，块状构造。弱风化基岩，紫灰色，基岩完整，岩芯呈短柱状、柱状，岩芯采取率为90%，RQD=85%～95%，岩体较完整。钻孔揭露最大厚度为9.0 m。微风化基岩，紫灰色，基岩完整，岩芯呈柱状，岩芯采取率为95%，RQD=91%～96%，岩体较完整，揭露最大厚度为3.0 m。

通过地质测绘及钻探资料分析，坝址地质构造简单，岩体完整性较好，两岸地表及钻孔中均未见断层通过。

3）水文地质条件

现场进行了水文地质试验(注水试验、压水试验)共32段次，试验成果如下：

① 石渣区

现场注水试验：$K=1.40\times10^{-1}$ cm/s～2.70×10^{-1} cm/s，属强透水。

石渣区与堆石区现场注水试验：$K=3.10\times10^{-1}$ cm/s～5.20×10^{-1} cm/s，属强透水。

② 堆石区

现场注水试验：$K=1.07\times10^{-1}$ cm/s～5.00×10^{-1} cm/s，属强透水。

③ 基岩

弱风化基岩现场压水试验透水率$q=1.0$ Lu～5.9 Lu，属弱透水。

(2) 坝址区工程地质条件评价

1）坝体防渗性能

坝体进行现场注水试验，石渣区现场注水试验渗透系数$K=1.40\times10^{-1}$ cm/s～2.70×10^{-1} cm/s，属强透水；堆石区现场注水试验渗透系数$K=1.07\times10^{-1}$ cm/s～5.00×10^{-1} cm/s，属强透水。坝体填筑料透水较好。

根据前期资料，沥青心墙已老化失效。作为原坝体防渗体的沥青，虽已不能满足原设计要求，但在坝体内是相对不透水体，建议设计在重建防渗系统时，应高度重视原沥青心墙对新防渗系统的影响。

2）坝基工程地质评价

根据钻探成果结合原始地勘资料，坝基由下伏侏罗系上统黄尖组流纹质晶屑凝灰岩(J_3h)组成，迎水坡、背水坡及左右坝肩大部持力层为弱风化基岩、上部存在局部强风化岩。坝体基岩作为大坝地基持力层，满足上部建筑物要求。

坝基岩体大部为弱风化岩，弱风化基岩属弱透水性，防渗性能较好。两岸存在强风化岩体，强风化岩透水性较好，大坝防渗系统应考虑强风化岩体的存在，防渗系统应向两岸适当延伸。

3）建议参数

根据钻孔重型圆锥动力触探试验、探坑重度试验、岩块抗压强度试验、现场水文地质试验成果，综合分析后认为，坝体分为原堆石区、后期整理滚填的石渣区及沥青心墙，各分区建议参数如下：

① 石渣区：承载力特征值 $f_{ak}=280$ kPa；内摩擦角 $\Phi=35°\sim37°$；变形模量 $E_0=30.0$ MPa；孔隙比 $e=0.35\sim0.39$；干重度 $\gamma=17.0$ kN/m^3～17.5 kN/m^3；饱和重度=20.0 kN/m^3～20.5 kN/m^3；渗透系数 $K=1.0\times10^{-1}$ cm/s～5.0×10^{-1} cm/s。

② 堆石区：承载力特征值 $f_{ak}=340$ kPa；内摩擦角 $\Phi=38°\sim39°$；变形模量 $E_0=41.0$ MPa；孔隙比 $e=0.32\sim0.35$；干重度 $\gamma=17.5$ kN/m^3～18.0 kN/m^3；饱和重度=20.5 kN/m^3～21.0 kN/m^3；渗透系数 $K=1.0\times10^{-1}$ cm/s～5.0×10^{-1} cm/s。

③ 基岩：

承载力特征值：弱风化岩 $f_{ak}=2.0$ MPa，强风化岩 $f_{ak}=0.80$ MPa；

饱和抗压强度：弱风化岩 $R_b=25.0$ MPa～35.0 MPa，微风化岩：$R_b=35.0$ MPa～45.0 MPa；

抗剪强度：混凝土/弱风化岩 $f'=0.8c'\sim0.9c'=0.7$ MPa；

弹性模量弱风化岩 $E=10.0$ GPa～12.0 GPa，微风化岩 $E=20.0$ GPa～25.0 GPa；

冲坑系数 $K=1.1\sim1.2$。

4）结论

①区域构造稳定。工程区地震动峰值加速度为 0.036 g，场地基本地震动加速度反应谱特征周期值为 0.20 s。

②环境水对混凝土结构具碳酸性弱～中等腐蚀性。环境水对钢结构具弱腐蚀性。

③水库库区未发现永久渗漏问题，不存在库岸稳定问题、浸没问题。

④大坝坝体由石渣区、堆石区及沥青心墙组成。石渣区、堆石区属强透水，坝体填筑料透水较好。沥青心墙作为原坝体防渗系统，已不能满足防渗要求，但在坝体内是相对不透水体，新建防渗系统时应考虑其不利影响。

⑤坝基由下伏侏罗系上统黄尖组流纹质晶屑凝灰岩（J_3h）组成，大坝迎水坡、背水坡及左右坝肩大部持力层为弱风化岩，局部为强风化岩。坝体基岩作为大坝地基持力层，满足上部建筑物要求。弱风化基岩属弱透水性，防渗性能较好，两岸强风化岩透水性较好，防渗系统应向两岸适当延伸。

14 工程任务规模及特征参数分析

14.1 水库除险加固必要性

一、水库现状存在主要问题

水库运行近40年来经历了多次洪水的考验，在灌溉、防洪等方面发挥了较大的经济和社会效益。但水库建造年代较早，受当时条件限制，建筑物设计和施工质量不满足现行有关规范要求。

2012年杭州市水利水电勘测设计院对九里坑水库进行了安全技术认定工作，于2013年编制完成了《建德市九里坑水库大坝安全技术认定综合评价报告》，报告通过了审查，并认定本工程大坝安全综合评价为三类坝，须进行大坝除险加固。

根据九里坑水库安全技术认定报告书，结合本次现场检查，工程目前主要存在以下问题：

(1) 经防洪复核，防浪墙顶高程不满足规范要求。

(2) 大坝沥青砼心墙老化失效，大坝左岸坝肩、溢洪道基岩、坝体与基岩接触带存在渗漏。

(3) 工程无上坝防汛道路，无法保证汛期防汛检查或抢险交通的需求。

(4) 水库观测设施不完善，遥测设施无信号。

(5) 溢洪道无消能设施及对下游保护设施。

二、水库安全认定结论

九里坑水库工程质量评定为“不合格”；水库防洪安全性级别为“B”级；大坝结构安全性级别为“B”级；大坝渗流安全性级别为“C”级。综上所述，根据《水库大坝安全评价导则》(SL 258—2000)和《水库大坝安全鉴定办法》规定，九里坑水库评定为“三类坝”。

三、水库除险加固必要性

(1) 除险加固是水库大坝和下游防洪安全的迫切要求

九里坑水库是一座以灌溉为主，兼有防洪、发电等综合利用的小(一)水库。水库大坝安全关系到水库下游村民生命财产安危，关系到当地社会经济的可持续发展与繁荣。由于水库目前存在的种种不安全因素，影响水库的正常运行，工程效益不能充分发挥。随着建德市社会经济的迅速发展，对九里坑水库实施除险加固，消除大坝安全隐患，确保水库大坝及下游防洪安全，已成为当地政府和水库下游广大人民群众的迫切要求。

(2) 除险加固是水库增加供水功能的重要前提

慈岩镇现状仅靠石柱源水库单一水源供水，石柱源水库总库容 98 万 m^3，现状供水 0.5 万 m^3/d，年能供水量为 180 万 m^3/年，不能满足大慈岩镇工业用水及居民生活用水需求。另外，大慈岩镇现状仅靠石柱源水库单一水源供水，水源一旦遭到破坏，出现水质污染情况下，水厂无法正常取水，将严重威胁到城乡居民的饮水安全问题。因此，建立储备备用水源是大慈岩镇饮用水安全保障的迫切需要。本次九里坑水库除险加固后将通过后续相关工程引水至石柱源水库，与石柱源水库联合供水，保障大慈岩镇工业及生活用水需求及用水安全。因此，水库除险加固是水库今后增加供水功能、改善大慈岩供水不足、保障居民供水安全的重要前提。

(3) 除险加固是发挥水库功能和发展当地经济的重要保障

目前九里坑水库除保护坝址以下新叶村的防洪安全外，还承担着下游 5 500 亩农田的灌溉及电站发电任务。只有实施除险加固，确保工程安全的前提下，九里坑水库才能很好地承担起灌溉、防洪、发电等功能。同时，也为发展当地经济和招商引资创造良好条件。因此，九里坑水库除险加固工程是充分发挥水库功能及其经济效益的重要前提。

综上所述，实施九里坑水库除险加固工程，对于加强九里坑水库和下游村庄的防洪安全，消除工程隐患，避免重大生命财产损失是十分必要和非常迫切的；对于水库工程的正常运行、流域水资源充分利用、促进当地村镇社会经济的持续稳定发展亦是十分必要和非常迫切的。

14.2 工程任务和规模

一、工程任务

九里坑水库现状是一座以灌溉为主，兼有防洪、发电等综合利用的小(一)水库。本次除险加固后，九里坑水库计划通过后续工程增加供水功能，作为大慈岩镇供水备用水源与石柱源水库联合供水。

九里坑水库除险加固工程的任务是对水库枢纽建筑物进行除险加固，消除工程存在的安全隐患，确保九里坑水库的安全，并充分发挥水库枢纽的功能。

二、工程除险加固主要内容

针对水库工程现状存在的问题，本次水库除险加固工程主要内容为：

(1) 加高坝顶，使工程防洪能力满足现行规范要求。

(2) 大坝上游浇筑 30 cm 厚 C25W8F100 砼防渗面板，面板下填筑水平宽度为 3.0 m 的碎石垫层，坝基浇筑 C25W8F100 砼趾板及趾墙，并对坝基进行固结灌浆和帷幕灌浆，坝基帷幕灌浆向两岸坝肩各延伸 10 m。

(3) 对拦河坝坝顶进行加高及整理，加固后坝顶宽 6 m，上下游设青石栏杆；坝顶浇筑 6.00 m 宽 C20 砼路面，坝顶上游设 1.0 m 宽检查小道。水库加固后坝轴线长 101.80 m，坝顶宽 6.00 m，坝顶高程为 359.50 m。

(4) 对拦河坝下游坝坡进行整理，下游分四级坝坡，坡度皆为 1.0∶1.6。下游坝坡于高程 358.50 m、350.65 m、336.65 m 设三级马道，宽度分别为 9.2 m、5.0 m、1.5 m。一级马道设 4.0 m 宽绿化带，大坝下游坡坡面采用 20 cm 干砌粗条石护面，并在下游坡设条石踏步一条，宽 2.5 m；对现状坝下渗漏检查洞进行改造加固，作为坝体排水隧洞。

(5) 对水库溢洪道进行加固改造，控制段浇筑 C25F50 砼折线形低堰，堰顶高程为 356.00 m，溢流堰总净宽为 17.40 m，对溢洪道基础进行固结灌浆；对溢洪道泄槽段底部及两岸山体进行衬砌。

(6) 对输水隧洞进水口进行改造，进水口高程 330.48 m，于进水口埋设 DN600 mm 压力钢管，并新建启闭机房、更换闸门及启闭设备；对输水隧洞原衬砌拆除并重新进行衬砌，对进口段 10 m 进行封堵并埋设 DN600 mm 压力钢管接出；输水隧洞出口设竖井，连接下游引水管道。

(7) 新建上坝道路 551.67 m，新建进库道路 1 800 m。

(8) 增设大坝安全监测设施。

(9) 拆除大坝下游坝脚废弃房屋，并对大坝下游管理范围进行平整、绿化，并新建水库管理房。

14.3 水库调洪计算

九里坑水库原设计洪水标准采用 50 年一遇，校核洪水标准为 500 年一遇。根据《水利水电工程等级划分及洪水标准》(SL 252—2017)，本次九里坑水库加固工程设计洪水标准采用 50 年一遇，校核洪水标准为 500 年一遇。

一、调洪原则和方法

根据确定的设计洪水过程线、库容曲线和溢洪道的泄流能力曲线，求出水库水位过程及泄流过程。

计算原理与方法：采用静库容调洪法，假定水库库容与库水位在 dt 时段内成直线变化，按以下水量平衡方程进行调洪演算：

$$(I_{始}+I_{末})/2-(Q_{始}+Q_{末})/2=(V_{末}-V_{始})/\mathrm{d}t$$

式中：

$I_{始}$、$I_{末}$——分别为时段 dt 初、末的入库流量，m^3/s；

$Q_{始}$、$Q_{末}$——分别为时段 dt 初、末的出库流量，m^3/s；

$V_{始}$、$V_{末}$——分别为时段 dt 初、末的水库蓄量，m^3/s。

水库泄水量 Q 与坝前库水位 Z 有如下关系：

$$Q=f(z)$$

本水库泄水建筑物仅有开敞式正槽溢洪道，故式中 Q 与 Z 的关系仅与溢洪道形式和尺寸有关。水库蓄水量 V 与库水位 Z 的关系由库容曲线给出，即

$$V=f(z)$$

联解以上方程式，即可求得各时段的坝前水位、水库泄量及蓄水量。根据上述原理，编制电算程序，采用试算法迭代求解，逐时段连续演算，完成整个调洪过程。

调洪原则如下：

(1) 起调水位为 356.00 m，即正常蓄水位(溢洪道堰顶高程)；

(2) 当库水位超过堰顶高程 356.00 m 时，水库通过正槽溢洪道按自流宣泄方式泄流；

(3) 遇 50 年一遇洪水时，按水量平衡原则调得的水库最高水位即设计洪水位；

(4) 遇 500 年一遇洪水时，按水量平衡原则调得的水库最高水位即校核洪水位；

(5) 遇 20 年一遇洪水时，按水量平衡原则调得的下泄流量为消能防冲的设计流量。

二、水位-库容关系

本次设计采用“安全鉴定”中的水位-库容关系，见表 14.3-1。

表 14.3-1　九里坑水库水位-库容关系

序号	水位(m)	库容(万 m^3)	序号	水位(m)	库容(万 m^3)
1	338	16	9	354	106
2	340	22	10	356	125
3	342	29	11	358	147
4	344	38	12	360	170
5	346	49	13	362	196

续表

序号	水位(m)	库容(万 m³)	序号	水位(m)	库容(万 m³)
6	348	61	14	364	224
7	350	75	15	366	255
8	352	90	16	368	288

水位-库容曲线见图 14.3-1。

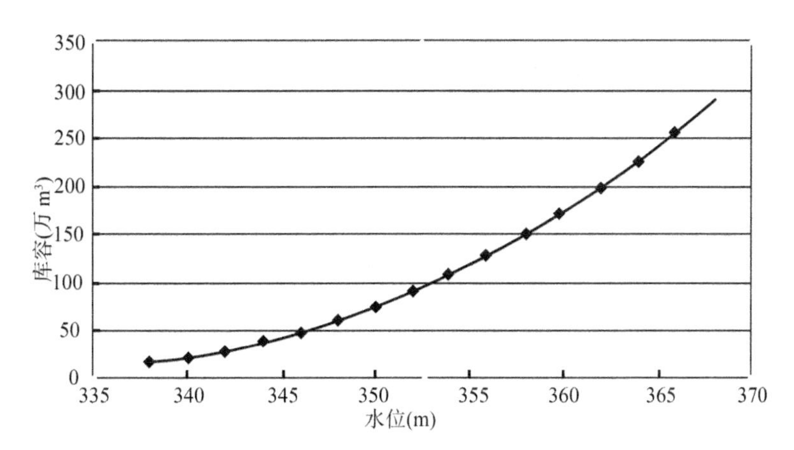

图 14.3-1 九里坑水库水位-库容关系曲线

三、水位-溢洪道泄流量关系

本水库溢洪道为正槽式，设计堰顶高程 356.00 m，溢流堰溢流净宽为 17.4 m，设计堰型为实用堰，经判别孔泄流系数为 1.77。

堰流公式如下：

$$Q=\sigma_s\sigma_c mnb\sqrt{2g}H_0^{3/2}$$

五、水库特征水位

根据调洪演算成果，分析得水库特征水位见表 14.3-2。

表 14.3-2 本次设计水库特征水位表

名称	水位(m)	相应库容(m³)	相应洪峰流量(m³/s)	相应下泄流量(m³/s)
正常蓄水位	356.00	125.0	—	—
设计洪水位(P=2%)	357.60	142.59	96.94	61.61
校核洪水位(P=0.2%)	358.09	148.04	142.01	91.99
(P=5%)	357.41	140.46	80.06	50.70

六、溢洪道水面线计算

溢洪道水面线用分段求和法计算，计算公式如下：

$$\Delta l_{1-2}=\frac{\left(h_2\cos\theta+\frac{\alpha_2 u_2^2}{2g}\right)-\left(h_1\cos\theta+\frac{\alpha_1 v_1^2}{2g}\right)}{i-J}$$

$$\overline{J}=\frac{n^2\overline{v}^2}{\overline{R}^{4/3}}$$

式中：Δl_{1-2}——分段长度，m；

h_1、h_2——分段始、末断面水深，m；

v_1、v_2——分段始、末断面平均流速，m/s；

α_1、α_2——流速分布不均匀系数，取 1.05；

θ——泄槽底坡角度，°；

i——泄槽底坡，$i=\tan\theta$；

$\overline{J}$——分段内平均摩阻坡降；

n——泄槽槽身糙率系数；

$\overline{v}$——分段平均流速，$\overline{v}=(v_1+v_2)/2$，m/s；

$\overline{R}$——分段平均水力半径，$\overline{R}=(R_1+R_2)/2$，m。

本工程溢洪道泄槽相关水力计算见表 14.3-3。

表 14.3-3 泄槽溢洪道水面线

桩号	设计底高程(m)	水位(P=0.2%)	水深(m)
Y0-02.00	355.50	356.53	2.59
Y0+01.75	355.15	356.95	1.45
Y0+08.80	354.80	356.90	1.65
Y0+15.75	354.52	356.11	1.96
Y0+21.31	354.07	355.43	1.68
Y0+30.41	353.74	355.00	1.37
Y0+37.70	353.44	354.27	1.23
Y0+40.54	348.60	349.23	1.19
Y0+45.50	355.50	356.53	0.83

七、泄洪渠水面线计算

设计河段洪水位采用恒定非均匀流计算，将计算河道划分为若干河段，各断面间符合能量守恒公式，相邻上断面水位由下断面水位逐一推算，具体方程如下：

$$Z_1+\frac{\partial_1 V_1^2}{2g}=Z_2+\frac{\partial_2 V_2^2}{2g}+h_f+h_j$$

$$h_f=\frac{1}{2}\left(\frac{Q^2}{K_1^2}+\frac{Q^2}{K_2^2}\right)$$

两断面之间的能量水头损失包括摩擦阻力损失和收缩(扩张)损失,能量损失计算方程如下:

$$h_e=L\overline{S}_f+C\left|\frac{\alpha_2 V_2^2}{2g}-\frac{\alpha_1 V_1^2}{2g}\right| \tag{3}$$

式中:L——断面间距,m;

$\overline{S}_f$——两断面间摩擦阻力坡度;

C——扩张或收缩损失系数。

经量算,大坝下游冲沟的集雨面积约 0.43 km^2,通过浙江省推理公式法计算,50 年一遇流量为 15.5 m^3/s。经水库调洪后的下泄流量为 61.61 m^3/s,汇入冲沟小流域的洪峰流量后,泄洪渠的 50 年一遇洪峰流量为 77.11 m^3/s。通过能量方程计算,水位见表 14.3-4。

表 14.3-4 泄洪渠在 2%泄洪条件下的流量及水位关系

桩号	水位(2%)(m)
X0+00	335.65
X0+30	333.22
X0+60	332.01
X0+85	331.82

15 工程布置及建筑物加固方案研究

15.1 设计依据

一、主要标准、规范及资料

《水利水电工程等级划分及洪水标准》(SL 252—2017)
《水利水电工程设计洪水计算规范》(SL 44—2006)
《水利工程水利计算规范》(SL 104—95)
《碾压式土石坝设计规范》(SL 274—2001)及其补充规定
《溢洪道设计规范》(SL 253—2000)及其补充规定
《水工混凝土结构设计规范》(SL 191—2008)
《水利水电工程启闭机设计规范》(SL 41—2011)
《混凝土面板堆石坝设计规范》(SL 228—2013)
《水工挡土墙设计规范》(SL 379—2007)
《水利水电工程初步设计报告编制规程》(SL 619—2013)
《九里坑水库大坝安全技术认定综合评价报告》(杭州市水利水电勘测设计院 2013 年)
《浙江省建德市九里坑水库安全鉴定工程地质勘查报告》(2013 年)
2012 年实测坝区地形图(1∶500)、大坝及溢洪道断面图等

二、设计基本资料

(1) 九里坑水库大坝现状存在主要问题

水库运行近 40 年来经历了多次洪水的考验,在灌溉、防洪等方面发挥了较大的经济和社会效益。但水库建造年代较早,受当时条件限制,建筑物设计和施工质量不满足现行有关规范要求。

2012 年杭州市水利水电勘测设计院对九里坑水库进行了安全技术认定工作,于 2013 年编制完成了《建德市九里坑水库大坝安全技术认定综合评价报告》,报告通过了审查,并认定本工程大坝安全综合评价为三类坝,须进行大坝除险加固。

根据九里坑水库安全技术认定报告书，工程目前主要存在以下问题：

1）防浪墙顶高程不满足规范要求。

2）大坝沥青砼心墙老化失效，大坝左岸坝肩、溢洪道基岩、坝体与基岩接触带存在渗漏。

3）无上坝防汛道路，无法保证汛期检查或抢险交通的需要。

4）观测设施不完善，遥测设施无信号。

5）溢洪道无消能及对下游保护设施。

（2）工程任务

九里坑水库是一座以灌溉为主，兼有防洪、发电等综合利用的小(一)水库。

九里坑水库除险加固工程的任务是对水库枢纽建筑物进行除险加固，消除工程存在的安全隐患，确保九里坑水库的安全，并充分发挥水库枢纽的功能。

（3）水库特征水位表

九里坑水库调洪原则：

1）水库起调水位为 356.00 m；

2）水库水位超过 356.00 m 时，溢洪道自由溢流。

水库调洪成果见表 15.1-1。

表 15.1-1　本次设计水库特征水位表

名称	水位(m)	相应库容(万 m^3)	相应洪峰流量(m^3/s)	相应下泄流量(m^3/s)
正常蓄水位	356.00	125.0	/	/
设计洪水位($P=2\%$)	357.60	142.59	96.94	61.61
校核洪水位($P=0.2\%$)	358.09	148.04	142.01	91.99

（4）气象要素

多年平均气温 16.7℃；

多年平均相对湿度 77.7%；

多年平均年降水量 1 561.8 mm；

多年平均年蒸发量 800 mm～900 mm；

多年平均年最大风速 18.0 m/s；

风区长度 430 m。

（5）地基特性和设计参数

工程区地层岩性为侏罗纪上统劳村组变质岩和坝体填筑块石。根据现场地质调查和钻探资料，工程区出露的底层岩性由新至老分述如下：

1）块石(Q_4^r)：灰白色、褐灰色，为人工堆填块石，内部混凝土充填。碎石粒径 2 cm～8 cm，块石块径一般 20 cm～40 cm。揭露厚度 4 m～26.90 m，底层高层 328.46 m～349.95 m。

2）侏罗系上统劳村组变质岩($J_3 1$)：紫红色熔结凝灰岩，呈弱风化状态，主要分布于坝基及大坝两侧。本次大坝揭露弱风化层最大厚度 2.10 m。

3）侏罗系上统黄尖组(J_3h)：流纹质晶屑凝灰岩，层厚 11.00 m，本层未揭穿。

a. 拦河坝

据钻探揭露，坝基地层岩性主要为侏罗系上统劳村组熔结凝灰岩。基岩风化深度不大，主要在坝肩分布，本次钻探未发现全～强风化层，弱风化层最大揭露厚度 11.00 m，构成主要的坝基、坝肩岩体。

压水试验成果显示，基岩相对隔水层($K \leqslant 1.0\times10^{-4}$ cm/s)分布在弱风化基岩面以下 10 m～15 m 左右。从现场试验测得渗透系数值，到水库多年运行实际状况来看，初步认为坝区内相对透水层(渗透系数 $K \geqslant 1.0\times10^{-4}$ cm/s)主要分布在弱风化基岩上部以及坝体堆填块石。

经现场调查和钻孔资料分析，认为主要是坝体堆填质量不均匀，沥青砼防渗心墙质量差，筑坝时坝基与下部弱风化基岩接触带防渗处理达不到要求，坝肩与坝体接触带没有清除干净，留下渗漏隐患，病险主要部位在坝体渗漏检查洞出口。产生渗漏的原因主要是沥青砼防渗心墙老化失效，坝基弱风化带浅层及接触带渗透系数较大而做防渗处理达不到要求所致。

建议参数：弱风化岩承载力标准值：f_k＝1.05 MPa～2.11 MPa；抗剪断强度：弱风化岩 f'＝0.55～0.80，C'＝0.30 MPa～0.70 MPa；E＝2.0 GPa～5 GPa；岩石抗冲刷系数 K＝0.8～1.2。

建议参数：坝、闸基础与地基土间摩擦系数取值为 $0.60 \geqslant f > 0.55$。

b. 溢洪道

溢洪道位于大坝左侧，为正槽式，由山体开挖而成。堰顶高程 355.72 m。

溢洪道为正槽式形式，坐落在弱风化凝灰岩上，溢洪道位置主要以地质测绘为主，由于泄洪道进口底部为碎石，属中等～强透水性，并且根据现场观测，溢洪道底部碎石渗透系数较大，主要渗漏带在上部碎石段，为中等透水～强透水性。

建议参数：弱风化岩承载力标准值：f_k＝1.05 MPa～2.11 MPa；抗剪断强度：弱风化岩 f'＝0.55～0.80，C'＝0.30 MPa～0.70 MPa；E＝2 GPa～5 GPa；岩石抗冲刷系数 K＝0.8～1.2。

c. 输水隧洞

输水隧洞位于大坝左岸山体，由山体开挖而成，进水口为砼管，圆形，直径 0.80 m。

输水隧洞出水口位于大坝下游左侧，出水口隧洞衬砌老化，存在漏水现象。隧洞建成运行至今已有近 40 年，洞身衬砌老化，存在漏水现象。

(6) 地震动参数

工程所处区域为浙西中低山-丘陵区，地表以分割破碎的低山丘陵为特色，整个地势为西北和东南两边高、中间低，自西南向东北倾斜。地质构造属于钱塘江凹槽带，库区地质构造较简单，无活动性断裂及区域大构造通过，地质构造稳定性较好。

从历史地震及区域地震资料认为，测区区域稳定性良好，属构造稳定地段，仅有轻微地震影响。根据《中国地震动参数区划图》(GB 18306—2015)，工程区地震动峰值加速度为 0.05 g，地震动反应谱特征周期为 0.35 s，相应地震基本烈度<Ⅵ度。

(7) 建筑材料特性及设计参数

本工程主要材料：砼灌砌石容重 25.0 kN/m^3，素砼容重 24.0 kN/m^3，砼埋石及钢筋砼容重 25.0 kN/m^3，；砼强度等级为 C15、C20、C25、C30，抗冻等级采用 F100、F50，抗渗等级采用 W8；钢筋为 HPB300、HRB400。砼、钢筋的设计参数详见表 15.1-2、表 15.1-3。

表 15.1-2 砼设计参数表

砼强度等级	轴心抗压强度(MPa)	轴心抗拉强度(MPa)	设计强度龄期	抗渗等级	抗冻等级
C15	7.2	0.91	28d	—	—
C20	9.6	1.1	28d	—	F50
C25	11.9	1.27	28d	W8/W6	F50
C30	14.3	1.43	28d	—	F50

表 15.1-3 钢筋设计参数表

钢筋种类	抗压强度(MPa)	抗拉强度(MPa)	弹性模量(MPa)
HPB300	270	270	2.1×10^5
HRB400	360	360	2.0×10^5

(8) 安全系数和安全超高

1) 拦河坝下游坝坡抗滑稳定安全系数

本工程拦河坝为 4 级建筑物，根据《碾压式土石坝设计规范》(SL 274—2001)规定，下游坝坡抗滑稳定最小安全系数应符合下列要求：

基本组合(正常运用条件)为 1.25，

特殊组合(非常运用条件)为 1.15。

2) 溢洪道溢流堰抗滑稳定最小安全系数

基本荷载组合 3.0，

特殊荷载组合 2.5。

3) 拦河坝安全超高

拦河坝为 4 级建筑物，坝顶安全超高应符合下列要求：

设计工况条件为 0.5 m，

校核工况条件为 0.3 m。

4) 溢洪道控制段安全超高下限值

挡水：0.4 m，

泄洪:0.3 m。

5)溢洪道溢流堰基础容许应力:

基本荷载组合:最大垂直压应力 1.5 MPa,

最小垂直压应力 0.0 MPa;

特殊荷载组合:最大垂直压应力 1.5 MPa,

最小垂直压应力 0.0 MPa。

15.2 工程等级和防洪标准

一、工程等别及建筑物级别

九里坑水库是一座以灌溉为主,兼有防洪、发电等综合利用的小(一)水库。灌溉农田 5 500 亩,一级电站现已废除,二级电站设计总装机为 410 kW。水库枢纽由拦河坝、正槽式溢洪道、输水隧洞及发电厂房等建筑物组成。水库现状总库容为 147.56 万 m^3(水库安全技术认定复核总库容为 144 万 m^3),除险加固后总库容为 148.04 万 m^3。

根据《水利水电工程等级划分及洪水标准》(SL 252—2017)中的内容,九里坑水库属于小(一)型水库,工程等别为Ⅳ等,拦河坝、溢洪道及输水隧洞等主要建筑物为 4 级,其他建筑物为 5 级建筑物。

二、洪水标准

九里坑水库原设计洪水标准采用 50 年一遇,校核洪水标准为 500 年一遇。根据《水利水电工程等级划分及洪水标准》(SL 252—2017),结合工程实际,本次九里坑水库加固工程设计洪水标准采用 50 年一遇,校核洪水标准为 500 年一遇。主要建筑物等级及防洪标准见表 15.2-1。

表 15.2-1 主要建筑物等级及防洪标准

项目名称		建筑物级别	洪水标准[重现期(年)]	
			设计	校核
永久建筑物	大坝	4	50	500
	溢洪道	4	50	500
	输水隧洞	4	50	500
	消能设施	4	20	
临时建筑物	土石围堰	5	非汛期 5 年一遇	

15.3 除险加固主要内容

一、工程目前存在的主要问题

水库运行近40年来经历了多次洪水的考验，在灌溉、防洪等方面发挥了较大的经济和社会效益。但水库建造年代较早，受当时条件限制，建筑物设计和施工质量不满足现行有关规范要求。

2012年杭州市水利水电勘测设计院对九里坑水库进行了安全技术认定工作，于2013年编制完成了《建德市九里坑水库大坝安全技术认定综合评价报告》，报告通过了审查，并认定本工程大坝安全综合评价为三类坝，须进行大坝除险加固。

根据九里坑水库安全技术认定报告书，工程目前主要存在以下问题：

(1) 防浪墙顶高程不满足规范要求。

(2) 大坝沥青砼心墙老化失效，大坝左岸坝肩、溢洪道基岩、坝体与基岩接触带存在渗漏。

(3) 无上坝防汛道路，无法保证汛期检查或抢险交通的需要。

(4) 观测设施不完善，遥测设施无信号。

(5) 溢洪道无消能及对下游保护设施。

二、水库除险加固主要项目及内容

针对水库工程现状存在的问题，本次水库除险加固工程主要内容为：

(1) 加高坝顶，使工程防洪能力满足现行规范要求。

(2) 大坝上游浇筑30 cm厚C25W8F100砼防渗面板，面板下填筑水平宽度为3.0 m的碎石垫层，坝基浇筑C25W8F100砼趾板及趾墙，并对坝基进行固结灌浆和帷幕灌浆，坝基帷幕灌浆向两岸坝肩各延伸10 m。

(3) 对拦河坝坝顶进行加高及整理，加固后坝顶宽6 m，上下游设青石栏杆；坝顶浇筑6.00 m宽C20砼路面，坝顶上游设1.0 m宽检查小道。水库加固后坝轴线长101.80 m，坝顶宽6.00 m，坝顶高程为359.50 m。

(4) 对拦河坝下游坝坡进行整理，下游分四级坝坡，坡度皆为1.0∶1.6。下游坝坡于高程358.50 m、350.65 m、336.65 m设三级马道，宽度分别为9.2 m、5.0 m、1.5 m。一级马道设4.0 m宽绿化带，大坝下游坡坡面采用20 cm干砌粗条石护面，并在下游坡设条石踏步一条，宽2.5 m；对现状坝下渗漏检查洞进行改造加固，作为坝体排水隧洞。

(5) 对水库溢洪道进行加固改造，控制段浇筑C25F50砼折线形低堰，堰顶高程为356.00 m，溢流堰总净宽为17.40 m，对溢洪道基础进行固结灌浆；对溢洪道泄槽段底部及两岸山体进行衬砌。

(6) 对输水隧洞进水口进行改造,进水口高程 330.48 m,于进水口埋设 DN600 mm 压力钢管,并新建启闭机房、更换闸门及启闭设备;对输水隧洞原衬砌拆除并重新进行衬砌,对进口段 10 m 进行封堵并埋设 DN600 mm 压力钢管接出;输水隧洞出口设竖井,连接下游引水管道。

(7) 新建上坝道路 551.67 m,新建进库道路 1 800 m。

(8) 增设大坝安全监测设施。

(9) 拆除大坝坝脚废弃电站管理房;拆除大坝下游坝脚废弃房屋,并对大坝下游管理范围进行平整、绿化,并新建水库管理房。

15.4 工程总布置

九里坑水库位于建德市大慈岩镇新叶村,坝址坐落于寿昌江翠坑溪上,距大慈岩镇约 13 km;是一座以灌溉为主,兼有防洪、发电等综合利用的小(一)水库。

一、除险加固前工程总布置

除险加固前水库正常蓄水位 355.72 m,水库相应正常库容 122.34 万 m^3,水库总库容 147.56 万 m^3。

水库现状主要建筑物包括拦河坝、溢洪道、输水隧洞及发电厂房等建筑物。坝下一级电站厂房现已废弃,不列入本次除险加固范围。

(1) 拦河坝:大坝坝型为沥青砼心墙堆石坝,坝体从上游至下游依次为上游干砌石护坡、堆石体、石渣体、堆石体、沥青砼防渗心墙、堆石体及下游干砌石护坡等。坝顶高程 357.80 m～357.93 m,最大坝高 36.0 m,坝顶轴线长 92.62 m,坝顶平均宽 15.55 m,防浪墙高 0.5 m。大坝上游坝坡 1.00∶1.22～1.00∶1.48,下游坝坡自上而下依次为 1.00∶1.62、1.00∶1.49、1.00∶1.48 三级。

(2) 溢洪道:溢洪道位于大坝左岸,由山体开挖而成,两岸山坡及底部未进行衬砌。溢洪道为正槽式溢洪道,无闸门控制,自由溢流。溢流堰为山体开挖而成,堰顶高程 355.72 m,溢洪道控制过水断面现状净宽 17.4 m。溢洪道泄槽平均底坡为 1.0∶19.5,陡坡段底坡 1.00∶1.02。溢洪道陡坡下接泄洪渠。

(3) 输水隧洞:输水隧洞位于大坝左岸山体,由山体开挖而成,进水口为砼管,圆形,直径 0.80 m。隧洞总长 86 m,开挖断面为 2.0 m×2.0 m,进口段 11 m,采用钢筋砼衬砌,断面为 1.4×1.4 m;出口段 27.10 m 采用浆砌块石衬砌,断面为 1.5 m×1.8 m;中间段未进行衬砌。输水隧洞出口段内铺设 DN600 钢管通至坝下一级电站厂房。

输水隧洞进水口设 Φ800 斜拉式插板闸门,启闭机房位于大坝左岸山顶。

二、除险加固后工程总布置

九里坑水库除险加固后对水库主要建筑物进行了调整，除险加固后水库正常蓄水位 356.00 m，相应库容 125.00 万 m^3，设计洪水位 357.60 m(P=2.0%)，相应库容 142.59 万 m^3，校核洪水位 358.09 m(P=0.2%)，相应库容 148.04 万 m^3。

水库除险加固后主要建筑物包括拦河坝、溢洪道、输水隧洞、上坝道路、进库道路及发电厂房等建筑物。

(1) 拦河坝

拦河坝除险加固后，坝型为混凝土面板堆石坝，坝轴线长度 101.80 m，拦河坝坝顶高程为 359.50 m，坝顶宽度为 6.00 m。

拦河坝现状坝顶高程及防浪墙顶高程不满足现行规范要求，本次对坝顶加高至 359.50 m；大坝顶部浇筑 6.0 mC20 砼路面，坝顶上、下游设青石栏杆。

为解决大坝防渗，除险加固设计在大坝上游浇筑厚度 0.3 m 的 C25W8F100 砼防渗面板，加固后大坝上游坡坡度为 1.00∶1.35，防渗面板下填筑碎石垫层，垫层水平宽度为 3.0 m。由于大坝坝基接触段透水率最大为 25.21 Lu，坝基基岩为中等～弱透水性，特别是坝肩接触段基岩为中等透水，大坝存在接触渗漏和绕坝渗漏隐患。本次加固设计在大坝防渗面板基础处浇筑砼趾板及砼趾墙，对趾板、趾墙基础进行帷幕灌浆处理，孔距 2.0 m，孔底深入相对不透水层线以下 5.0 m，坝基帷幕灌浆向两岸坝肩各延伸 10 m。

大坝下游坝坡局部不平整，坡面干砌块石护坡较破碎。本次对大坝下游坝坡进行整理，加固后大坝下游坝坡为四级坝坡，坡度皆为 1.0∶1.6，在下游坝坡高程 358.50 m、350.65 m 和 336.65 m 设两级马道，宽度分别为 9.2 m、5.0 m、1.5 m，一级马道上设 4.0 m 宽绿化带。下游坡坡面铺设 20 cm 厚干砌粗条石护面，并在下游坡设条石踏步一条，宽 2.5 m；对现状坝下渗漏检查洞进行改造加固，凿通坝体现状防渗体，并对洞身进行衬砌，作为坝体排水隧洞。

(2) 溢洪道

由于溢洪道底部现状较破碎，两岸岩质边坡未进行衬砌，影响泄洪。本次加固对溢洪道进行加固改造。溢洪道控制段浇筑 C25F50 砼折线形低堰，堰顶高程为 356.00 m，溢流堰总净宽为 17.40 m；对溢洪道泄槽段底部及两岸山体进行衬砌。对溢流堰基础进行固结灌浆，孔距 2.0 m，孔底深入岩基下 5 m。

加固后溢洪道由控制段及泄槽段构成。

溢洪道控制段新建溢流堰采用 C25F50 砼结构，溢流总净宽 17.40 m，堰顶高程为 356.00 m。溢流堰基础进行帷幕灌浆处理，孔距 2.0 m，孔底深入相对不透水层以下 5 m。

泄槽段(桩号 Y0+001.75～Y0+040.54)长 38.79 m，底坡为 1.0∶20.0。侧槽底

部采用C25F50砼底板,厚0.4 m。侧槽两岸山体采用C25F50砼衬砌,最薄衬砌厚度控制为30 cm。

陡槽段(桩号Y0+040.54～Y0+045.50)长4.96 m,底坡为1.0∶1.0。侧槽底部采用C25F50砼底板,厚0.4 m。陡槽左岸山体采用C25F50砼衬砌,最薄衬砌厚度控制为30 cm;右岸设C20砼边墙,边墙临水侧采用C25F50砼衬砌,衬砌厚度控制为30 cm。

溢洪道泄槽底部及两岸山体衬砌每个10 m进行分缝并设止水,泄槽底部设排水沟。

(3) 输水隧洞

现状输水隧洞位于水库左岸,由山体开挖而出,开挖断面为2.0 m×2.0 m。隧洞进水口存在老化,闸门及启闭设备等金属结构锈蚀严重,出口段存在渗漏。本次加固对输水隧洞进水口进行改造,进水口高程为330.48 m,于进水口埋设DN600 mm压力钢管,并新建启闭机房、更换闸门及启闭设备;对输水隧洞重新进行衬砌支护,对隧洞进口段10 m进行封堵并埋设DN600 mm压力钢管接出,输水隧洞出口设竖井,连接下游引水管道;竖井外侧设Φ0.6 m的蝶阀,作为水库放空控制。

(4) 上坝公路

九里坑水库现状无上坝道路,为了运行管理与防汛抢险,须新建上坝公路。根据大坝下游地形条件,新建上坝道路自坝脚至坝顶总长551.67 m,设计路基宽5.0 m,路面宽为4.0 m,靠山侧设排水沟。路面采用C20砼,厚度20 cm,下设20 cm厚水泥碎石稳定层。

水库附近现有林道1 800 m作为进库道路连通库区至现有公路,现状林道路面宽度整体较窄,且高低不平,需进行加固改造。设计路基宽5.0 m,路面宽为4.0 m,靠山侧设排水沟。路面采用C20砼,厚度20 cm,下设20 cm厚水泥碎石稳定层。

(5) 其他

增设大坝安全监测设施;拆除大坝坝脚废弃电站管理房;拆除大坝下游坝脚废弃房屋,并对大坝下游管理范围进行平整、绿化,并新建水库管理房。

15.5 拦河坝加固设计

一、拦河坝概况

九里坑水库始建于1970年3月,1977年9月完工。水库建成后,于1981年及2002年先后进行两次除险加固。1981年水库除险加固主要是对大坝上、下游进行了整理,大坝上游坡坡度由原1.0∶0.5放缓至1.0∶1.3,下游坡坡度由原1.0∶1.2放坡至1.0∶1.5。2002年水库除险加固主要是对拦河坝坝高进行降低,拦河坝最大坝高由原设计44 m降至36 m,溢洪道堰顶高程降低2 m。

大坝坝型为沥青砼心墙堆石坝，坝体从上游至下游依次为上游干砌石护坡、堆石体、石渣体、堆石体、沥青砼防渗心墙、堆石体及下游干砌石护坡等。坝顶高程 357.80 m～357.93 m，最大坝高 36.0 m，坝顶轴线长 92.62 m，坝顶平均宽 15.55 m，防浪墙高 0.5 m。大坝上游坝坡 1.00∶1.22～1.00∶1.48，下游坝坡自上而下依次为 1.00∶1.62、1.00∶1.49、1.00∶1.48 三级。现状拦河坝坝顶为碎石路面，杂草丛生，坝顶无通往坝脚的通道。

结合大坝设计断面图及测量断面图，拦河坝现状典型断面图及现状照片见图 15.5-1、图 15.5-2。

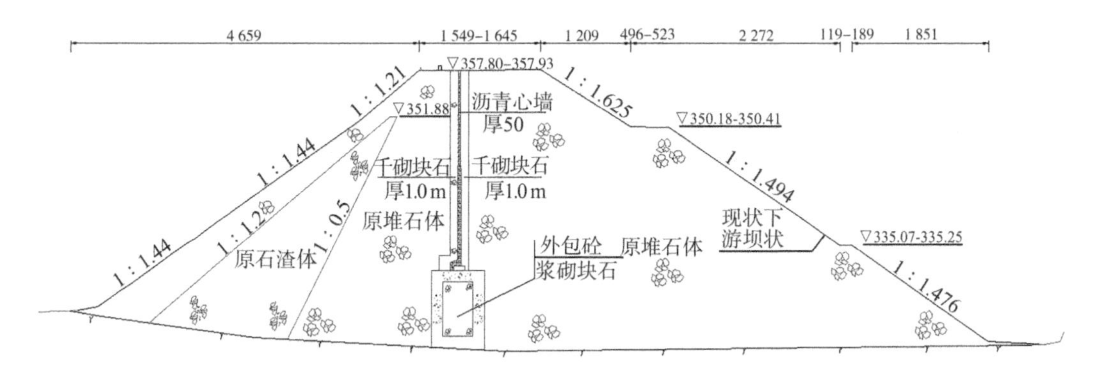

图 15.5-1 大坝现状典型断面图

图 15.5-2 拦河坝上游坝坡现状图

二、拦河坝存在问题

(1) 经防洪复核，水库防洪能力不满足现行规范要求。水库现状溢洪道堰顶高程为 355.72 m，经计算，水库现状设计洪水位为 357.55 m，校核洪水位为 358.04 m，水库大坝计算最大坝顶高程为 359.44 m。大坝现状坝顶高程为 357.80 m～357.93 m，低于校核洪水位 358.08 m；防浪墙顶高程为 358.30 m～358.43 m，低于大坝计算最大坝顶高程 359.44 m。水库防洪能力不能满足现行规范要求。

（2）大坝沥青砼心墙老化失效，大坝左岸坝肩、坝体与基岩接触带存在渗漏。现状大坝结构为沥青砼心墙堆石坝，沥青砼心墙老化失效，产生渗漏通道；沥青砼防渗心墙浇筑质量较差，另筑坝时心墙与下部弱风化基岩接触带防渗处理达不到要求，坝肩与坝体接触带没有清除干净，留下渗漏隐患。大坝下游现有一坝体渗漏检查洞，经水库管理人员反映，水库库水位较高时，大坝存在明显渗漏现象。

（3）大坝坝顶上游压顶砼存在裂缝和沉降，下游坝坡不平整，下游坡表面干砌块石护坡风化较严重，局部出现块石缺失及凸起现象，现状未设置坝顶通往坝脚通道。

三、拦河坝加固设计

（1）坝顶高程复核

大坝加固后拦河坝为混凝土面板堆石坝，溢洪道堰顶高程为 356.00 m。根据《防洪标准》(GB 50201—2014)及《水利水电工程等级划分及洪水标准》(SL 252—2017)，九里坑水库属于小(一)型水库，工程等别为Ⅳ等，拦河坝、溢洪道及输水隧洞等主要建筑物为 4 级，其他建筑物为 5 级建筑物。本次九里坑水库加固工程设计洪水标准采用 50 年一遇，校核洪水标准为 500 年一遇。经水库调洪计算，水库 50 年一遇的设计洪水位为 357.60 m，500 年一遇的校核洪水位为 358.09 m，根据《碾压式土石坝设计规范》(SL 274—2001)及《混凝土面板堆石坝设计规范》(SL 228—2013)，拦河坝加固后坝顶高程不低于校核洪水位，防浪墙顶高程由水库静水位加相应的安全超高得到。

坝顶高程采用《碾压式土石坝设计规范》(SL 274—2001)中波浪爬高＋风壅水面高度＋安全超高计算。

坝顶超高，即坝顶高程等于水库静水位加上相应坝顶超高，按下列三种情况计算，取其大值：

① 正常蓄水位＋正常运行情况的坝顶超高；

② 设计洪水位＋正常运用情况的坝顶超高；

③ 校核洪水位＋非常运用情况的坝顶超高。

即 $Y=R+e+A$

计算结果见表 15.5-1。

表 15.5-1　波浪要素计算成果表

坝体	项目工况	D(m)	V(m/s)	K_w	H_m(m)	h_m(m)	L_m(m)	R_m(m)
土石坝	正常	380	27	1.024	25.40	0.278	8.549	0.700
	设计	420	27	1.020	27.0	0.294	9.038	0.737
	校核	430	18	1.001	27.49	0.188	5.790	0.463

根据《碾压式土石坝设计规范》(SL 274—2001)，4 级坝设计波浪爬高值采用累积频率为 5%的爬高值 R5%。根据平均波高与坝迎水面水深的比值和相应的累积频率 P(5%)查表得，三种工况下设计波浪爬高与平均波浪爬高的比值 R_P/R_m 均为 1.84。

风壅水面高度可用以下公式计算：

$$e=\frac{KW^2D}{2gH_m}\cos\beta$$

计算结果见表 15.5-2。

表 15.5-2 坝顶超高计算成果表

项目工况	$R5\%$	e	A(m)	Y(m)	计算水位(m)	坝顶计算高程(m)
正常	1.288	0.002	0.5	1.790	356.00	357.79
设计	1.355	0.002	0.5	1.857	357.60	359.46
校核	0.852	0.001	0.3	1.153	358.09	359.24

根据《碾压式土石坝设计规范》(SL 274—2001)规定：正常运用条件下，土石坝坝顶高程应高于静水位 0.5 m，在非常运用条件下，坝顶不低于静水位，防浪墙顶高程应高于最大坝顶计算高程。

加固使工程满足防洪标准要求，考虑到现状坝顶宽度较宽，且溢洪道基础岩石较坚硬、开挖困难，本次采用加高坝顶高程，使工程满足防洪标准要求。

为便于施工及安全等综合考虑，本次工程加固坝顶高程取 359.50 m，坝顶不另设防浪墙。

(2) 坝顶加固

根据复核计算结果，现状坝顶高程及防浪墙顶高程皆不满足防洪要求，需进行加高。坝顶加固可考虑两种方案：

方案一：加高坝顶高程至 359.50 m，坝顶不另设防浪墙；

方案二：坝顶高程加高至 358.50 m，于坝顶上游设 1.0 m 防浪墙，防浪墙顶高程为 359.50 m。

由于大坝现状坝顶宽度较大，两种方案都存在可行性。两个方案投资相差不大，并考虑水库运行管理安全。因此，本阶段认为坝顶加高选用方案一更为合理。

根据方案一的加固方案，加固后坝顶高程为 359.50 m，坝顶宽度为 6.00 m，为便于管理，防浪墙上游设 1.0 m 宽检查小道。大坝顶部浇筑 6.0 mC20 砼路面，坝顶上、下游设青石栏杆。

坝顶结构由上下游青石栏杆及坝顶路面组成。坝顶加固结构情况见图 15.5-3。

1) “L”墙

坝顶上游设 C25W8F50 钢筋砼“L”墙，墙顶高程为 359.50 m，墙底板顶高程为 358.10 m，顶宽 0.4 m。防浪墙底板与上游混凝土防渗面板相连，防浪墙左侧与溢洪道

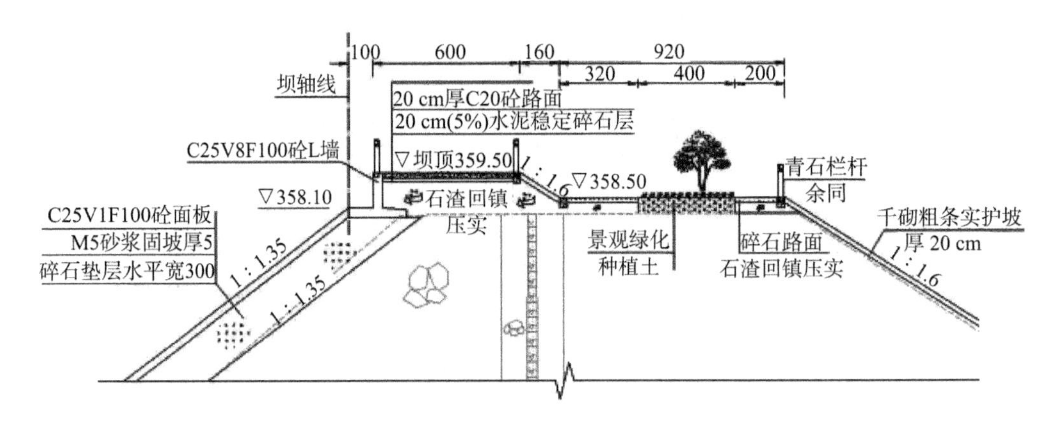

图 15.5-3　坝顶加固结构详图

通道防浪墙连接，右侧与右坝肩基岩连接，形成封闭的防渗体系。

“L”墙每 15.0 m 设分缝，分缝设紫铜止水带一道，全缝采用 SR 柔性材料填充，防浪墙与防渗面板间设紫铜止水带一道，全缝采用 SR 柔性材料填充。

2）坝顶路面

大坝坝顶加高部分采用石渣回填压实。为方便水库运行管理，于坝顶设置 6.0 m 宽交通道路，路面采用 C20 砼，厚 20 cm，砼路面下设 20 cm(5%)水泥稳定碎石层。

3）坝顶上、下游侧栏杆

为大坝运行管理安全及美观考虑，于坝顶上、下游设置青石栏杆，栏杆高 1.20 m，栏杆底部基础 C25 钢筋砼基础，基础尺寸为 30 cm×40 cm(宽×高)。

(3）拦河坝防渗处理

经调查，大坝沥青砼心墙老化失效，大坝左岸坝肩、坝体与基岩接触带存在渗漏。现状大坝结构为沥青砼心墙堆石坝，沥青砼心墙老化失效，产生渗漏通道；沥青砼防渗心墙浇筑质量较差，另筑坝时心墙与下部弱风化基岩接触带防渗处理达不到要求，坝肩与坝体接触带没有清除干净，留下渗漏隐患。大坝下游现有一坝体渗漏检查洞，经水库管理人员反映，水库库水位较高时，大坝存在明显渗漏现象。

本次除险加固，在坝基浇筑砼趾板及趾墙，在趾板、趾墙上浇筑混凝土防渗面板，对大坝基础进行帷幕灌浆处理，基础帷幕灌浆向两岸坝肩各延伸 10 m。由防渗帷幕、趾板、趾墙及共面板共同组成大坝防渗体系。

1）拦河坝防渗处理

为解决大坝防渗，结合本工程库区河沟特点及大坝现状结构特点，本次对拦河坝进行改造，加固改造后坝体为混凝土面板堆石坝。拦河坝坝体采用防渗面板防渗。

对现状坝体上游坝面进行整理，坝坡整理后，于坝坡上填筑碎石垫层，碎石料应充分利用本工程道路开挖碎石料，最后于碎石垫层表面浇筑钢筋砼防渗面板。

根据《混凝土面板堆石坝设计规范》(SL 228—2013)，当采用硬岩堆石料时，面板堆石坝上下游坝坡可采用 1.0∶1.3～1.0∶1.4。结合本工程现状特点，加固后大坝上游坝坡为 1.00∶1.35，混凝土面板顶高程为 358.10 m。根据《混凝土面板堆石坝设计规范》(SL 228—2013)，中低坝可采用 0.3 m～0.4 m 等厚混凝土面板，考虑本工程总作用水头不大，本次采用 0.3 m 等厚面板，面板采用 C25W8F100 混凝土，本工程最大渗透水力梯度为 111，小于规范要求的控制渗透水力梯度不超过 200 的要求。根据水库现状地形、地质特点，大坝混凝土面板基础采用砼趾板及砼趾墙，河床部位及右侧岸坡部位设 C25W8F100 钢筋砼趾板，左侧岸坡部位浇筑 C25W8F100 砼趾墙。其中河床部位砼趾板宽 4.0 m、厚 0.4 m，右侧岸坡部位趾板宽 3.5 m，厚 0.4 m，趾板底部坐落于新鲜基岩上。左侧岸坡砼趾墙顶宽 1.0 m，外坡 1.00∶0.15，坝体侧碎石垫层以上铅直，以下坡度为 1.00∶0.35，趾墙底部坐落于新鲜基岩上。趾板与趾墙底部设 Φ22 mm 锚固钢筋，锚筋长度为 3.5 m，间排距为 1.5 m，交错布置。现状坝体与防渗面板之间填筑碎石垫层，垫层水平宽度为 3.0 m，面板周边缝下游侧设特殊垫层区。

垫层料选用人工砂石掺和，要求碎石垫层级配连续且最大粒径不大于 80 mm，特殊垫层级配连续且最大粒径不大于 40 mm。碎石垫层粒径小于 5 mm 的颗粒含量宜为 35%～55%，小于 0.075 mm 的颗粒含量宜为 4%～8%。压实后应具有内部渗透稳定性、低压缩性、高抗剪强度，并具有良好的施工特性。

防渗面板与趾板、趾墙之间周边缝设一道紫铜止水、SR 防渗保护盖片、镀锌扁钢及镀锌膨胀螺栓。防渗面板每 12 m 设垂直缝，靠近两岸部位分缝距离按实际情况减小。防渗面板、趾墙及趾板分缝设紫铜止水，全缝采用 SR 柔性材料填充。

2) 坝基防渗处理

据钻探揭露，坝基地层岩性主要为侏罗系上统劳村组熔结凝灰岩。基岩风化深度不大，主要在坝肩分布，本次钻探未发现全～强风化层，弱风化层最大揭露厚度 11.00 m，构成主要的坝基、坝肩岩体。压水试验成果显示，基岩相对隔水层分布在弱风化基岩面以下 10 m～15 m 左右。坝基存在渗漏问题，大坝地基未能形成有效的防渗系统，因此须对坝基进行帷幕灌浆处理。钻孔灌浆参照《水工建筑物水泥灌浆施工技术规范》(SL 62—2020)进行，钻孔孔底最大允许偏差应满足该规范。坝基灌浆孔布置在新浇筑的趾板及趾墙上，并向两岸坝肩各延伸 10 m。

坝基帷幕灌浆前应先进行固结灌浆。固结灌浆孔均为垂直孔，趾板中心上下游各布置一排灌浆孔，孔距为 2.0 m，固结灌浆孔深入基岩段长一般为 5 m，地质缺陷部位根据现场实际情况加深或加密。固结灌浆材料采用 P·O 42.5 水泥砂浆，灌浆采用先下游、后上游顺序，灌浆压力由取样实样孔现场确定，控制压力不超过 0.4 MP。

坝基固结灌浆后对坝基进行帷幕灌浆，帷幕灌浆孔均为垂直孔，单排布置，孔距 2.0 m，深入相对不透水层以下 5.0 m。帷幕灌浆采用三序孔进行，钻孔分三次序施工，先灌一序孔，再钻灌二序孔，最后钻灌三序孔。灌浆材料采用 P·O 42.5 水泥砂浆，灌浆方法采用内循环法，自上而下分段进行，每段长 5.0 m，灌浆压力通过灌浆试验确定。灌浆时，射浆管距孔底不得大于 50 cm。当注入率不大于 1 L/min 时，继续灌 90 min，即可结束。

(4) 下游坝坡加固设计

大坝下游坝坡不平整，下游坡表面干砌块石护坡较破碎，局部出现块石缺失及凸起现象，现状未设置坝顶通往坝脚通道。本次对大坝下游坝坡进行整理。

根据《混凝土面板堆石坝设计规范》(SL 228—2013)，当采用硬岩堆石料时，面板堆石坝上下游坝坡可采用 1.0∶1.3～1.0∶1.4。结合本工程现状特点，加固后大坝下游坝坡为四级坝坡，坡度皆为 1.0∶1.6，在下游坝坡高程 358.50 m、350.65 m 和 336.65 m 设两级马道，宽度分别为 9.20 m、5.0 m、1.5 m，其中一级马道(高程 358.50 m)设 4.0 m 宽绿化带。下游坡坡面采用 20 cm 厚干砌粗条石护面，并在下游坡设条石踏步一条，宽 2.5 m；对现状坝下渗漏检查洞进行改造加固，凿通坝体现状防渗体，并对洞身进行衬砌，作为坝体排水隧洞。

15.6 溢洪道加固设计

一、溢洪道概况

现状溢洪道位于大坝左岸，由山体开挖而成，两岸山坡及底部未进行衬砌。溢洪道为正槽式溢洪道，无闸门控制，自由溢流。溢流堰为山体开挖而成，堰顶高程 355.72 m，溢洪道控制过水断面现状净宽 17.4 m。溢洪道泄槽平均底坡为 1.0∶19.5，陡坡段底坡 1∶1.02。溢洪道陡坡下接泄洪渠。

现状溢洪道底部基岩表层局部较破碎，下游泄洪渠堆积石渣较多，影响行洪。

二、溢洪道存在问题

(1) 溢洪道表面破碎、凹凸不平

根据现场检查及安全评价的结论，溢洪道现状未设置溢流堰，洪水于山体开挖泄槽中溢流。现状溢洪道底部及两侧开挖山坡未进行衬砌，槽底基岩表层较破碎，溢洪道表面凹凸不平。

(2) 溢洪道存在渗漏问题

根据地质报告，溢洪道坐落在弱风化凝灰岩上，由于泄洪道进口底部为碎石，属中等～强透水性，并且根据现场观测，溢洪道底部碎石渗透系数较大，主要渗漏带在上部碎石段，为中等透水～强透水性。溢洪道存在渗漏问题。

(3) 过流能力不足

现状溢洪道底部及两侧山体边坡未进行衬砌，底部及两岸凹凸不平，影响水流流态，限制溢洪道过流能力。

(4) 泄洪渠石渣堆积,影响泄洪

经现场调查,现状溢洪道开挖时产生大量石渣,这些石渣并未处理,石渣现状堆积在溢洪道下游泄洪渠内,影响水库泄洪。

三、溢洪道加固设计

根据溢洪道现状存在的问题,本次除险加固于溢洪道设进口段,在控制段新建溢流堰,并对溢流堰基础进行灌浆处理;对溢洪道底部及两岸山坡进行衬护,并清理下游泄洪渠内堆积的石渣;溢洪道泄槽下接泄洪渠道,两侧为岩质边坡,弱风化岩石出露、岩体厚实,故考虑工程实际情况,本次不设置消能防冲设施。加固后溢洪道总长 45.50 m,仍为开敞式正槽溢洪道,溢洪道由控制段溢流堰及泄槽段等组成。溢洪道泄槽底部及两岸山体衬砌每个 10 m 进行分缝并设止水,泄槽底部设排水沟。

(1) 控制段

加固后,溢洪道控制段(桩号 Y0+000.00~Y0+00/1.75)总长 1.75 m,控制段新建溢流堰。新建溢流堰为 C25W6F50 砼折线形低堰,堰顶高程为 356.00 m,溢流净宽为 17.40 m,溢流堰迎水面直立,背水面坡为 1.0∶2.0,堰体结构见图 15.6-1。堰体控制轴线垂直于溢洪道轴线,堰体基础要求坐落于基岩上。基础设 Φ22 mm 锚筋,锚筋长度 2.0 m,单排布置 3 根,排距为 2.0 m。

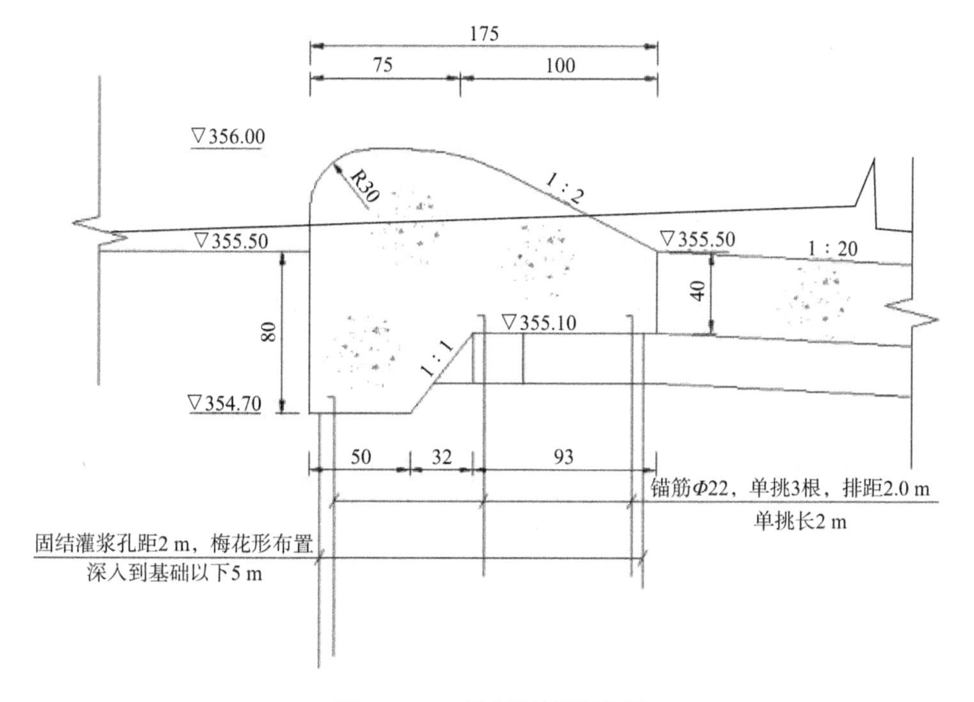

图 15.6-1 新建溢流堰结构图

为解决基础渗漏问题，本次对新建溢流堰基础进行固结灌浆处理。固结灌浆孔均为垂直孔，于溢流堰基础中心上下游各布置一排灌浆孔，孔距为 2.0 m，灌浆孔深入基岩段为 5 m，地质缺陷部位根据现场实际情况加深或加密。固结灌浆材料采用 P·O 42.5 水泥砂浆，灌浆采用先下游、后上游顺序，灌浆压力采用 0.4 MP。

（2）泄槽段

加固后，溢洪道控制段下接泄槽段。泄槽段分两段，长度分别为 14.00 m、24.79 m、4.96 m。

泄槽段（桩号 Y0＋001.75～Y0＋015.75）为过渡段，长 14.00 m，底坡为 1.0∶20.0，泄槽底宽由 18.00 m 逐渐收缩至 9.50 m。侧槽底部采用 C25F50 砼底板，厚 0.4 m。侧槽两岸山体采用 C25F50 砼衬砌，衬砌坡度为 1.00∶0.35，最薄衬砌厚度控制为 30 cm。

泄槽段（桩号 Y0＋015.75～Y0＋040.54）长 24.79 m，底坡为 1.0∶20.0，底宽为 9.50 m。侧槽底部采用 C25F50 砼底板，厚 0.4 m。侧槽两岸山体采用 C25F50 砼衬砌，衬砌坡度为 1.00∶0.35，最薄衬砌厚度控制为 30 cm（详细结构见图 15.6-2）。

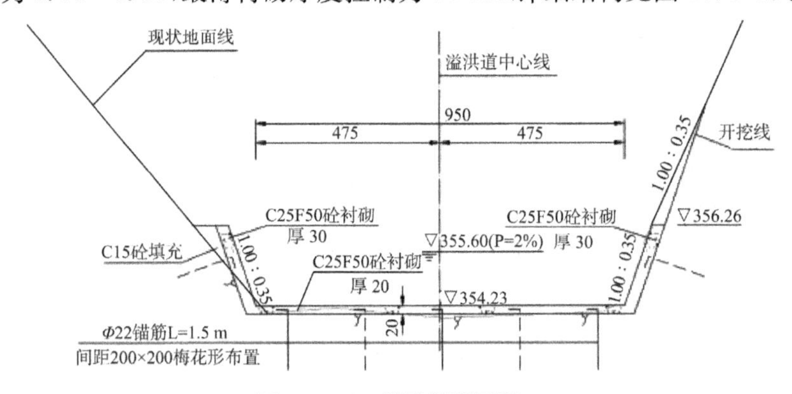

图 15.6-2　溢洪道断面图一

泄槽段（桩号 Y0＋040.54～Y0＋045.50）长 4.96 m，底坡为 1.0∶1.0，底宽为 9.50 m。侧槽底部采用 C25F50 砼底板，厚 0.4 m。陡槽左岸山体采用 C25F50 砼衬砌，最薄衬砌厚度控制为 30 cm；右岸设 C20 砼边墙，边墙临水侧采用 C25F50 砼衬砌，衬砌坡度为 1.00∶0.35，衬砌厚度控制为 30 cm（详细结构见图 15.6-3）。

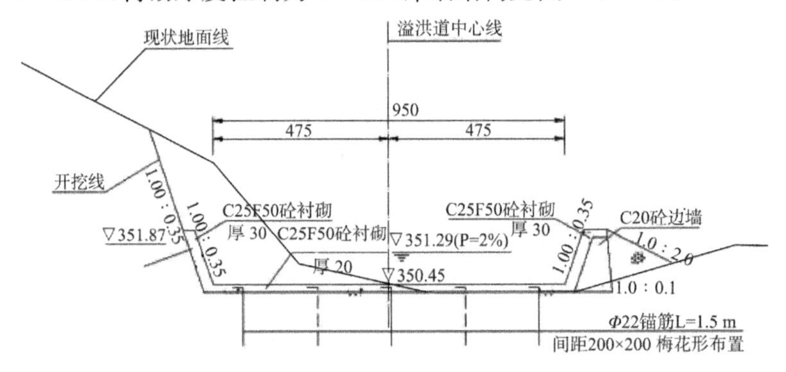

图 15.6-3　溢洪道断面图二

泄槽段底板及右岸山体衬砌段设 Φ22 mm 锚筋，单根长 3 m，梅花形布置，间距 2.0 m×2.0 m。

(3) 泄洪渠

溢洪道泄槽后接泄洪渠，现状泄洪渠堆积大量石渣，影响水库泄洪，本次加固对泄洪渠进行清理，清除泄洪渠堆积的石渣。泄洪渠石渣可作为坝体填筑及上坝道路路基填筑材料。

四、堰体抗滑稳定计算

(1) 计算工况及荷载

基本组合工况(正常蓄水位)：溢流堰自重＋静水压力＋扬压力＋水重；

基本组合工况(设计洪水位)：溢流堰自重＋静水压力＋扬压力＋水重；

特殊组合工况(校核洪水位)：溢流堰自重＋静水压力＋扬压力＋水重。

(2) 计算方法

溢流堰抗滑稳定安全系数按抗剪断公式计算：

$$K = \frac{f'\sum W + c'A}{\sum P}$$

式中：

K——抗剪断稳定安全系数；

f'——抗剪断摩擦系数，砼/岩体：$f'=0.5$；

c'——抗剪断凝聚力，砼/岩体：$c'=0.3$ MPa；

$\sum W$——作用于滑动面上的力在铅垂方向投影的代数和，kN；

$\sum P$——作用于滑动面上的力在水平方向投影的代数和，kN；

A——滑动面的面积，m^2。

(3) 计算成果

溢流堰堰体基础应力以及抗滑稳定计算成果见表 15.6-1。

表 15.6-1　溢洪道溢流堰稳定和应力计算成果表

荷载组合	抗滑稳定安全系数	
	计算值 K	规范容许值[k]
正常蓄水位	13.6	3.0
设计洪水位	16.8	3.0
校核洪水位	15.2	2.5

注：竖向力以竖直向下为正，竖直向上为负；水平力以向下游为正，向上游为负；力矩以逆时针方向为正，顺时针方向为负。

根据表15.6-1可以看出，基本组合的最小抗滑稳定安全系数 $K=13.6$，大于规范允许的稳定安全系数 $K=3.0$，特殊组合的抗滑稳定安全系数 $K=15.2$，大于规范允许的稳定安全系数 $K=2.5$，因此，抗滑稳定满足《溢洪道设计规范》(SL 253—2018)的要求。

综合以上情况，新建溢洪道堰体基底的应力及抗滑稳定安全系数均满足规范要求。

五、消能防冲计算

九里坑水库现状溢洪道出口未设置消能防冲设施，洪水自溢洪道出口经下游泄洪渠排至大坝下游河道。溢洪道下游泄洪渠道现状基岩裸露，冲刷一般。

本次按照底流水跃消能对工程现状消能防冲进行计算复核。本工程消能防冲设计标准采用20年一遇洪水标准，对应水库下泄流量为 $Q=50.7\ m^3/s$，综合考虑冲沟小流域汇入流量 $8.94\ m^3/s$，计算流量为 $59.64\ m^3/s$。

$$h_2=\frac{h_1}{2}(\sqrt{1+8Fr_1^2}-1)$$

$$Fr_1=v_1/\sqrt{gh_1}$$

式中：

Fr_1——收缩断面弗劳德数；

h_1——收缩断面水深，m；

v_1——收缩断面流速，m/s；

h_2——自由水跃共轭水深，m。

经计算 $h_2=2.26$ m，小于下游水深 $h_t=2.64$ m；故下游产生淹没水跃，无须修建消能设施；且现状溢洪道下游为厚实山体，表面基岩裸露，现状冲刷一般，故本工程无须修建消能设施。

15.7 输水隧洞加固设计

一、输水隧洞概况

现状输水隧洞位于大坝左岸山体，由山体开挖而成，进水口为砼管，圆形，直径0.80 m。隧洞总长86 m，开挖断面为2.0 m×2.0 m，进口段11 m，采用钢筋砼衬砌，断面为1.4 m×1.4 m；出口段27.10 m采用浆砌块石衬砌，断面为1.5 m×1.8 m；中间段未进行衬砌。输水隧洞出口段内铺设DN600 mm钢管通至坝下一级电站厂房。输水隧洞进水口设 Φ800 mm斜拉式插板闸门，启闭机房位于大坝左岸山顶。

二、输水隧洞存在问题

根据大坝安全技术认定报告书及现场调查，现状输水隧洞闸门锈蚀较严重，水库放水时输水隧洞出口存在漏水现象，隧洞进水口结构老化，闸门启闭设备锈蚀老化，启闭不灵活。启闭机房位于山顶，不利于水库运行管理。

三、输水隧洞加固设计

由于隧洞进水口存在老化，闸门及启闭设备等金属结构锈蚀严重，本次加固对输水隧洞进水口进行改造。加固改造后，进水口高程为 330.48 m，于进水口埋设 DN600 mm 压力钢管，并新建启闭机房、更换闸门及启闭设备；对输水隧洞重新进行衬砌支护，对隧洞进口段 10 m 进行封堵并埋设 DN600 mm 压力钢管接出，输水隧洞出口设竖井，连接下游引水管道；竖井外侧设 Φ0.6 m 的蝶阀，作为水库放空控制。

（1）进水口加固

拆除并新建输水隧洞进口段，于进水口段埋设 DN600 mm 压力钢管，进口设 Φ600 mm 斜拉式插板闸门，并设置 Φ75 mm 镀锌钢管通气孔。闸门配备一台 20 t 手电两用螺杆式启闭机，钢拉杆直径为 100 mm，间隔 5 m 设置拉杆支撑。新建启闭机房，启闭机房地面高程为 359.50 m。对现状进水口检修踏步进行加固改造，改造后踏步宽 1.75 m，踏步外侧设不锈钢栏杆。

（2）隧洞衬砌

输水隧洞现状进口段（桩号 SD0＋000.00～SD0＋013.50）13.50 m 已进行钢筋砼衬砌，出口段 27.10 m 进行了浆砌石衬砌，现状出口段衬砌存在渗漏。

本次加固，拆除隧洞现状衬砌、隧洞内原压力钢管及砼基础。对全洞进行重新衬砌，衬砌后隧洞断面为城门洞型，隧洞宽为 1.50 m，高为 1.65 m。隧洞衬砌采用 C25 钢筋砼，砼衬砌后对隧洞进口段 10 m 范围进行回填灌浆及固结灌浆，并采用 C25 砼进行回填封堵。固结灌浆，每排 5 个，排距 2.2 m，梅花形布置，灌浆孔入岩 1.5 m；隧洞顶拱 120°范围内各帷幕灌浆孔兼做回填灌浆孔，一排三孔，排距 2.2 m，回填灌浆入岩 100 mm。

（3）出水口加固

本次加固后隧洞出口设 4.0 m×4.0 m（长×宽）C25 砼竖井，顶部设盖板，盖板顶高程为 330.00 m。竖井下接引水管，引水至下游二级电站。竖井外侧设置一只 Φ0.6 m 的蝶阀，作为水库放空控制。

15.8 道路设计

上坝道路自溢洪道泄洪渠出口下游，沿溢洪道泄洪渠左侧山体，折返通过至溢洪道溢流堰顶部，再沿水库左岸山体至坝顶。交叉建筑物包括溢流堰顶部交通桥一座，山洪沟过水箱涵一处。新建上坝道路自坝脚至坝顶总长 551.67 m，设计路基宽 5.0 m，路面宽为 4.0 m，靠山侧设排水沟。路面采用 C20 砼，厚度 20 cm，下设 20 cm 厚水泥碎石稳定层。

水库附近现有林道 1 800 m 作为进库道路连通库区至现有公路，现状林道为土路，路面宽度整体较窄，且高低不平，需进行加固改造。设计路基宽 5.0 m，路面宽为 4.0 m，靠山侧设排水沟。路面采用 C20 砼，厚度 20 cm，下设 20 cm 厚水泥碎石稳定层。

现状输水隧洞出口至下游二级电站有一引水渠道，本次道路设计对上坝道路及进库道路范围内约 450 m 引水渠道进行改造，设计于现状引水渠道内埋设 DN1000 mm 钢筋砼管，连接至下游引水渠道。

15.9 施工期防渗方案调整分析

一、防渗方案调整的缘由

（1）大坝原防渗加固方案及运用条件

现状水库大坝沥青混凝土心墙防渗体老化，在大坝沥青混凝土心墙、坝基接触带及坝肩等部位存在渗漏问题，需结合大坝稳定及渗漏安全统筹解决大坝防渗安全问题。

原设计采用混凝土面板堆石坝防渗加固方案，拟将原大坝沥青砼心墙（包括底部圬工截渗墙）防渗体废除，改用前置 30 cm 厚 C25W8F100 钢筋砼防渗面板结合坝基帷幕灌浆防渗，沿前趾、右坝肩设置趾板，沿左坝肩设置趾墙，形成封闭连续的防渗体；同时，清挖原上游坝坡下石渣料，更新填筑堆石体料，设置垫层区、特殊垫层区、过渡区；做好上游钢筋砼防渗面板的同时，自下游原坝体渗漏检查洞水平延伸开挖至沥青砼心墙及圬工截渗墙前缘并做反滤体，将面板后渗水全面导排至下游，防止大坝面板反向渗透鼓胀及开裂，影响大坝防渗及坝坡稳定安全。

大坝原防渗加固方案设计断面见图 15.9-1。

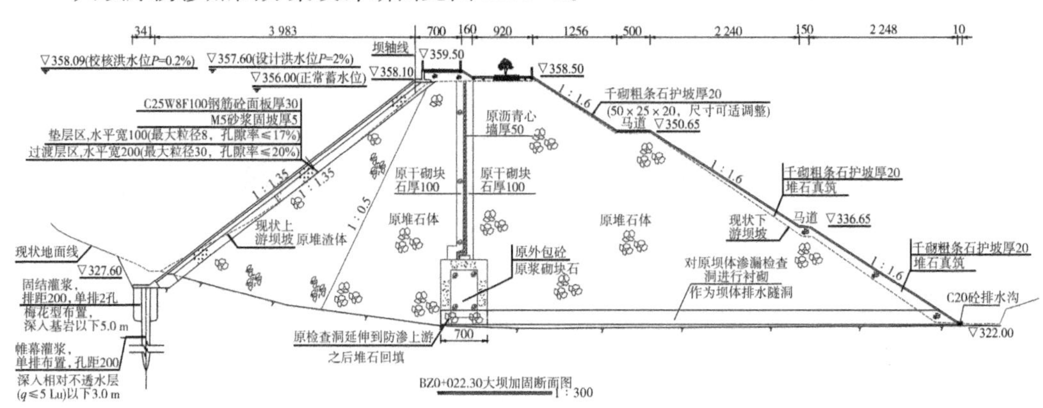

图 15.9-1 大坝原防渗加固方案设计断面图

保持下游侧渗漏检查洞导排系统排水顺畅，防止沥青混凝土心墙上游侧出现高浸润工况，是确保钢筋混凝土面板堆石坝防渗安全及稳定安全并避免库水位骤降反向渗透破坏的重要运用条件。

（2）大坝原防渗加固方案变更缘由

1）初步设计阶段

鉴于堆石坝下游有可利用的渗漏检查洞延伸至圬工防渗墙体，只要打通防渗墙体至上游侧并做反滤导排系统，就可作为面板堆石坝下游的顺畅导排体系，前期资料介绍的渗漏检查洞布置见图 15.9-1。防渗面板后安全可靠的反滤导排体系是本次堆石坝钢筋混凝土防渗面板正常发挥防渗功能的先决条件。

2）工程建设实施阶段

放空水库开展现场清理及施工过程中，发现原坝体渗漏检查洞洞身段大部分被封堵，征询现场管理人员，据称以前有较深的检查洞，至于为何封堵、何时封堵无从查证，检查洞详细情况不明，开挖检查洞存在诸多不确定性风险。鉴于原坝体为堆石，在堆石体内打通封堵部分，施工难度极大，且存在较大安全隐患；若不打通导排隧洞，大坝新建砼防渗面板与原沥青砼心墙之间的渗水无法及时排出，在水库水位骤降期，大坝防渗面板存在反向顶托破坏风险。原坝体渗漏检查洞洞身段部分被封堵情况见图 15.9-2。

3）设计变更的实际需要

施工单位于 2020 年 11 月 5 日提交变更申请报告，提出对大坝防渗加固方案进行调整。11 月 11 日上午，监理单位组织参建各方在大慈岩镇政府召开第十次监理例会，会议由建德市水利局主持，主要讨论大坝防渗方案调整事宜及稽查整改落实情况。参建各方一致认为在检查洞内施工存在较大安全隐患，施工质量也难以控制，为杜绝发生安全事故的可能性，确保工程质量和施工安全，施工单位提出调整大坝防渗方案的要求是合理可行的，建议由设计单位结合实际情况开展大坝防渗加固方案变更工作。会后建德市水利局及时向原审批单位杭州市林业水利局进行了汇报，杭州市林业水利局要求确保施工安全，防渗方案调整要按重大设计变更进行，严格履行相关手续，报有关单位审批。

另外，水库放空后，施工单位在进行迎水坡块石拆除时，发现大坝迎水坡存在夹层，为 2002 年水库加固时削低坝顶后直接倾倒在上游的石渣料，均匀性差，细小粒径集中，分层明显，易形成软弱滑动面，存在安全风险，需将上游坝壳碎渣料换填为堆石体。根据前期安全鉴定成果及历次地勘资料分析(详见地勘章节相关内容)，大坝堆石体填筑料级配相对较差，20 mm 以下细颗粒土料占比约 10%，容易导致在高浸润浮托及渗流条件下淘刷流失。大坝迎水坡夹层情况见图 15.9-3。

图 15.9-2　原坝体渗漏检查洞洞身段部分被封堵

图 15.9-3　大坝迎水坡存在夹层

原钢筋混凝土面板防渗加固方案中已采取过渡层加垫层的措施进行拆除换填，本次变更设计防渗措施调整后，相应地将原过渡层及垫层调整为堆石体，保持防渗体上游侧堆石体开放通透，将夹层清除后再进行堆石体填筑，将原不规则坝坡 1.00∶1.25～1.00∶1.45 统一放缓至 1.0∶1.5，整理坝坡后采用干砌块石防护，同步调整坝顶布置，设置固脚及岸坡围护墙。

4）防渗方案调整的必要性

鉴于原设计混凝土面板防渗方案能够较好地解决大坝渗漏安全问题，但必须在具备安全可靠的反滤导排隧洞体系的条件下才能正常发挥面板的防渗挡水作用。但由于坝体排水隧洞无法打通，且坝体填筑质量差，堆石体内细颗粒土料含量相对较高且局部集中，堆石体填筑料筛选不严，加上现状沥青混凝土心墙仍具有一定的防渗性能，容易在沥青混凝土心墙前形成高浸润面，在库水位降落或骤降期，导致面板反向渗透鼓胀开裂，影响防渗效果，甚至导致坝坡坍塌滑坡，影响大坝稳定安全。鉴于与面板防渗相呼应的下游反滤导排体系难以实施，对混凝土面板防渗方案进行优化调整是必要的。

二、防渗方案调整的项目

本次防渗方案调整的项目主要为九里坑水库大坝防渗加固体系的变更，由 30 cm 厚 C25W8F100 钢筋砼防渗面板结合坝基帷幕灌浆防渗，变更为坝体、坝基及坝肩全断面灌浆帷幕方案。主要内容包括，取消大坝钢筋砼防渗面板、趾板、趾墙、固结灌浆、帷幕灌浆、垫层区、过渡区、分缝止水、坝体排水隧洞砼衬砌等部分；新增坝体坝基及坝肩全断面灌浆帷幕、干砌块石护坡、固脚、岸坡围护墙、堆石填筑等部分；大坝迎水坡坡度由 1.00∶1.35 调整为 1.0∶1.5，同步调整坝顶结构布置。

三、防渗方案比选

（1）大坝防渗加固方案比选

经过对以上各类防渗方案进行初步分析筛选，综合考虑措施可靠性、可操作性、投资、性价比、防渗效果可检验性、运行管理及施工难易等因素，拟选取方案一（明挖沥青混凝土并置换塑性混凝土防渗墙方案）、方案二（塑性混凝土地下连续墙方案）及方案三（堆石体及坝基坝肩灌浆帷幕方案），开展进一步的方案比选。

1）方案一：明挖沥青混凝土并置换塑性混凝土防渗墙（图 15.9-4）

全部明挖拆除心墙部位沥青混凝土，然后清理界面并浇筑 0.5 m 厚 C20 塑性混凝土防渗墙，此方案需沿坝顶轴线两侧放坡开挖基槽至圬工防渗体顶面，然后支模现浇混凝土防渗墙，并预留灌浆帷幕孔，间距 1.2 m，待防渗墙及堆石体回填后，再对坝基、坝肩及圬工混凝土防渗体开展帷幕灌浆处理，灌浆深度至坝基坝肩相对不透水层内（不大于 5 Lu）。基槽开挖深度达 24 m，底宽按墙边预留 1.5 m，总计约 3.5 m，超深基槽开挖存在安全风险，实施场地及空间局促，坝体上部及下游一级戗台下部基本挖除，并就近堆放至上下游坝坡上。开挖堆石体约 5.2 万 m^3，回填约堆石体约 5.1 万 m^3，浇筑 0.5 m 塑性混凝土防渗墙约 1 200 m^3，圬工体及下部采用灌浆帷幕，圬工混凝土顶面以下布置 2 排灌浆孔，排距 1.25 m，孔距 1.5 m，总灌浆进尺约 1 440 延米。堆石体挖填投资约 928 万元，防渗墙浇筑投资约 96 万元，帷幕灌浆投资约 117 万元，累计综合投资约 1 273 万元。

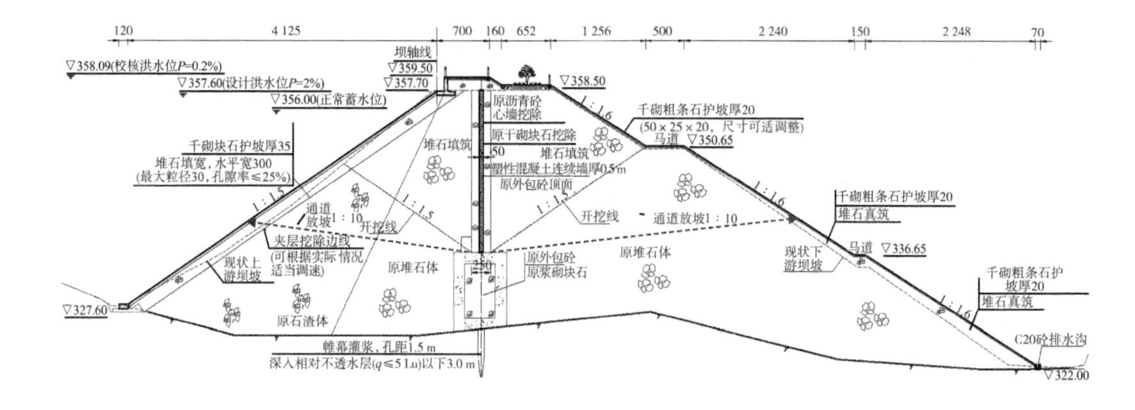

图 15.9-4 明挖沥青混凝土并置换塑性混凝土防渗墙典型断面图

优点：

a. 沥青混凝土心墙可完全清除并置换为塑性混凝土防渗墙，防渗效果可控；

b. 明挖施工技术难度小，施工环节可见，质量可控。

缺点：

a. 开挖深度达 28 m，深基坑开挖边坡需安全稳定，堆石体开挖机械施工难度大，需结合人工开挖辅助，场地局促，开挖料无处堆放，施工布置困难；

b. 塑性混凝土防渗墙浇筑需架设安全稳定的模板系统，分层分仓次数较多，施工缝间应做好止水衔接；

c. 沥青心墙部分完成后，待塑性混凝土强度达到要求后，及时回填堆石体块石，然后开展圬工防渗体及坝基坝肩的灌浆帷幕施工，施工工序较多，相应延长了工期；

d. 下部灌浆帷幕与上部塑性混凝土防渗墙之间的衔接存在一定难度，虽然可在塑性混凝土内预埋灌浆孔，但接触界面的防渗衔接效果及可靠性略差，仍存在一定程度的渗漏风险；

e. 明挖及回填堆石体方量大，现浇塑性混凝土工程量大，灌浆帷幕工程量相对其他方案未能显著减少，综合投资较大，约 1 273 万元。

2）方案二：心墙部位塑性混凝土地下连续墙＋圬工体及坝基坝肩帷幕灌浆（图 15.9-5）

塑性混凝土地下连续墙方案采用冲击钻挖泥浆固壁成槽浇筑混凝土地下连续墙工法施工，一旦成墙防渗效果可靠，成墙整体性好，质量可控，防渗效果好，耐久性好，施工期基本不受水位影响。考虑堆石坝堆石体的特殊性，参照相似工程经验，鉴于堆石体内冲击钻挖成孔难度大，地下连续墙厚度暂定 0.8 m（如塌孔可能达 1.5 m），为形成可靠的泥浆固壁条件，造槽施工时应确保泥浆能够充填堵塞槽壁缝隙，达到泥浆固壁要求，拟采用重度较大的水泥黏土浆边挖边填塞堆石体内空隙，同时，为确保造槽顺利，冲击钻挖前，需沿防渗墙上游侧先期开展单排水泥帷幕灌浆形成上游防渗固结体，利用下游现有沥青心墙作为下游侧封堵体，以减少造槽时泥浆渗漏，并增强槽壁稳定性，防止出现坍塌，地下连续墙沿圬工防渗体顶面上游侧布置，并深入圬工顶面以下 1 m，墙内预埋单排帷幕灌浆孔，间距 1.2 m，注入深度按设计透水率不大于 5 Lu 的相对不透水层内，相应嵌岩深度约 2 m～5 m。塑性混凝土强度取 C20，塑性变形适用性及指标根据现场试验确定。大坝防渗范围自校核洪水位至坝基坝肩 5 Lu 界限，综合防渗断面积约 2 300 m^2，圬工体及坝基坝肩帷幕灌浆约 1 260 延米(孔距 1.2 m)，造槽临时帷幕约 1 872 延米(孔距 1.5 m)，考虑进出场难度、堆石体塌孔、泥浆过度消耗等因素，综合单价暂按 3 000 元/m^2 计，混凝土防渗墙综合投资约 690 万元，坝基坝肩帷幕灌浆投资约 126 万元，造槽临时帷幕投资约 281 万元，综合投资约 1 097 万元，相对其他方案投资较大。

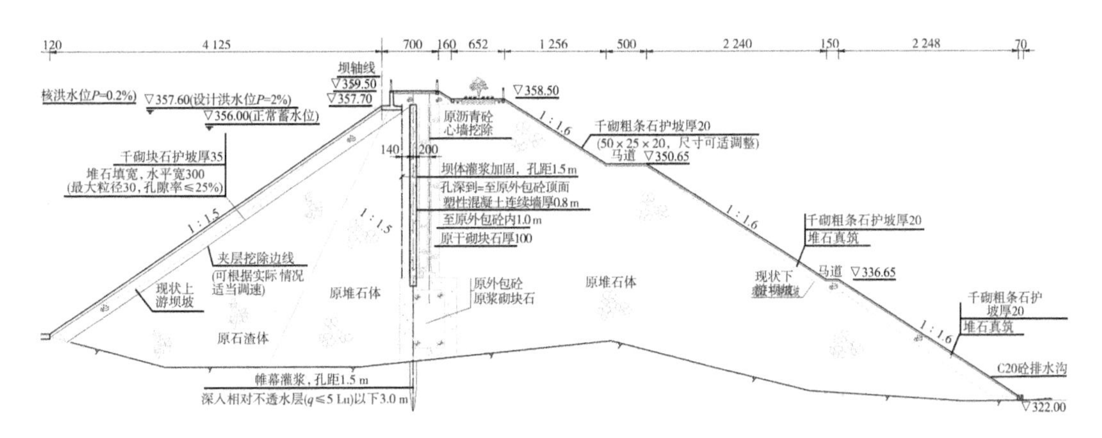

图 15.9-5 心墙部位塑性混凝土地下连续墙＋圬工体及坝基坝肩帷幕灌浆典型断面图

优点：

a. 塑性混凝土地下连续墙可较好替代原沥青混凝土防渗墙及圬工防渗体，可与原沥青混凝土心墙形成双重防渗效应，在施工质量可控情况下，防渗效果较好；

b. 冲击钻挖泥浆固壁成槽有利于加大防渗厚度，增强防渗效果，施工工艺先进，机械化程度高，施工质量容易保障。

缺点：

a. 堆石体内冲击钻挖成槽难度大，泥浆固壁效果不可控，无水无压状态下难以有效实施，因堆石体孔隙率高达 18%以上，泥浆稠度要求高，黏土泥浆消耗量大，容易流失，且易污染水质，不易堆积增压成槽，加大了充盈系数，相应增加混凝土工程量，同时需沿墙体上下游增设帷幕灌浆以减少漏浆，增强槽孔的稳定性，防止出现塌孔；

b. 液压成槽深度达 40 m，局部入岩达 5 m，超大槽深增加了槽壁坍塌风险，特别是岩基内冲击钻挖更容易产生扰动，对槽壁稳定不利，冲击钻挖施工过程中，尤其要做好施工安全防护措施和应急预案，防止毁坏坝体，危及大坝安全；

c. 坝顶场地相对狭窄，施工场地局促，施工设施布置宽度不小于 16 m，因造孔设备尺寸较大，进出场需穿越交通隧道，进坝道路拐弯半径小，难以进出场，施工交通存在较大困难；

d. 塑性混凝土地下连续墙需依次或轮序分块施工，施工缝止水及嵌岩防水处理措施直接影响整体防渗效果，相对于灌浆帷幕措施，地下连续墙难以较好解决裂隙、软弱夹层及破碎带的防渗封闭问题；

e. 堆石体及岩体内的冲击钻挖成槽施工难度大，需要专业化施工水平较高的队伍实施，且工效低进度慢，不可控因素相对较多，需要较长的施工工期；

f. 塑性混凝土防渗墙施工完成后，与原沥青混凝土心墙之间仍存在堆石体夹层，可能会充填部分固壁泥浆，但仍可能存在渗水堆积空腔，高浸润情况下可能对大坝稳定安全不利；

g. 塑性混凝土防渗墙施工技术要求高，工艺复杂，尤其在堆石体及基岩内施工，更增加了施工难度，加之充盈系数高，消耗混凝土方量大，投资较大达约 1 097 万元。

3）方案三：堆石体及坝基坝肩全断面灌浆帷幕（图 15.9-6）

堆石体及坝基坝肩整体灌浆帷幕方案相对于常规的砂砾石地基或基岩灌浆，具有自身的特殊性，施工工艺要求高，采用专用套管阀设备及冲击钻机施工。参照《碾压式土石坝设计规范》(SL 274—2001)中 6.2 及 6.3 节的相关规定，一般情况下，砂砾石坝基灌浆帷幕宜布置 1 排或多排，岩基内布置 1 排或 2～3 排，孔距 2～3 m，鉴于本工程以堆石体坝体为帷幕灌浆对象，为确保防渗效果及安全，参照相似工程经验，初拟在沥青混凝土心墙上游布设三排帷幕灌浆孔，第一排孔布置在距离沥青混凝土心墙中心线 3.90 m 的位置，第二、第三排孔布置在原沥青混凝土心墙与第一排孔之间，排距 1.30 m，孔距均为 1.50 m，具体排孔距可通过现场试验进一步细化确定。根据现有沥青及圬工混凝土墙防渗状况，第一排孔孔深进入基岩内约 1.00 m，第二排孔孔深进入基岩相对不透水层（q≤5 Lu）以下约 3.00 m，第三排孔孔深至圬工混凝土顶面。坝体内套阀管灌浆帷幕约 3 532 延米，圬工体及坝基坝肩约 1 358 延米，坝体内注浆帷幕投资约 565 万元，圬工体及坝基坝肩帷幕灌浆投资约 109 万元，累计总投资约 674 万元，综合投资较其他方案较省且易于实施，无须破坏原沥青混凝土防渗墙，新老结合具有双重防渗功效。

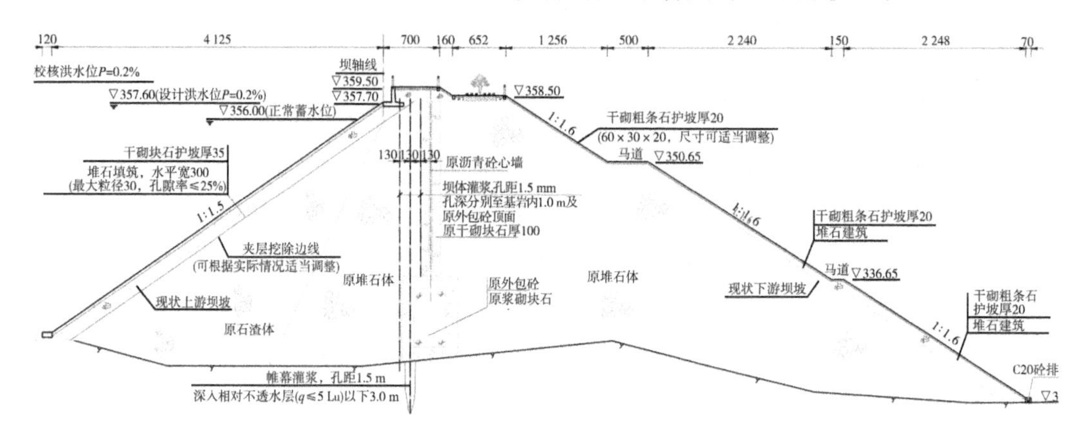

图 15.9-6　堆石体及坝基坝肩全断面灌浆帷幕典型断面图

优点：

a. 整体灌浆帷幕适宜砂砾石、卵块石及基岩内注浆施工，是慢活细活良心活，在波速测试、注水试验等严格检测指标控制条件下，具有良好的防渗效果；

b. 灌浆设备尺寸相对较紧凑，进出场及通过交通隧道比较便利，坝顶施工场地相对开阔，可布置多机多泵灌浆系统；

c. 鉴于堆石体内灌浆难度大，单机单泵灌浆效率相对较低，但可通过布置多机多泵模式提升施工效率，缩短工期；

d. 灌浆帷幕施工对周围地下水位波动不敏感，基本不影响大坝上下游坝坡等防护措施的施工；

e. 整体灌浆帷幕方案相对投资较省，性价比较高，在专业化队伍施工情况下，能够取得良好的效果，并能通过多排孔灌浆，与原沥青混凝土心墙形成整体防渗屏障，更好发挥双重防渗效果。

缺点：

a. 堆石体成孔及灌浆难度大，需采用专门的套管阀系统施工，遇到孤石钻进难度会加大，灌浆用水泥浆的稠度、掺加料配比及随灌跟踪调整措施的施工能力要求较高，必须委托具有确切施工经验的队伍施工，以确保灌浆施工质量；

b. 灌浆施工虽然设施设备尺寸相对不大，但单机单泵施工效率相对较低，因水泥浆初凝及灌浆轮序孔施工工艺衔接需要，不能不顾质量冒进，相应的灌浆进度较慢，工期可能相对较长，但可采用多机多泵配合施工，加快工程进度；

c. 灌浆帷幕施工质量的检验检测难度大，需制定严格的波速测试、注水试验等施工质量检查、检测及验收标准，确保灌浆帷幕防渗质量，为达到大坝的整体防渗效果提供检查验收程序保障；

d. 灌浆帷幕需穿越堆石体、圬工体及坝基坝肩等部位，各接触部位的灌浆可靠性对整体防渗效果影响较大，务必在相应的界面加大灌浆填缝力度，重点补强局部弱点及节点，确保整体防渗效果。

（2）大坝防渗加固方案比选结论

综上所述，方案三优于方案一和方案二，且已有较多成功案例。方案一既要更新沥青混凝土心墙，又要兼顾圬工体及基岩防渗帷幕灌浆，防渗措施之间的协调性和接缝部位的可靠性均需重视，且投资较大；方案二整体防渗效果有保障，但堆石体内冲击钻挖及泥浆固壁成槽施工困难，具有较大的挑战性，嵌岩部分冲击钻挖对槽孔边缘堆石体稳定不利，且综合投资最大；方案三堆石体及坝基坝肩全断面灌浆帷幕方案，堆石体内及基岩灌浆帷幕措施基本相近，施工方法具有一致性，投资较省，易于实施，只要制定严格的灌浆检验检测指标及方法，可保证帷幕灌浆施工质量和防渗效果。故选用方案三堆石体及坝基坝肩全断面灌浆帷幕方案替代混凝土面板防渗方案是可行合理的。

四、防渗方案设计

（1）防渗加固方案总体布置

为解决大坝渗透及防渗漏安全，采取整体灌浆帷幕措施替代钢筋混凝土面板防渗方案，同时保留原沥青混凝土心墙，达到双重防渗的效果。拟在现有沥青混凝土心墙前增设自坝体至坝基、坝肩的整体防渗灌浆帷幕。帷幕灌浆孔进入坝基基岩内透水率按 $q \leqslant 5$ Lu 控制，坝体内及坝基、坝肩接触部位帷幕灌浆按与圬工防渗体及沥青混凝土心墙密切结合为目标，透水率按 $q \leqslant 5$ Lu 控制。

帷幕灌浆排数及孔距：根据现有资料，拟在沥青混凝土心墙上游布设三排帷幕灌浆孔，第一排孔布置在距离沥青混凝土心墙中心线 3.90 m 的位置，第二、第三排孔布置在原沥青混凝土心墙与第一排孔之间，排距 1.30 m，孔距均为 1.50 m。

帷幕灌浆孔深：根据现有沥青砼心墙及圬工混凝土墙防渗状况，第一排孔孔深进入基岩内约 1.00 m，第二排孔孔深进入基岩相对不透水层（$q \leqslant 5$ Lu）以下约 3.00 m，第三排孔孔深至圬工混凝土顶面。

（2）上游坝坡夹层料拆除换填堆石体

原钢筋混凝土面板防渗加固方案中已采取过渡层加垫层的措施进行了拆除换填，本次变更设计防渗措施调整后，相应地将原过渡层及垫层调整为堆石体，保持防渗体上游侧堆石体开放通透，将夹层拆除后再进行堆石体填筑，将原不规则坝坡 1.00∶1.25～1.00∶1.45 统一放缓至 1.0∶1.5，整理坝坡后采用干砌块石防护，同步调整坝顶布置，设置固脚及岸坡围护墙。

（3）可灌性分析

根据《碾压式土石坝设计规范》（SL 274—2001），可灌性除以可灌比 $M = D_{15}/d_{85}$ 作为判别标准外，也可用渗透系数进行判别：

$k > 10^{-1}$ cm/s 时，可灌入水泥浆；

$k > 10^{-2}$ cm/s 时，可灌入水泥黏土浆；

根据《建德市大慈岩镇九里坑水库除险加固工程施工图阶段工程地质勘察报告》，大坝堆石区渗透系数 $K = 1.0 \times 10^{-1} \sim 5.0 \times 10^{-1}$ cm/s，可灌性满足规范要求。